HARLEY-DAVIDSON

120 Jahre Kult | Mitch Bergeron

Aus dem Englischen von Udo Stünkel

DELIUS KLASING

HARLEY-
DAVIDSON

Inhalt

Einleitung 4

Kapitel 1

DER BEGINN: FRÜHE EINZYLINDER 8

Kapitel 2

DIE ERSTEN ZWEIZYLINDER: F-HEAD-MOTOREN 28

Kapitel 3

SEITENVENTIL-MOTOREN: FLATHEADS 54

Kapitel 4

DIE KNUCKLEHEAD-ÄRA 86

Kapitel 5

DIE PANHEAD-ÄRA 100

Kapitel 6

DIE SPORTSTER 116

Kapitel 7

DIE SHOVELHEAD-ÄRA 164

Kapitel 8

DIE EVOLUTION-ÄRA 186

Kapitel 9

DIE TWIN-CAM-ÄRA 216

Kapitel 10

DIE MILWAUKEE-EIGHT-ÄRA 248

Epilog 276

Danksagung 280

Bildrechte 281

Register 282

Einleitung

EVOLUTION: DIE ALLMÄHLICHE ENTWICKLUNG VON ETWAS, INSBESONDERE VON EINER EINFACHEN ZU EINER KOMPLEXEREN FORM.

Die meisten Organisationen streben danach, sich weiterzuentwickeln und ihr Unternehmen immer besser zu machen – nicht nur bei ihren Produkten oder Dienstleistungen, sondern auch innerhalb ihrer Abläufe. Das müssen sie auch. Wenn ein Unternehmen finanziell nicht gut dasteht, wird es schließlich aufgeben – seine Produkte werden verschwinden. Die Herstellung eines Motorrads und die Leitung eines Motorradherstellers erfordern gleich zwei Talente, die gleich wichtig sind. Es ist ein schwieriger Balanceakt, den viele Unternehmen nicht bewältigen können. Man bedenke die Zahl der amerikanischen Motorradunternehmen, die zu Beginn des 20. Jahrhunderts gegründet wurden. Es waren Hunderte. Wie viele dieser frühen Hersteller gibt es heute noch? Die Antwort lautet: einen. Nur einer hat überlebt ...

Die Harley-Davidson Motor Company ist der einzige amerikanische Motorradhersteller, der es geschafft hat, 120 Jahre am Leben zu bleiben.

Wie gut hat sich Harley-Davidson gehalten? Abgesehen davon, sich in schwierigen Zeiten über Wasser zu halten, hat die Firma allein im Jahr 2019 über 218.000 Motorräder verkauft – eine beeindruckende Zahl! Die Stückzahlen stiegen in den 20 Jahren zwischen 1986 und 2006 von 50.000 auf fast 350.000 an. Der Motorradmarkt war schon immer und ist bis heute keine einfache Sache. Die Kunden von Harley-Davidson werden immer älter, der Motorradstil ändert sich, und es entstehen neue Trends. Die Fahrer ändern sich, und die jüngeren Leute haben heute nicht die nostalgischen Gefühle, wie ältere Generationen sie gegenüber Harley und dem hatten, was sie repräsentieren und repräsentierten. Die Regeln haben sich geändert.

Politik und Umwelt spielen bei der Bestimmung von Fahrzeugtrends heute eine wichtige Rolle. Man denke nur an die elektrisch angetriebene LiveWire. Wer hätte gedacht, dass Harley-Davidson ein Elektromotorrad bauen würde? Es war ein großer Richtungswechsel für ein der Tradition des Verbrennungsmotors verwurzeltes Unternehmen. Aber es hat keine andere Wahl: Entweder man entwickelt sich weiter oder man geht unter. Ja, einige kleinere Motorradhersteller haben sich eine Nische geschaffen, die Tradition im alten Stil bietet, aber ein großes Unternehmen wie Harley-Davidson kann nicht einfach stagnieren. Ich kann mir nicht vorstellen, dass es einfach ist, die Wurzeln und Traditionen zu bewahren (die, wie gesagt, auf fossilen Brennstoffen beruhen) und gleichzeitig daran zu arbeiten, sparsame, Abgasnorm-konforme, zuverlässige, aber auch schön anzuschauende Motorräder mit großem Fahrspaß zu bauen.

In diesem Buch werden Sie erfahren, dass sich bezüglich der Herangehensweise seit den Anfängen der Motor Company nicht viel geändert hat. Auch wenn die heutigen Hindernisse komplexer sind, hat sich doch auch die Technologie exponentiell weiterentwickelt. Die anfangs kaum lösbaren Probleme mit der Metallurgie sind heute ein Kinderspiel. Alles ist relativ. Ich bin mir sicher, dass Harley-Davidson seinen heutigen und zukünftigen Fahrern genau die Motorräder zur Verfügung stellen wird, die sie brauchen – die richtige Maschine zur richtigen Zeit. Wurde dies immer erreicht? Nein, natürlich nicht – kein Unternehmen ist perfekt. Aber ich denke, dass Harley-Davidson im Lauf der Zeit bewiesen hat, dass man ein Überlebenskünstler ist und immer das gebaut hat, was nötig ist, um im Spiel zu bleiben.

HARLEY-DAVIDSON MOTOR CO.
NEW ENGLAND BRANCH.
HARLEY-DAVIDSON MOTOR Co.
NEW ENGLAND BRANCH.
HARLEY-DAVIDSON MOTORCYCLES
I. M. CARTER PLUMBING & HEATING
HARLEY-DAVIDSON

Denken wir noch einmal an die Evolution und betrachten den Zweck dieses Buches. Im Lauf der Geschichte hat Harley-Davidson Tausende verschiedener Modelle gebaut. Wirklich: Tausende! Und weil es so viele Modelle gab, konnte ich sie nicht alle aufzählen. (Hätte ich es getan, wäre dies ein mehrbändiger Wälzer im Telefonbuchformat einer Großstadt geworden.) Und es wurden Hunderte Bücher über die Geschichte der Motor Company, spezielle Modelle, den Lifestyle und vieles mehr geschrieben. In diesem Buch geht es nicht darum, warum Harley-Davidson so populär ist oder warum es die Firma schon so lange gibt. Gleichzeitig ist dies nicht einfach ein Bündel zufällig ausgewählter Motorräder, um ein hübsches Bilderbuch zusammenzustellen. Dieses Buch ist eine Chronologie spezieller Modelle, die nach und nach (manchmal auch abrupt) die Motor Company vorangebracht und ihre Zukunft gesichert haben. Jede der vorgestellten Maschinen oder Motor-Plattformen hat die folgenden Modelle und sogar zukünftige Baureihen ästhetisch und technisch beeinflusst. Diese Modelle wurden entweder von den Visionären des Unternehmens im Voraus geplant, oder sie wurden schrittweise weiterentwickelt.

Es gibt ein paar Motorräder, die ich gern aufgenommen hätte, darunter die V-Rod, aus der die heute ebenfalls nicht mehr gebaute Street 750 entstanden ist, oder die Destroyer – eine Dragster-Version der V-Rod, die die Viertelmeile in neun Sekunden schaffte. Aber ich habe dieses Buch auf luftgekühlte Motoren beschränkt und mich auf die V-Twins konzentriert, da diese für die Geschichte und das Erbe von Harley-Davidson stehen. Harleys Renngeschichte ist ebenfalls äußerst interessant und hat viele Serienmaschinen beeinflusst, aber auch dies ist ein anderes Thema für ein anderes Buch.

Der amerikanische Untertitel des Buches – »Alle Serienmodell-Meilensteine seit 1903« – beschreibt den Inhalt klar und deutlich. Vom ersten Einzylinder mit 7.07 ci (116 cm³) Hubraum im Fahrradrahmen bis zur neuesten Milwaukee-Eight mit 117,3 ci (1.923 cm³) sind alle dazwischenliegenden Serienmaschinen-Meilensteine aufgeführt.

Die Geschichte dieser erstaunlichen Firma ist sehr lang. Niemand kann leugnen, dass Harleys die Könige unter den Cruisern sind. Man hat es geschafft, das traditionelle Aussehen des im Grunde archaischen V-Twins zu bewahren und ihn gleichzeitig leistungsstark und zuverlässig zu machen. Jeder hat ein Lieblingsmotorrad, und vielleicht wird dieses Modell hier vorgestellt, vielleicht ist es aber auch nur ein Ableger eines anderen Modells. Alle Modelle der gesamten Harley-Historie gehen auf eine oder mehrere Ursprungsmaschinen zurück. Und ich bin sicher, Sie werden in diesem Buch einige Informationen über diese Ursprungsmotorräder finden.

Es war mir eine große Freude, diese Informationen für Sie zusammenzustellen. Ich hoffe, sie helfen Ihnen, Harley-Davidson-Motorräder und die Evolution des Unternehmens mit seinen unzähligen Modellen und der faszinierenden Geschichte besser zu verstehen und zu würdigen.

HARLEY-DAVIDSON
114

SHOP
ENTRANCE

KAPITEL I

DER BEGINN

FRÜHE EINZYLINDER

Ein Blick auf die Chronik der Verkehrsmittel des 20. Jahrhunderts zeigt deutlich, dass sich die Technologie rasch entwickelt hat. Innerhalb weniger Jahre hatten die Gebrüder Wright das erste Flugzeug in die Luft gebracht, war das Automobil zum Massenphänomen und das Motorrad zu einem wichtigen Individual-Verkehrsmittel geworden.

Natürlich war das Motorrad aus dem Fahrrad entstanden: Radfahren und Radrennen erfreuten sich im späten 18. Jahrhundert großer Beliebtheit, und Erfinder und Tüftler suchten nach Möglichkeiten, mit wenig Aufwand schneller zu werden. Seit der Erfindung der Dampfmaschine waren zwei-, drei- und vierrädrige Vehikel mit diesem Antrieb konstruiert worden. Die gegen Ende der 1860er-Jahre zeitgleich von Sylvester H. Roper in den USA sowie von Pierre Michaud und Louis-Guillaume Perreaux in Paris entwickelten Dampfräder gelten als die ersten motorgetriebenen Fahrräder, doch weil diese Gefährte kompliziert, schwierig zu bedienen, sperrig und energiehungrig waren, konnten sie sich nicht weit verbreiten.

Erst die in den 1880er-Jahren aufkommenden ersten modernen Verbrennungsmotoren erwiesen sich als praktischer und wurden anfangs als Schrittmacher bei Radrennen eingesetzt. Wie viele neue Erfindungen. waren auch diese Motoren nicht sonderlich zuverlässig, aber sie weckten Interesse, und viele Menschen erkannten in der Möglichkeit, mit einem Benzinmotor-Fahrrad von A nach B zu kommen, ein großes Potenzial. Vor allem Fahrradhersteller waren gut positioniert, »Motor-Räder« zu entwickeln, indem sie ohne große Änderungen Motoren an ihre Rahmen anpassten.

Arthur Davidson Sr., Walter Davidson Sr., William S. Harley und William A. Davidson (von links nach rechts) waren die Verantwortlichen für für einen der bis heute großartigsten Motorradhersteller der Welt.

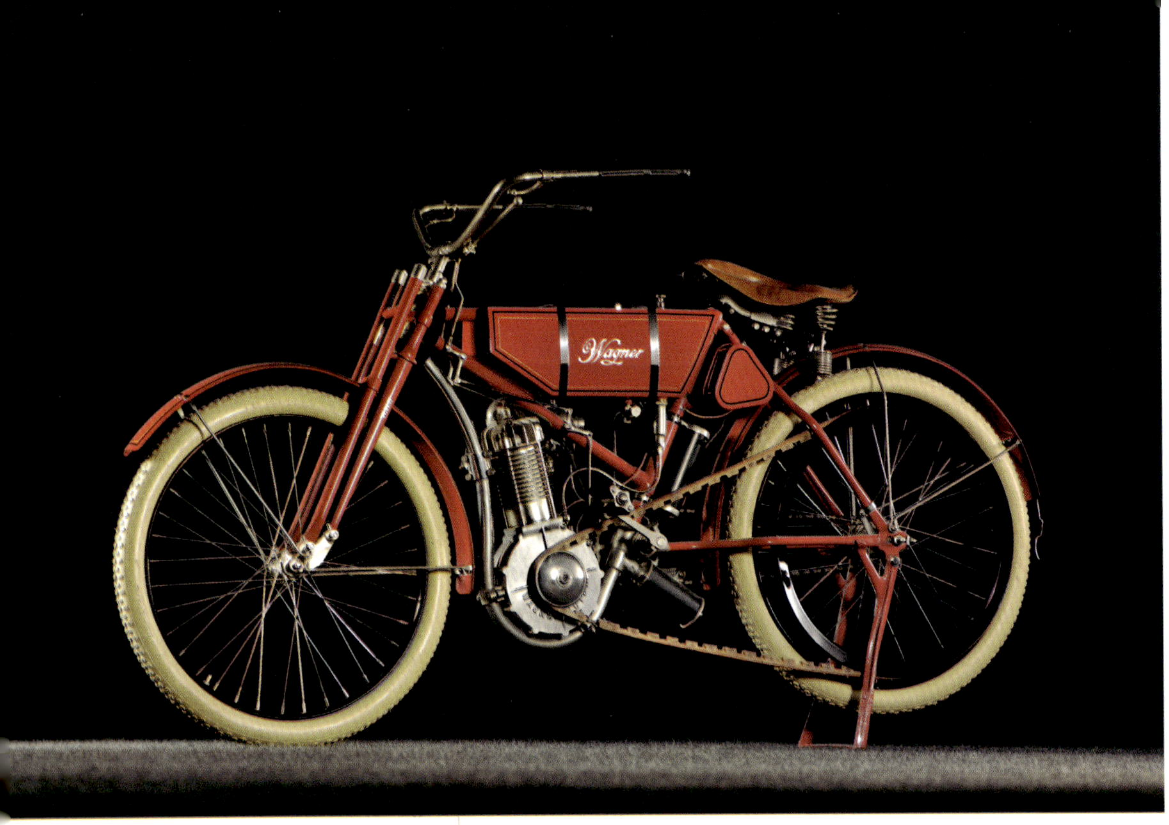

OBEN: Die Wagner Motorcycle Company war ein von 1901 bis 1914 in Saint Paul, Minnesota, ansässiger Motorradhersteller. Clara, die Tochter des Firmengründers, schrieb 1910 Geschichte, als sie zwar das Langstreckenrennen »FAM 360« der Federation of American Motorcyclist von Chicago nach Indianapolis gewann, aber keinen Preis erhielt, weil sie eine Frau war. Abgebildet ist eine 475er-Wagner von 1911.

GEGENÜBER: Marquis Jules Félix Philippe Albert de Dion war ein französischer Pionier der dampfgetriebenen Fahrzeuge. Hier führt er ein Dampf-Dreirad vor.

Excelsior stellte 1896 sein erstes Motor-Fahrrad der Öffentlichkeit vor. Auch Fahrradhersteller wie Royal Enfield, Triumph, Indian und viele andere begannen, ihre Velozipeds zu motorisieren. Das erste in den USA gebaute Motorrad, die Orient-Aster aus der von Charles Metz gegründeten Waltham Manufacturing Company in Massachusetts, erschien 1898. Die ebenfalls in Massachusetts ansässigen Gebrüder March stellten 1899 ihr erstes motorgetriebenes Fahrrad her und schlossen sich später mit Metz zur American Motor Company zusammen, um Motorräder unter den Namen Arrow, Peerless, National, Dixie Flyer, M.M. und Haverford herzustellen. Bereits 1911 gab es allein in den USA über 100 Motorradmarken.

Die meisten dieser Firmen stellten die Produktion nach einigen Jahren wieder ein. Eines der wenigen Unternehmen, die diese frühen Jahre überlebten, wurde später zu Amerikas größtem Motorradhersteller: die Harley-Davidson Motor Company. Während der V-Twin als Markenzeichen bis heute bekannt ist, war es ursprünglich ein Einzylinder, der Harley-Davidson in Schwung brachte.

Dieses Kapitel befasst sich mit den von 1901 bis 1918 gebauten Einzylindermodellen. Die Geschichte beginnt nicht mit dem ersten Motorrad des Unternehmens (das 1903 entstand), sondern mit den wirklichen Anfängen der Motor Company sowie den Erprobungen und der Entwicklung, die dazu führten.

Details über diese frühen Jahre sind schwer zu finden und oft etwas verwirrend. In den vielen Büchern, Artikeln und anderen Quellen, die ich konsultiert habe, fand ich oft widersprüchliche Fakten und Zahlen. Um die Jahrhundertwende führten die meisten neu gegründeten Firmen keine detaillierten Protokolle oder Zahlen über die Unternehmensentwicklung. Und selbst wenn – warum sollte man diese Aufzeichnungen die nächsten 100 Jahre aufheben? Dies gilt besonders für ein Unternehmen, das seit 120 Jahren dauerhaft wächst und expandiert. Ich nehme Harley-Davidson bezüglich der Firmengeschichte beim Wort. Warum auch nicht – es sind schließlich ihre Produkte.

1903: Erste Versuche

William S. Harley und Arthur Davidson waren seit ihrer Kindheit befreundet. Geboren und aufgewachsen in Milwaukee, Wisconsin, teilten die jungen Männer ein großes Interesse für Technik. 1901 waren beide Anfang 20 und arbeiteten bei der Barth Manufacturing Company, Harley als angehender Konstruktionszeichner, und Davidson war im Musterbau beschäftigt.

Der Legende nach war ihr ursprünglicher Plan, einen Außenbordmotor zu bauen, damit sie ihre Angelstelle im Michigansee schneller erreichen konnten. Eine andere Geschichte besagt, dass die jungen Männer die Schauspielerin Anna Held in ihrer Varieténummer auf einem Motorrad fahren sahen und vor allem das aus Frankreich stammende Motorrad ihre Aufmerksamkeit erregte. Auf jeden Fall hatte Harley 1901 einen Entwurf für einen kleinen Benzinmotor fertig, der auf dem französischen De-Dion-Bouton-Triebwerk basierte.

Das von 1897 bis 1904 gebaute De-Dion-Bouton-Dreirad wurde fast 15.000 mal verkauft. Das vor den Toren von Paris beheimatete Unternehmen gehörte zu den Ottomotor-Pionieren und beeinflusste viele kluge Köpfe, darunter auch William S. Harley und Arthur Davidson.

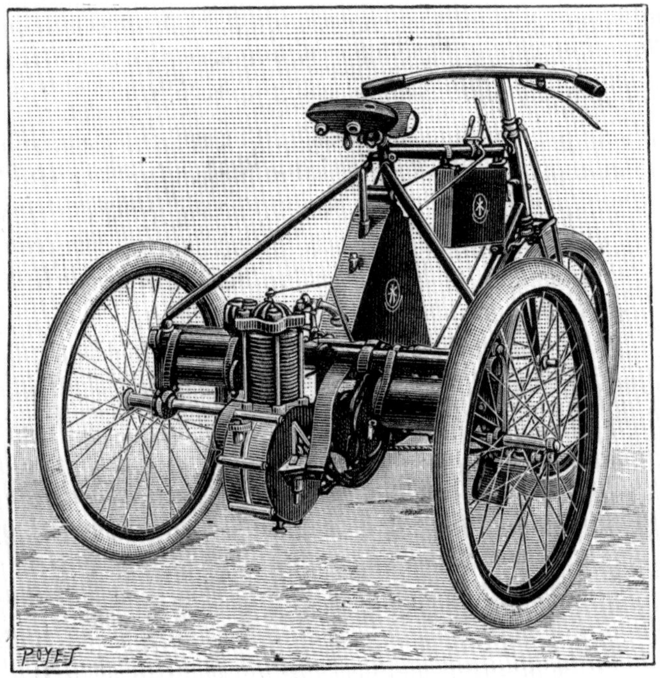

Dieser Motor war das Werk der Ingenieure Charles Trépardoux und Georges Bouton, die 1881 mit dem Bau von Miniatur-Dampflokomotiven angefangen hatten. Ihre Arbeit erregte die Aufmerksamkeit des Marquis Jules-Albert de Dion, einem wohlhabenden Aristokraten mit einer Leidenschaft für Dampfkraft, und die drei Männer gründeten unter dem Namen »De Dion, Bouton et Trépardoux« 1883 eine Gesellschaft. Sie begannen mit der Produktion einiger kleiner Transportfahrzeuge und entwickelten einen Viertakt-Verbrennungsmotor nach dem Otto-Prinzip, vom dem sich der Graf eine große Zukunft versprach. 1894 trennen sich Dion und Bouton von Trépardoux und firmierten jetzt unter dem Namen De Dion Bouton Co. Die Partnerschaft sollte viele Jahre anhalten, und das Unternehmen war bis in die 1920er-Jahre einer der größten Automobilhersteller der Welt. Dank der Konstruktion und des Aufbaus des De-Dion-Bouton-Motors konnten Harley und Davidson (sowie viele andere) ihre eigenen Innovationen einfließen lassen, um das Triebwerk zu verbessern. Bei diesem Motor hing das Einlassventil über dem stehenden Auslassventil, sodass sich die Bezeichnung »Inlet over Exhaust« (IOE) einbürgerte und in den USA als F-Head bekannt wurde (weil das »F« die Ventile bildlich darstellte).

Bei diesen ersten Viertaktmotoren war das Einlassventil als »Schnüffelventil« ausgeführt, das also vom Unterdruck im Ansaugtrakt geöffnet und von einer schwachen Feder und dem Überdruck durch den aufsteigenden Kolben wieder geschlossen wurde. Das neben dem Zylinder stehende Auslassventil wurde mechanisch von einem Nocken gesteuert.

William Harleys erster Motorentwurf (erst 1997 entdeckt!) ist auf der Blaupause mit dem 20. Juli 1901 datiert. Das Triebwerk hatte 4 Zoll (ca. 10 cm) große Schwungscheiben,

Bekannt als Seriennummer 1 ist dies die älteste bekannte Harley-Davidson. Das Motorrad ist im Harley-Davidson-Museum in Milwaukee, Wisconsin, ausgestellt.

2 Zoll (51 mm) Bohrung und 2 ¼ Zoll (57,1 mm) Hub, sodass ein Hubraum von 7,01 ci (116 cm³) entstand. Harley und Davidson überarbeiteten ihren ursprünglichen Entwurf mithilfe eines deutschen Konstrukteurs namens Emil Kroger oder Krüger (dessen Spur sich leider verloren hat), der mit dem De-Dion-Bouton-Motor vertraut war, weil er an den Originalplänen in Frankreich mitgearbeitet und die Zeichnung mit in die USA gebracht hatte. Henry Melk bot seinen Freunden an, seine Werkstatt zu benutzen, und 1902 wurde ein zweiter Motor fertiggestellt, diesmal mit einer 5-Zoll-Schwungscheibe und einem Bohrung-Hub-Verhältnis von 2,125 zu 2,875 Zoll (54 x 73 mm), woraus sich 10.2 ci (167 cm³) Hubraum ergaben.

Bei Probefahrten in einem Fahrradrahmen erwies sich der kleine Motor als unzureichend, denn bei jeder Steigung musste in die Pedale getreten werden. Eine Neukonstruktion musste her. William und Arthur baten Arthurs Bruder Walter – einen gelernten Maschinenschlosser und autodidaktischen Elektriker – um Hilfe. Schnell entstand ein zweites Fahrzeug, diesmal mit größerem Motor und verstärktem Rahmen. Der dritte Davidson-Bruder William half ebenfalls mit. William Davidson war Vorarbeiter im Werkzeugbau einer Eisenbahngesellschaft, und viele der benötigten Teile entstanden dort während seiner Arbeitsschichten. Die Davidsons überzeugten ihren Vater, ihnen einen 3 x 4,5 Meter großen Gartenschuppen als Werkstatt zu überlassen. Dort wurden der neue Rahmen und der Motor zusammengebaut.

Der neue Motor hatte mit 3 Zoll (76 mm) Bohrung und 3 ½ Zoll Hub (89 mm) einen Hubraum von 24,74 ci (405 cm³). Die Schwungscheiben waren mit einem Durchmesser von 248 mm fast doppelt so groß geworden und wogen stattliche 12,7 kg, das

Die Gaszufuhr wurde durch ein Gestänge geregelt. Die Motorräder der Jahre 1903 und 1904 waren äußerlich identisch. Der Anguss für den Beiwagen-Anschluss hinten am Lenkkopf weist auf einen Rahmen von 1905 hin, was die Originalität der Seriennummer 1 etwas infrage stellt.

gesamte Triebwerk brachte 22,23 kg auf die Waage. Es hatte immer noch die »automatische« IOE-Steuerung und basierte auf dem De-Dion-Bouton-Motor. Eine Anekdote besagt, dass der Vergaser auf geniale Weise von Arthurs Jugendfreund Ole Evinrude aus einer Tomatendose hergestellt worden war. Wie auch immer er das hinbekommen hat, später wurde er berühmt für seine Außenbordmotoren. Diese frühen Motoren arbeiteten mit einer Verlustschmierung – das per Nadelventil regulierte Öl tröpfelte im Motor auf den Hubzapfen, und ein großer Teil wurde verbrannt, der Rest sickerte durch alle möglichen Ritzen heraus. Laut Harley waren »die ersten Zündkerzen so groß wie Türknöpfe«. Die einzige verfügbare Farbgebung für die ersten Motorräder war schwarzer Pianolack mit goldener Linierung. Die Schriftzüge und Zierlinien der ersten Harley-Davidsons wurden von Janet Davidson aufgemalt, der Tante der drei Davidson-Brüder.

Diese neue Kombination aus 25-Kubikzoll-Motor und Schleifenrahmen wurde zur ersten Harley-Davidson. Im gleichen Jahr wurde mit dem Bau zweier weiterer Modelle begonnen, doch sie wurden erst 1904 fertiggestellt.

TECHNISCHE DATEN: PROTOTYP (1903)

MOTOR: IOE-EINZYLINDER

HUBRAUM: 24,74 ci (405,4 cm³)

BOHRUNG X HUB: 3 x 3 ½" (76,2 x 88,9 mm)

GETRIEBE: Direktantrieb

ENDANTRIEB: zweilagiger Lederriemen (3,2 cm breit)

KRAFTSTOFFTANK: 5,2 Liter

ÖLTANK: 0,95 Liter

RADSTAND: 1.308 mm

VORDERREIFEN: 2.00-28

HINTERREIFEN: 2.00-28

GEWICHT: 81 kg

1904

Die Harley-Davidson von 1904 basierte wie der Prototyp auf dem verstärkten und für das Motorgehäuse ausgewölbten Fahrradrahmen. Der Motor behielt den bekannten Hubraum und erhielt ins Kurbelgehäuse eingegossene Ölleitbleche, die dafür sorgten, dass der auf dem Weg nach oben einen Unterdruck erzeugende Kolben Öl mitriss, das die Zylinderwand schmierte. Der Vergaser wurde statt mit einem offenen Gestänge jetzt mit einem Drehgriff rechts am Lenker gesteuert.

Optionen gab es dieses Jahr nicht, und die technischen Daten entsprachen denen des Modells von 1903.

LINKS: Das Modell von 1904 wog knapp über 80 kg und kostete 175 US-$. Die Ableitung des Rahmens vom Fahrrad ist unverkennbar.

RECHTS: Diese bekannte und akkurate Reproduktion des Einzylindermodells von 1904 stammt vom 2017 verstorbenen Lonnie Isam Jr., dem Gründer des Motorcycle Cannonball Run für antike Motorräder.

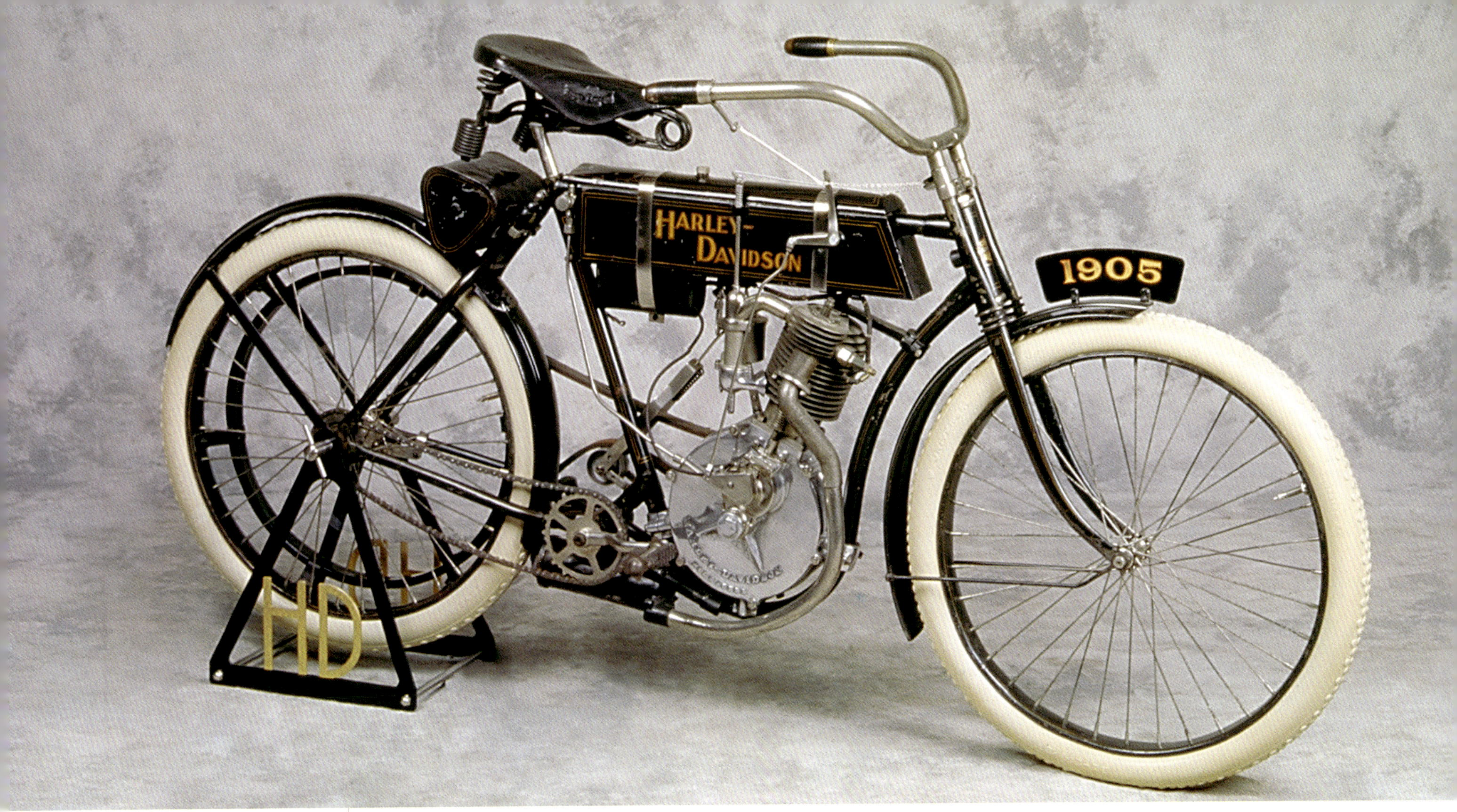

Obwohl 1903 das offizielle Gründungsjahr für Harley-Davidson ist, dauerte es bis 1905, dass die Motor Company ihre Motorräder als »Model 1« bezeichnete.

1905 – Model 1 (05-1)

Die größte Änderung für 1905 war eine um 0,125 Zoll vergrößerte Zylinderbohrung, sodass nun aus 3 1/8 Zoll Bohrung (79,4 mm) und weiterhin 3 1/2 Zoll Hub ein Hubraum von 26,84 ci (440 cm³) entstand. Die Schwungscheiben wurden auf 25,4 cm vergrößert und der Hubzapfen wurde verstärkt, sodass auch das Motorgehäuse anwachsen musste, um alles unterzubringen. Die Leistung wurde mit 3 ¼ PS angegeben. Zu den wenigen Optionen gehörten eine Hand-Startvorrichtung und 28 x 2 1/4-Zoll-Reifen. Beim Rahmen blieb bis auf einen Anguss für die Seitenwagenaufnahme hinten am Lenkkopf alles beim Alten. Harley-Davidson verkaufte die Triebwerke als sogenannte »Buckboard«-Motoren anfangs auch separat, doch ab Juni 1905 endete dieses Angebot, weil man sich auf komplette Motorräder konzentrieren wollte.

Randnotiz: 1905 war das erste Jahr mit Modellbezeichnungen – beginnend mit dem diesjährigen »Model 1« oder »05-1«.

TECHNISCHE DATEN: MODEL 1 (05-1) (1905)

MOTOR: IOE-EINZYLINDER

HUBRAUM: 26,84 ci (440 cm³)

BOHRUNG X HUB: 3 ¹/₈ x 3 ½" (79,4 x 88,9 mm)

GETRIEBE: Direktantrieb

FAHRWERK: Einschleifenrahmen, 55 cm Sitzhöhe

ENDANTRIEB: zweilagiger Lederriemen (3,2 cm breit)

KRAFTSTOFFTANK: 5,2 Liter

ÖLTANK: 0,95 Liter

ELEKTRIK: 6 Volt, Batterie-Spulenzündung

VORDER- UND HINTERREIFEN: 2.00-28 (optional2.25-28)

GEWICHT: 84 kg

LISTENPREIS: 175 US-$

1906 – MODEL 2 (06-2)

Die 1906er-Modelle wurden in zwei Farben angeboten: entweder in schwarzem Klavierlack mit doppelten goldenen Zierlinien oder in »Renault-Grau« mit doppelten kaminroten Zierlinien. Außerdem wurde die Gemischaufbereitung von einem Schebler-Vergaser übernommen.

Zu dieser Zeit entstand auch der Spritzname »Silent Gray Fellow«, für den es zwei Entstehungsgeschichten gibt. Die erste bezieht sich auf den von der Motor Company eingesetzten großen Schalldämpfer samt Kampagne für geringe Geräuschentwicklung. Grau war die neue Standardfarbe für die Motorräder, und ein »Fellow« (Kumpel) war ein guter Weg, um das Motorrad als Wegbegleiter zu beschreiben. Die zweite Geschichte erklärt ihn als William Harleys Spitznamen, den ihm die Davidson-Brüder gegeben haben, weil er über ein ruhiges Gemüt und vorzeitig ergraute Haare verfügte. In beiden Fällen bezog sich der Name nicht auf ein bestimmtes Motorrad, sondern auf alle Maschinen, die zu dieser Beschreibung passten.

Die technischen Daten der 1906er-Modelle entsprachen denen des Vorjahres.

Das Modell von 1905 hatte 27 Kubikzoll Hubraum und ein poliertes Motorgehäuse. Schwarzer Klavierlack mit doppelten goldenen Zierlinien war die einzige erhältliche Lackierung.

THE NEW

Harley-Davidson

"THE SILENT GREY FELLOW"

The Motorcycle That Is Not Uncomfortable

The Free-Wheel Control permits the HARLEY-DAVIDSON to be started like an auto.

UNTIL the New HARLEY-DAVIDSON was produced motorcycles were more or less uncomfortable. With only the saddle springs and the resiliency of the tires to absorb the jolts, how could they be otherwise? When a motorcycle struck a 3 inch bump the tires and the saddle springs absorbed 1 inch of the shock—the rider got the rest.

Motorcycle manufacturers have long tried in vain to overcome this. They put longer saddle springs on and found that while this eliminated the hard jolts, when the machine struck bumps or crossings it added a "spring board like" action which threw the rider off the seat. This was even more objectionable than the jolts and jars and was actually dangerous. Other experiments were tried, but the problem remained unsolved, until William S. Harley, America's foremost motorcycle designer and engineer suspended or floated the seat between two springs held under heavy compression. Hence the name Ful-Floteing SEAT.

Jolts and jars were eliminated—it was like riding on air. The "spring board like" action was gone. The rider really floated over bumps and rough roads. The Ful-Floteing SEAT had solved the problem.

In addition to its comfort, the new Harley-Davidson is clean—all moving parts where oil is used are encased in oil tight cases, and the machine is so silent that it cannot be heard across the street.

Sectional View of Ful-Floteing Seat

HARLEY-DAVIDSON MOTOR CO.
223 B Street MILWAUKEE

77

Renault-Grau war 1907 die Standardfarbe des Model 3. Auch das Kurbelgehäuse samt Harley-Davidson-Schriftzug wurde leicht verändert.

1907 – Model 3 (07-3)

Die größte Veränderung im Jahr 1907 war die Einführung der Sager-Cushion-Federgabel für das Vorderrad.

Auch die Maße des Rahmens wurden leicht verändert: Der Radstand war von 51,5 (131 cm) auf 51 Zoll (129,5 cm) und auch die Rahmenhöhe um 1,5 auf 20 Zoll (51 cm) reduziert worden. Der bei den vorherigen Modellen verwendete Fahrradsattel wurde durch einen neuen speziell für Motorräder entwickelten Sitz der Marke Persons ersetzt.

In diesem Jahr begann Harley-Davidson auch, den Firmennamen ins Motorgehäuse einzugießen.

Die Standardfarbe wechselte 1907 zu Renault-Grau, und der schwarze Klavierlack war nur noch optional erhältlich.

Die technischen Daten der 1907er-Modelle entsprachen denen des Vorjahres. Es wurden 150 Motorräder gebaut.

Jedoch war in diesem Jahr ein neues Herstellungsverfahren entwickelt worden. Walter Davidson hatte sich mit Wärmebehandlungstechniken vertraut gemacht, und er ging zusammen mit William nach Chicago, um das Acetylen-Schweißen zu erlernen und diese Technik ihren Arbeitern beizubringen, damit sie es in der Fertigung anwenden konnten.

Das Unternehmen hatte inzwischen 17 Mitarbeiter, und die Harley-Davidson Motor Company wurde 1907 offiziell gegründet.

1908 – Model 4 (08-4)

1908 gab es einige kleine Änderungen und ein Spezialmodell: die 08-4 Tier-Ambulanz. Hierfür wurde das Model 4 mit einem Seitenwagen ausgerüstet, auf dem eine spezielle Transportbox für streunende Hunde angebracht war. Der Entwurf basierte auf Zeichnungen, die von der Chicago Anti-Cruelty Society (Anti-Tierquäler-Gesellschaft) stammte.

Am 29. Juni dieses Jahres gewann Walter Davidson beim siebten FAM-Ausdauer- und Zuverlässigkeits-Wettbewerb die Diamant-Medaille. Er holte sich auf der über zwei Tage und 365 Meilen dauernden Fahrt in den Catskill Mountains im Bundesstaat New York ohne technische Defekte (bis auf eine Reifenpanne) die maximale Punktzahl.

Technische Daten: 1908 Model 4 Single (08-4)

Erstes Modelljahr mit Tank-Füllstandanzeige

RADSTAND: 1.371 mm (vorher 1.295 mm)

KRAFTSTOFFTANK: 5,7 Liter, neue Form mit abgerundeten Kanten und großer Einfüllöffnung und Füllstandanzeige

SCHUTZBLECHE: verbreitert (von 7,6 auf 9,5 cm)

VORDER- UND HINTERREIFEN: 2.25-28

ENDANTRIEB: zweilagiger Lederriemen (3,8 cm breit)

VORDERRADFEDERUNG: Sager-Cushion-Federgabel mit stärkeren Federn und stabileren Aufnahmen, um 12 mm verbreitert, um die breiteren Reifen und Schutzbleche aufzunehmen

MOTOR: einstellbare Kappen am Auslassventil, um das Ventilspiel korrekt einzustellen

SONSTIGES: Auspuffklappenhebel hinten am Tank, verstellbare Riemenscheibe, verbesserte Vernickelung

PRODUKTIONSZAHL: 450

LINKS: Walter Davidson mit seinem Model 4 nach dem Sieg beim FAM-Ausdauer- und Zuverlässigkeits-Wettbewerb, wo er die volle Punktzahl holte.

RECHTS: 1907 stellte die Motor Company erstmals offiziell ihre Modelle aus: Auf der Chicago Automobile Show wurde neben drei Einzylindermotorrädern auch der Prototyp des V-Twins präsentiert.

OBEN: Dies ist das Model 5-C von 1909, das sich durch den neuen größeren Satteltank und den geräumigen Werkzeugkasten hinter dem Sattelrohr auszeichnete. Der Hubraum war auf 30 ci (494 cm³) angewachsen.

MITTE: Einen Riemen für den Endantrieb gibt es bei Harley-Davidson immer noch (wieder)! Anfang des 20.Jahrhunderts bestanden die aus mehreren Segmenten zusammengesetzten Keilriemen allerdings aus Leder (der beim Model 5 war 3,8 cm breit).

1909 – Model 5

In diesem Jahr waren vier Einzylindermodelle erhältlich, die alle über einen 4 PS starken 30-Kubikzoll-Motor verfügten, der seine Leistung direkt per Riemen auf das Hinterrad übertrug. Eine wichtige Änderung am Motor betraf das Auswuchten der Schwungscheiben und anderen rotierenden Teile, um die Vibrationen im Zaum zu halten.

TECHNISCHE ÄNDERUNGEN: MODEL 5 (09-5) (1909)

HUBRAUM: 30,16 CI (494 CM³)

BOHRUNG X HUB: 3 5/16 x 3 ½" (84,1 x 88,9 mm)

LEISTUNG: 4 PS

RADSTAND: 1.371 mm

KRAFTSTOFFTANK: 9,5 Liter

ÖLTANK: 2,4 Liter

VORDER- UND HINTERREIFEN: 2.50-28, G&J-Reifen

GEWICHT: 68 kg

Abgesehen von der vergrößerten Bohrung betrafen die größten Änderungen dieses Jahr vor allem die Ästhetik. Es gab einen größeren Benzintank – jetzt mit 2,5 Gallonen (9,5 Liter) – und einen größeren Öltank – jetzt mit 2,5 Quart (2,4 Liter) Inhalt. Außerdem wurde zwischen dem Sattelrohr und dem hinteren Schutzblech ein Staufach eingesetzt. Die Rahmenhöhe wurde von 20 auf 19 Zoll verringert, der Lenkkopf war ein Gussteil, und die meisten Verbindungspunkte waren geschmiedet. Nur in diesem Jahr wurde ein 3,8 cm breiter Leder-Keilriemen verwendet. Weil dieser jedoch zu viel Leistung schluckte, kehrte man 1910 wieder zum Flachriemen zurück.

1910 – Model 6

Die 1910 gebauten Motorräder entsprachen weitgehend denjenigen des Vorjahres. Wie zuvor gab es vier Modelle, diesmal 6, 6-A, 6-B und 6-C genannt. Hinzu kam jedoch eine Werksrennmaschine namens Model 6-E – Harleys erster Factory-Racer überhaupt. Obwohl nicht offiziell als Rennmaschine bezeichnet, sprach sich rasch herum, warum für dieses Modell 25 US-$ Aufpreis verlangt wurden. Mit seinem 30-ci-Motor, Direktantrieb per Riemen, Magnetzünder und 26-Zoll-Rädern entsprach es den Straßenmodellen, doch ansonsten war es mit fehlendem Vorderradschutzblech, Heckständer und Werkzeugfach reichlich abgespeckt. Hinzu kamen ein verkürztes Hinterradschutzblech, ein abnehmbarer Schalldämpfer, ein Rennsattel und ein heruntergezogener Lenker. Das Model 6-E bewies auf vielen Rennstrecken und bei Straßenrennen seine Fähigkeiten, und Harley nutzte diese Siege zu Werbezwecken, um den Absatz zu fördern.

MODELLE

MODEL 6: IOE-EINZYLINDER	Batteriezündung	28-Zoll-Räder	Stückzahl: 864
MODEL 6-A: IOE-EINZYLINDER	Magnetzündung	28-Zoll-Räder	Stückzahl: 54
MODEL 6-B: IOE-EINZYLINDER	Batteriezündung	26-Zoll-Räder	Stückzahl: 168
MODEL 6-C: IOE-EINZYLINDER	Magnetzündung	26-Zoll-Räder	Stückzahl: 36

Dieses Model 6-B von 1910 ist an den kleineren 26-Zoll-Rädern und der Batteriezündung erkennbar. Neu war dieses Jahr ein verbesserter Riemen-Spannmechanismus.

RECHTS: Details des Model 6-B von 1910. Der Zylinderkopf mit »Bienenkorb«-Kühlrippen war in seinem letzten Jahr angelangt. Das Einlassventil war weiterhin als »automatisches« Schnüffelventil ausgeführt. Links unten ist die manuell zu bedienende Auspuffklappe zu erkennen.

LINKS UNTEN: Die markantesten Neuerung am Model 7-C von 1911 waren der gerade vordere Rahmenunterzug und die senkrechten Kühlrippen am Zylinderkopf, mit denen die Kühlwirkung verbessert werden sollte.

Das Model 6 hatte ein Tankvolumen von 1,5 Gallonen (5,7 Liter), wogegen die Tanks der Modelle 6-A, 6-B, 6-C und des Werksrenners 6-E nur 1,25 Gallonen (4,73 Liter) fassten (im Vorjahr waren es noch 2,5 und 2 Gallonen gewesen). Die zwei Modelle mit Batteriezündung (6 und 6-B) kosteten 210 US-$, für die Modelle mit Magnetzündung (6-A und 6-C) musste 250 US-$ bezahlt werden, und das Rennmodell 6-E war für 275 US-$ erhältlich.

Anmerkung: Die Modelle von 1910 waren die letzten mit waagerechten Kühlrippen am Zylinderkopf, ab 1911 waren sie senkrecht angeordnet.

1913 bis 1918 – Model 5-35

1913 führte Harley-Davidson ein größeres und stärkeres Einzylindermodell ein, das als »5-35« bekannt wurde – 5 PS und 35 ci Hubraum. Diese Motorkonfiguration wurde bis zum vorläufigen Ende der Einzylinderproduktion 1918 beibehalten (erst 1926 sollte wieder ein – diesmal seitengesteuerter – Single ins Programm aufgenommen werden).

GEGENÜBER RECHTS UNTEN: Der Motor der X-8-A hatte 30 ci (494 cm³) Hubraum und wurde mithilfe eines Schebler-Vergasers gefüttert und mittels eines Bosch-Magnetzünders befeuert. Von 1911 bis 1917 waren alle Harleys grau, konnten aber mit verschiedenen Zierstreifen bestellt werden.

OBEN: 1912 wurde der Rahmen geändert, um die Sitzhöhe um 5 cm abzusenken. Dazu wurde das Oberrohr bereits vor dem Sattelrohr nach unten geführt. Dies ist die X-8-A.

LINKS: Die beim 1912er-Modell weit herumgezogenen Vorderradschutzbleche halfen, Wasser und Schmutz von Mensch und Maschine fernzuhalten.

RECHTS: Der Antriebsriemen der X-8 von 1912 war jetzt 44,5 mm breit.

RECHTS OBEN: Auf dem historischen Foto ist vermerkt: »Everett Moody Race Bike«. Dies ist ein Modell von 1912, doch der Motor verfügt bereits über ein mechanisch gesteuertes Einlassventil, das erst 1913 in Serie ging. War dies vielleicht ein Prototyp?

RECHTS UNTEN: Für 1913 war der Hubraum auf 35 ci (565 cm³) angewachsen und ein mechanisch gesteuertes Einlassventil eingeführt worden. Dieses Model 10-C von 1914 ist außerdem mit Trittbrettern samt Pedalerie (rechts für die Hinterradbremse, links für die Kupplung) ausgerüstet.

Bei diesem Motor war (bei unveränderter Bohrung) der Hub von 3 ½ auf 4 Zoll (102 mm) verlängert worden, sodass der Hubraum tatsächlich 34,47 ci (565 cm³) betrug. Die Durchmesser beider Ventile waren angewachsen, doch die wichtigste Änderung betraf den Wechsel vom Schnüffelventil zum mechanisch gesteuerten Einlassventil. Der weiterhin aus einer Eisenlegierung bestehende Kolben war etwas leichter und samt Pleuel und Schwungscheiben ausgewuchtet, um den Motorlauf sanfter zu machen.

Eine ebenfalls wichtige Änderung (zunächst nur als Option) war der Kettenantrieb (sodass bei Nässe durchrutschende Riemen der Vergangenheit angehörten), der von der Kundschaft gern angenommen wurde: von den damit ausgerüsteten Modellen 9-B wurden 4.601 Stück verkauft – gegen lediglich 1.510 Exemplare mit Riemenantrieb (Model 9-A).

OBEN: Das Model 10-C (35 ci) von 1914 war sowohl mit Kettenantrieb als auch einem Zweiganggetriebe samt Kupplung ausgerüstet. Neu war dieses Jahr der »Step-Starter«.

LINKS: Dieses Model 9-A (35 ci) von 1913 ist am gesteuerten Einlassventil, dem Riemenantrieb und einem Magnetzünder zu erkennen.

RECHTS: Das Model 16-C von 1916 verfügt über den 35-ci-Einzylindermotor, ein Dreiganggetriebe und einen einklappbaren »Step-Starter«.

GEGENÜBER: Mit Seitenwagen ausgerüstete Motorräder waren populär und praktisch. Dieses Model 17-C (35 ci, Dreiganggetriebe) zieht einen bequemen Korbsessel-Beiwagen. Harley-Davidson hatte in diesem Jahr zahlreiche komplette Gespanne im Angebot.

TECHNISCHE DATEN: MODEL 5-35 (1913-1918)

MOTOR: IOE-EINZYLINDER

HUBRAUM: 34,37 ci (565 cm³)

BOHRUNG X HUB: 3 5/16 x 4" (84,1 x 102 mm)

LEISTUNG: 5 SAE-PS

RADSTAND: 1.435 mm

KRAFTSTOFFTANK: 5,7 Liter

ÖLTANK: 3,3 Liter

VORDER- UND HINTERREIFEN: 2.75-28

GEWICHT: 68 kg

HARLEY

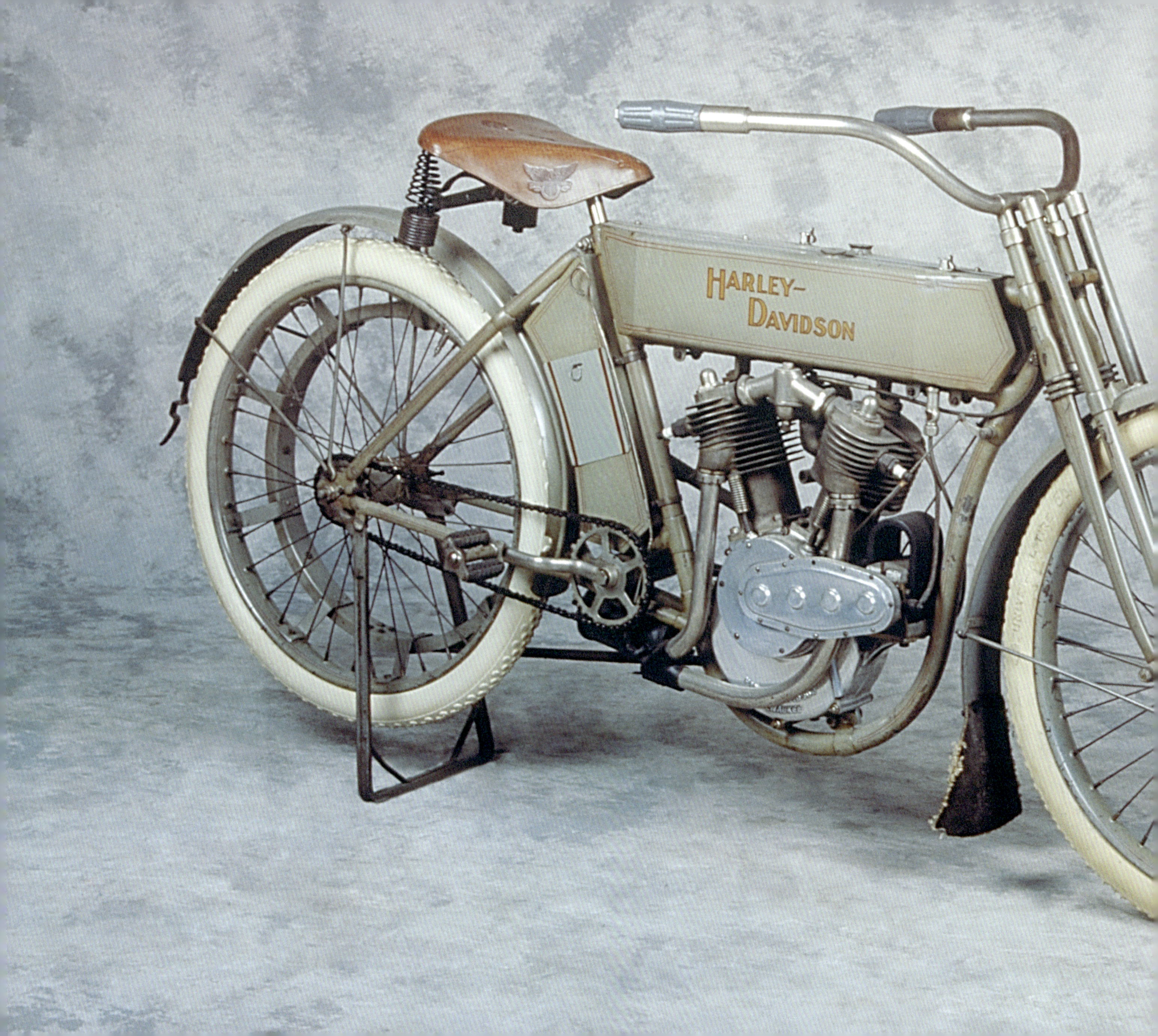
HARLEY-
DAVIDSON

Kapitel 2

DIE ERSTEN ZWEIZYLINDER

F-Head-Motoren

Die Geschichte der berühmten V-Twins von Harley-Davidson begann bereits 1906, dennoch war die Motor Company nicht der erste Hersteller mit diesem Motor-Layout – nicht einmal in den USA (diese Ehre gebührt Glenn Curtiss, der bereits 1903 seine Hercules mit einem V2-Triebwerk ausgerüstet hatte). Auch in Europa waren Zweizylinder nichts Neues, so war bereits 1902 in Frankreich eine entsprechend motorisierte Griffon unterwegs. In den Vereinigten Staaten hatte Indian – Harleys größter Konkurrent – 1906 seine ersten Twins im Angebot.

Schon als Harley-Davidson sich als großer Motorradhersteller etablierte und seine Einzylinder perfektionierte, konstruierte William S. Harley seinen ersten V2-Prototypen. Ende 1906 war die Entwicklung abgeschlossen, und das Motorrad wurde samt Motor rechtzeitig fertig, um auf der Chicago Automobile Show im Februar 1907 vorgestellt zu werden. Das Triebwerk hatte einen Hubraum von 48 ci (785,5 cm^3) und war mit jeweils 3 $^1/_8$ Zoll (79,4 mm) Bohrung und Hub quadratisch ausgelegt. Es leistete etwa 5 PS.

Der Aufbau des neuen Motors war genial. Statt einen völlig neuen Rumpfmotor zu konstruieren, hatte William Harley einfach einen weiteren Zylinder im Winkel von 45° auf das Kurbelgehäuse gesetzt und den Pleuelfuß des zweiten Kolbens gegabelt, um ihn über das vorhandene Pleuel zu setzen. 1907 erschien ein zweiter Prototyp mit 53 ci (869 cm^3) Hubraum und ca. 6 PS Leistung. Auch wenn diese Twins die bisher schnellsten Harley-Davidsons waren, wurden zwischen 1907 und 1911 nur sehr wenige V-Twins gebaut. Aufgrund ihrer bewährten Effizienz und Zuverlässigkeit blieben die Einzylindermodelle

Obwohl bereits 1907 in der Öffentlichkeit gezeigt, wurde das Model 5-D erst 1909 als erste Harley-Davidson mit V2-Motor in den Verkauf gebracht.

LINKS: Der legendäre George »Cannon Ball« Baker war ein früher Motorrad- und Autorennfahrer und vor allem bekannt für seine unvergleichlichen Langstreckenfahrten. Hierbei wurde er üblicherweise dafür bezahlt, für den entsprechenden Auto- oder Motorradhersteller Werbung zu machen. Insgesamt durchquerte er 143-mal die USA mit hohem Tempo von Küste zu Küste und legte dabei rund 550.000 Meilen (885.000 km) zurück. Dieser frühe Indian-Twin wäre eine ernsthafte Konkurrenz zum ersten V2-Modell von Harley-Davidson gewesen.

RECHTS: Zylinder mit radialen Kühlrippen kennzeichneten die ersten von 1907 bis 1910 gebauten Harley-Davidson-Twins.

weiterhin sehr beliebt und ihre Verkaufszahlen stiegen jährlich an. Also wurden die Zweizylinder bis 1909 auf Eis gelegt. Es existieren allerdings Aufzeichnungen, wonach auch 1908 einige V2-Modelle gebaut wurden.

Eine dieser Geschichten bezieht sich auf das vom Chicago Motorcycle Club gesponserte Bergrennen in Algonquin, Illinois, am 08. Juli 1908. Der erste Preis ging laut einer Zeitungsmeldung an Harvey Bernard, der mit seiner Harley-Davidson mit einem V2-Motor in der Klasse bis 61 ci (1.000 cm³) Hubraum an diesem Tag der Schnellste war.

1909 – Model 5-D (V2)

Erstmals öffentlich kündigte Harley-Davidson seinen V2-Motor im Model 5-D von 1909 an. Der 53,38 ci große und per Magnetzünder befeuerte Motor trieb über einen Riemen direkt das 28er-Hinterrad an. Die Einlassventile wurden wie bei den Einzylindern per Unterdruck geöffnet. 27 Maschinen dieses Typs wurden verkauft – im Vergleich zu 1.112 Singles ein mageres Ergebnis. Dennoch gilt die 5-D als erste Harley-Davidson-Serienmaschine mit V-Twin.

Einige Innovationen gegenüber den Einzylindermodellen des Vorjahres gab es aber auch – vor allem im Bereich der Blechteile: Der Kraftstofftank war als zweiteiliger Satteltank konstruiert, der zugleich den verlagerten Öltank abdeckte. Der Komfort wurde durch ein wasserdichtes Fach zwischen dem Sattelrohr und dem Hinterradschutzblech verbessert, in dem neben Werkzeug auch andere Dinge untergebracht werden konnten.

Die Verkaufszahlen waren aber auch deshalb so schlecht, weil der neue V-Twin anfangs einige technische Probleme aufwies, darunter ein nicht vorhandener Riemenspanner, der wie beim Einzylindermodell das Anhalten durch »Auskuppeln« des Motors deutlich vereinfacht hätte. Um mit dem V2-Modell anzuhalten, musste der Motor abgeschaltet werden, zum An-

Ein Grund für die schlechten Verkaufszahlen war der nicht vorhandene Riemen-Entspanner zum Auskuppeln des Motors.

fahren wurde erneut in die Pedale gestiegen. Zudem erwiesen sich die Schnüffelventile durch den gemeinsamen Ansaugtrakt für beide Zylinder als problematisch und ineffizient. Heute existieren nur noch wenige 1909er-V2-Modelle. Sie sind leicht am fehlenden Riemenspanner und den radialen Kühlrippen an den Zylinderköpfen erkennbar.

TECHNISCHE DATEN: MODEL 5-D (1909)

MOTOR: IOE-V2-MOTOR, 45° ZYLINDERWINKEL

HUBRAUM: 53,38 CI (875 CM³)

BOHRUNG X HUB: 3 1/8 x 3 1/2" (79,4 x 88,9 mm)

LEISTUNG: 7 SAE-PS

VERGASER: H-D Automatic, Schebler Model H (optional)

ENDANTRIEB: Lederriemen (3,2 cm breit)

VORDER- UND HINTERREIFEN: 2.75-28, Empire Auto Thread

BREMSEN: vorn keine, hinten Thor-Rücktrittbremse

RADSTAND: 1.473 mm

KRAFTSTOFFTANK: 11,4 Liter ◆ **ÖLTANK:** 2,8 Liter ◆ **GEWICHT:** 77 kg

PREIS: 325 US-$ ◆ **STÜCKZAHL:** 27

LACKIERUNG: Renault-Grau« mit roten Doppel-Zierlinien, optional Klavierlack schwarz

Erst ab 1911 erwies sich das Modell mit V2-Motor als funktionsfähig. Das Model 7-D hatte 49,5 ci (811 cm^3) Hubraum, und der Zylinderkopf war mit senkrechten Kühlrippen versehen. Der Riemenspanner ist deutlich erkennbar.

1911 – Model 7-D (V2)

Erst ab 1911 machte Harley-Davidson seinen V-Twin wirklich bekannt und bewarb ihn. Vorherige Versuche mit »automatischen« Einlassventilen hatten sich als unbrauchbar erwiesen, da der Motor bei niedrigen Drehzahlen sehr ungleichmäßig lief. Nach vier Jahren Entwicklung und ausgiebigen Testreihen hatten die Harley-Ingenieure schließlich eine funktionstüchtige Konstruktion geschaffen.

Der 7-D-Twin behielt die IOE-Zylinderköpfe, doch die Einlassventile waren jetzt nicht mehr durch Unterdruck, sondern per Nockenwelle, Stößelstangen und Kipphebel mechanisch gesteuert. Damit lief der Motor rund und brachte auch Leistung. Der neue »50-ci-«-Motor hatte durch eine auf 3 Zoll verringerte Bohrung etwas weniger Hubraum (49,5 ci) als sein Vorgänger, und senkrechte Kühlrippen am Zylinderkopf verbesserten die Kühlwirkung um 17 Prozent. Der zuvor noch vorn am Motor sitzende Magnetzünder war hinter den hinteren Zylinder gewandert, was das Aussehen des Triebwerks drastisch veränderte. Eine weitere Verbesserung war die Rückkehr zum Flachriemen (der Keilriemen neigte zum Verklemmen) und der Einbau eines Riemenspanners, um den Kraftschluss nötigenfalls zu unterbrechen.

Technische Daten: Model 7-D (1911)

Motor: IOE-V2-Motor, 45° Zylinderwinkel
Hubraum: 49,48 ci (811 cm³)
Bohrung x Hub: 3 x 3 ½" (76,2 x 88,9 mm)
Leistung: 6,5 SAE-PS
Vergaser: Schebler
Endantrieb: Lederriemen (4,4 cm breit)
Vorder- und Hinterreifen: 2.50-28
Bremsen: vorn keine, hinten Corbin Bandbremse
Radstand: 1.435 mm
Kraftstofftank: 10,4 Liter
Öltank: 4,25 Liter
Gewicht: 134 kg
Preis: 300 US-$
Lackierung: Harley-Davidson-Grau

Das Modell 7-D war erstmals mit mechanisch gesteuerten Einlassventilen ausgerüstet. Der über den großen Hebel betätigte Riemenspanner fungierte als Kupplung. Der Zukunft von Harley-Davidsons V-Twin stand jetzt nichts mehr im Wege!

Auch der Rahmen war neu: Der vordere Unterzug war als gerades Rohr ausgeführt, und die Sitzhöhe wurde verringert. Insgesamt sorgte der neue V-Twin von 1911 für eine echte Spielwende in der Kategorie der hubraumstarken Motorräder. Sein Grundaufbau mit 45° Zylinderwinkel und Gabelpleuel (dadurch kein Zylinderversatz) ist bis heute Merkmal aller klassischen Harley-Twins.

1912 – Model X-8-E (V2)

1912 war für den neu entwickelten Zweizylinder ein entscheidendes Jahr: Auch wenn die im Vorjahr vorgenommenen Änderungen den Twin funktionstüchtig machten, sorgten erst die aktuellen Verbesserungen dafür, dass das Motorrad wirklich gut fahrbar wurde. Die Modifikationen kamen nun schneller, weil die Firma gewachsen war. 1910 war eine fast 900 Quadratmeter große Produktionsstätte fertig geworden und allein hier wurden mehr als 150 Arbeiter tätig. Das Unternehmen wuchs mit phänomenaler Geschwindigkeit.

Ein seltenes Model 8-E von 1912. Der 61-ci-Motor treibt erstmals über eine Kette das Hinterrad an, in dessen Nabe eine Freilaufkupplung integriert ist.

Apropos Wachstum: Der X-8-E war nun der größte von Harley-Davidson gebaute Motor und damit der erste »Big Twin« des Unternehmens. Das Model E hatte 61 ci (988,5 cm³) Hubraum und damit 11 ci mehr als das Model D. Die Bohrung betrug jetzt 3 $^5/_{16}$ Zoll (84,1 mm), der Hub blieb bei 3 ½ Zoll (88,9 mm), und die Leistung stieg auf 7 PS. Die Pleuel waren jetzt rollengelagert, und die Kurbelwelle lief in Kugellagern. Die Motorentlüftung war erstmals aktiv gesteuert.

Obwohl bereits mit dem Hubraum der Konkurrenz voraus, war es erst das »X« in X-E-8, das dieses Motorrad von allen anderen abhob. Dieses X stand für eine neue von William Harley entwickelte Freilaufkupplung im Hinterrad, bei der durch einen Hebel das Rad von der Nabe – und damit vom Motor – entkoppelt werden konnte. Zwischen dem Motor und der Freilaufnabe saßen nun zwei Ketten: Eine von der Kurbelwelle zur Tretkurbel und eine zweite von dort zum Hinterrad. Die Tretkurbel war in einer

Exzenternabe gelagert, um ihre Einstellung völlig getrennt vom Antrieb zu ermöglichen. Die Freilaufkupplung ermöglichte das Auskuppeln im Stillstand und bei Bergabfahrten, die Kette eliminierte den Schlupf des Lederriemens. Die neue Technik war 1912 für vier Modelle verfügbar, für die beiden Einzylindermodelle X-8 und X-8-A, den 50-ci-Twin X-8-D und natürlich die X-8-E.

Ein neuer verstärkter Rahmen ermöglichte eine gefederte Sattelstütze – in der Werbung etwas eigenwillig als »Ful-Floeting« bezeichnet. Im Sattelrohr steckte dabei eine 23 cm lange Feder, darüber konnte der Sattel mit einem Kolben gleiten. Die Sitzhöhe war dank des jetzt weiter vorn heruntergezogenen Oberrohrs um 5 cm abgesenkt worden.

Auch die Blechteile hatte man für die X-8 geändert. Das Vorderradschutzblech war weiter um den Reifen herumgezogen, um den Fahrer besser vor Schmutz und Wasser zu schützen. Der Benzintank war größer geworden und hinten abgesenkt, um sich an den neuen Rahmen anzuschmiegen. Der Öltank befand sich nicht mehr zwischen den Benzintankhälften, sondern im oberen Bereich des hinter dem Sattelrohr sitzenden Staufachs. An diesem Behälter war eine neue Hand-Ölpumpe montiert, mit deren Hilfe der durch die Schwerkraft gespeiste Tropföler ergänzt werden konnte. Die Bedienelemente am Lenker waren im Vergleich zum Vorjahr vertauscht worden: Der Gasgriff befand sich jetzt rechts und die Zündverstellung links, was die Bedienung des »Kupplungshebels« links hinten am Tank erleichterte.

Viele Enthusiasten sind der Meinung, dass dieses Motorrad die erste wirklich fahrbare Harley war. Die technischen Änderungen und Verbesserungen machten das Fahren beträchtlich einfacher und angenehmer – das alles bereits im zweiten Jahr des V-Twins! Die X-8-E erreichte eine Höchstgeschwindigkeit von 65 Meilen pro Stunde (105 km/h) – zu dieser Zeit ein bemerkenswertes Tempo.

TECHNISCHE DATEN: MODEL X-8-E (1912)

MOTOR: IOE-V2-MOTOR, 45° ZYLINDERWINKEL

BOHRUNG X HUB: 3 $^5/_{16}$ x 3 ½" (76,2 x 88,9 mm)

LEISTUNG: 7 SAE-PS · **VERGASER:** Schebler

ENDANTRIEB: Rollenkette

VORDER- UND HINTERREIFEN: 2.50-28

BREMSEN: vorn keine, hinten Corbin Bandbremse

RADSTAND: 1.435 mm

KRAFTSTOFFTANK: 13,25 Liter

ÖLTANK: 3,8 Liter

GEWICHT: 141,5 kg

PREIS: 300 US-$

LACKIERUNG: Harley-Davidson-Grau

1913 – Model 9-E

Die 1913er 9-E Big Twin war im Grunde eine X-8-E mit einigen Verbesserungen. Die Leistung war von 7 auf 8 PS gesteigert worden und der Radstand um 2 Zoll auf 58,5 Zoll (1486 mm) angewachsen. Die Reifen waren ein viertel Zoll breiter geworden, was eine neue verstärkte Vorderradgabel erforderlich machte.

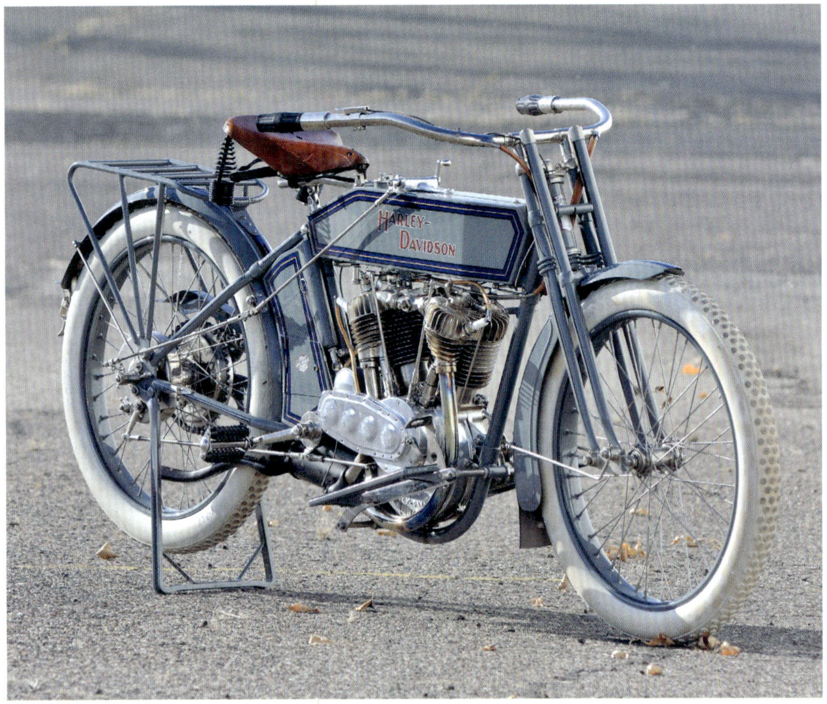

Die einfache Technik der frühen Motorräder ist genauso faszinierend wie das Niveau der Restaurierung, das manche Besitzer in ihre Maschinen stecken. Dieses wunderschön wiederhergestellte Model F von 1914 zeigt, dass Harley-Davidsons nicht mehr »motorisierte Fahrräder«, sondern ernsthafte Motorräder geworden waren.

Erstmals wurden mehr Twins als Einzylinder verkauft (6.844 zu 6.122 Stück).

1914 – Model 10-F

Bei den Zweizylindermodellen gehörte zu den großen Neuerungen für 1914 die per linkem Fuß betätigte »Freilaufregelung« – also ein Kupplungspedal – über den neuen Trittbrettern mit Gummibelag. Der Freilauf konnte nun entweder von Hand oder per Fuß aktiviert werden, weil beide Hebel miteinander verbunden waren. Nur in diesem Jahr gab es eine Zweigang-Hinterradnabe, die über einen Hebel links am Tank betätigt wurde. Die als Innenbandbremse ausgeführte Hinterradbremse wurde über ein Pedal über dem rechten Trittbrett aktiviert (sodass dies mit etwas gutem Willen als Harleys erste Trommelbremse bezeichnet werden kann). Zu alledem musste die Maschine nicht mehr per Pedal gestartet, sondern konnte auf der Maschine sitzend oder neben ihr stehend mit dem »Step-Starter« – einem Vorgänger des Kickstarters – in Betrieb genommen werden.

1915–1929

Der Erfolg und die Popularität der V-Twins führte zur Entwicklung und Vermarktung weiterer F-Head-Modelle: Spezialmodelle, Rennmaschinen, Gespanne usw. Auch die Beteiligung der USA am Ersten Weltkrieg spielte eine wichtige Rolle für die Entwicklung der Firma Harley-Davidson. Während des Krieges ging mehr als die Hälfte der Gesamtproduktion an das Militär und andere Regierungsstellen, und der Bau ziviler Modelle musste eingeschränkt werden. Trotz der Unterbrechung durch den Krieg erschienen zwischen 1915 und 1929

New Harley-Davidson
11 Horsepower Guaranteed

11 Horsepower, Twin Model 11-E (shown above) F. O. B. Milwaukee, ... $240
11 Horsepower, Close-Coupled Stripped Stock Model 11-K (not illustrated) F. O. B. Milwaukee, $250

The 1915 motor is a new motor throughout. It embodies altogether 29 changes and refinements over the 1914 motor. With no greater piston displacement than the 1914 twin, the Harley-Davidson engineers have increased the power output 31 per cent at 2,500 revolutions per minute, and 47 per cent at 3,000 revolutions per minute.

The same refinements which made this increased power and speed possible are responsible for a marked decrease in both gasoline and oil consumption and higher all-around efficiency. The new motor shows absolutely no vibration on the road. For flexibility it is a marvel—the snappiest, liveliest power plant ever put into a motorcycle.

The Harley-Davidson automatic mechanical oil pump is partly responsible for the increased speed and power of the new motor, but new cylinders, faster valve mechanism, larger inlet gas ports, a new type of inlet valves with 45° seats, larger than before, together with a larger intake manifold and carburetor, and heavier fly wheels, are some of the important changes noticeable.

The precise lubrication of the new motor, perfect combustion of gas, perfect scavenging of burnt gases, and the elimination of practically all motor vibration, will materially increase the life of the Harley-Davidson motor.

The 1915 Harley-Davidson is the First Motorcycle

THE GRAPHIC, MARCH 11, 1916

Special Qualities for use in War-time
STRENGTH SPEED SILENCE
are combined in the
HARLEY-DAVIDSON
The Perfection of Motor Cycle Combinations.

Send for "Honourable Mentio." Brochure and Fully Illustrated 1916 Art Catalogue, post free. We invite your inquiries, which will be answered promptly

HARLEY-DAVIDSON MOTOR CO., LTD
Harleyson House, 74, Newman Street, London, W

MOTOR HARLEY-DAVIDSON CYCLES
THE SILENT GREY
MOTOR HARLEY-DAVIDSON CYCLES

GEGENÜBER MITTE: Zusammen mit den Trittbrettern kam die per Pedal betätigte neue Freilaufregelung in der Hinterradnabe. Das Pedal war per Gestänge mit dem Handhebel verbunden. Gestartet wurde weiterhin per Tretkurbel.

GEGENÜBER RECHTS: Neu beim 1914er-Modell waren ein Zweiganggetriebe und eine Innenbandbremse – beides rechts am Hinterrad untergebracht. Aufgrund mangelnder Zuverlässigkeit gab es das Getriebe nur in diesem Jahr.

LINKS: Diese Bahnrennmaschine von 1914 basierte auf einem flachen Rahmen, sodass der Tank Ausschnitte für den Ventiltrieb erforderlich machte. Die Tankbleche waren genietet, weil dies Vibrationsrisse durch den hoch drehenden Motor verhinderte.

OBEN UND: Das Model 11-E von 1915 war noch ohne Schaltgetriebe unterwegs. Sein 61-ci-Motor übertrug die Kraft zunächst auf die Pedalwelle, und von dort ging die zweite Kette auf die von Hand oder Fuß betätigte Freilaufnabe. In diesem Jahr übertrafen die Verkaufszahlen der Twins erstmals die der Einzylindermodelle.

GEGENÜBER: Das Model 11-F mit Dreiganggetriebe verkaufte sich 1915 fast 10.000-mal.

mehrere Zweizylindermodelle auf dem Markt. Die E-Modelle mit 61 ci Hubraum, Magnetzünder und ohne Getriebe waren bis 1918 erhältlich, doch ihr Verkauf war mit der Einführung des F-Modells im Jahr 1914 immer weiter zurückgegangen.

Das Model F hatte ebenfalls 61 ci Hubraum und einen Magnetzünder – und ein Schaltgetriebe. Im ersten Jahr war dies eine Zweigang-Hinterradnabe, die sich als mangelhaft und unzuverlässig erwies, sodass rasche Abhilfe erforderlich war. 1915 kam daher ein hinter dem Motor sitzendes separates Dreiganggetriebe, das sowohl für F-Modelle als auch die neuen J-Modelle angeboten wurde.

Dieses J-Modell basierte auf dem F-Modell, war jedoch statt mit einem Magnetzünder mit einem Generator samt Batterie ausgerüstet. Weil diese Baureihe zu dieser Zeit die Topmodelle im Hause Harley-Davidson stellte, soll hier detailliert darauf eingegangen werden.

HARLEY-
DAVIDSON
1915

Das Modell 11-J war 1915 das Spitzenmodell aus Milwaukee. Es verfügte sowohl über elektrische Beleuchtung als auch ein Dreiganggetriebe mit Schieberädern. Soweit die Maschine wie hier ab Werk mit einem Seitenwagen ausgerüstet wurde, lautete die Modellbezeichnung 11-JS.

GEGENÜBER LINKS UND RECHTS OBEN: Ab 1916 verwendete die Motor Company in der Modellbenennung die aktuelle Jahreszahl, daher ist dies das Model 16-J (und es gab keine Modelle 12 bis 15).

GEGENÜBER UNTEN: Ein Model 16-JS mit bequemem Beiwagen. Der Scheinwerfer ist hier als Karbidlampe ausgeführt.

1915 – Model 11-J (V2)

Ab 1915 bot Harley-Davidson ein lang erwartetes Dreiganggetriebe an. Auch die Elektrik wurde dank eines neuen Remy-Generators verbessert, der jetzt auch den Scheinwerfer versorgte. Die Breite der Antriebskette und der Kettenräder wuchs von 5/16 auf 3/8 Zoll, sodass sich die Lebensdauer der Kette verdoppelte. Die Motoren wurden mit einer Zahnrad-Ölpumpe geschmiert. Harley garantierte eine Motorleistung von 11 PS, bei Prüfstandsversuchen wurden bis zu 16 PS gemessen! Für ein Model J mussten 310 US-$ bezahlt werden.

Technische Daten: Model 11-J (1915)

Motor: IOE-V2-Motor, 45° Zylinderwinkel

Hubraum: 60,32 ci (989 cm³)

Bohrung x Hub: 3 5/16 x 3 ½" (76,2 x 88,9 mm)

Leistung: 11 SAE-PS

Vergaser: Schebler

Getriebe: 3 Gänge

Kupplung: Mehrscheiben-Trockenkupplung

Elektrik: Remi-Generator

Kraftstofftank: 7,1 Liter

Öltank: 2,4 Liter

Vorder- und Hinterreifen: 3.00-28

Radstand: 1.511 mm

Gewicht: 147,5 kg

Modelljahr 1916

Harley-Davidson änderte 1916 sein Modell-Nummerierungssystem, um die letzten zwei Ziffern des Modelljahrs einzuschließen. Alle Modelle dieses Jahres hießen also »Model 16« plus den Buchstaben der entsprechenden Variante – also ein F oder J. Zuvor wurden die Modellnummern durch das Modelljahr minus 4 festgelegt (die Maschinen des Modelljahrs 1910 hießen also Model 6 usw., plus Buchstabe. Ab 1916 war in die Motorgehäuse das Jahr plus die vollständige Motornummer eingeschlagen.

1917 – Model J (17-J)

Der V2-Motor hatte 1917 immer noch 61 ci Hubraum, war durch einige kleine Veränderungen aber effizienter geworden. Die Kolben trugen jetzt drei Kolbenringe, die Kipphebel waren rollen-

HARLEY-DAVIDSON

HARLEY-DAVIDSON

H-D

gelagert, die Nockenwellen wiesen neue Steuerzeiten auf, die Stößelfedern und Ventilfedern (jetzt gekapselt) waren verbessert und der Schebler-Vergaser stark modifiziert worden. All diese Optimierungen führten zu einer Leistung von 16 PS.

In diesem Jahr stand auch der Abschied von der klassischen grauen Lackierung an, da ab Ende des Jahres (und bis 1922) Olivbraun zur Standardfarbe werden sollte.

GEGENÜBER LINKS OBEN: Ab Ende 1917 war bei Harley-Davidson Olivbraun zur Standardfarbe geworden – hier zu sehen am Model 17-J.

GEGENÜBER RECHTS OBEN: Der Motor mitsamt separatem Getriebe beim Model 19-F.

GEGENÜBER LINKS UNTEN: Harley-Davidson verkaufte 1919 vom Model J insgesamt 9.941 Exemplare. Die Motorgehäuse und der neue breite Lenker waren in der jeweiligen Farbe lackiert.

GEGENÜBER RECHTS UNTEN: Das J beim Model 19-J weist darauf hin, dass elektrische Beleuchtung an Bord war. Nach Ende des Ersten Weltkriegs war Olivbraun zeitweise die einzige lieferbare Farbe.

OBEN UND LINKS: Der 989er F-Head-Motor (61 ci) leistete dank diverser Modifikationen jetzt 16 PS. Bis 1920 hatte sich das Model J als sehr zuverlässig erwiesen, sodass allein in diesem Jahr über 14.000 Motorräder verkauft werden konnten.

RECHTS UND GEGENÜBER, LINKS OBEN: Eine wunderschöne JD-Rennmaschine von 1922. Das »D« im Modellcode weist darauf hin, dass der Motor 74 ci (1.207 cm³) Hubraum hatte; erkennbar ist dies auch an den deutlich gewachsenen Zylindern.

GEGENÜBER RECHTS OBEN: Harley-Davidson-Modelle auf der Olympia Motor Show im November 1921 in Christchurch, Neuseeland.

GEGENÜBER UNTEN: Das Model 23 FD war ab 1923 ebenfalls mit dem 74-ci-Triebwerk unterwegs.

1920 bis 1929 – Modelle J und JD

Die von 1920 bis 1929 angebotenen J-Modelle trugen weiterhin den 61-ci-Motor, und es gab in den neun Jahren nur wenige Änderungen – und wenn, dann waren es elektrische oder ästhetische Verbesserungen an den verschiedenen Modellen dieser gemeinsamen Plattform.

Die größte Neuigkeit war 1921 die Einführung eines neuen Big Twins mit der Bezeichnung JD. Aus gewaltigen 74 ci (1.207 cm³) wurden 18 PS geschöpft. Diese Hubraum-Obergrenze sollte in Milwaukee erst 1935 geknackt werden.

Andere Änderungen waren eher ästhetischer Natur und schlossen verbreiterte Vorderradschutzbleche ein.

Die JD-Modelle waren als Gespannmaschinen (JDS) gefragt, vor allem weil ihr hohes Drehmoment mit dem zusätzlichen Gewicht gut zurechtkam.

In den folgenden Jahren sollte sich an der J-Baureihe wenig ändern (so war 1923 ein aufklappbares Hinterradschutzblech die größte Änderung, weil sich hierdurch das Rad leichter ausbauen ließ), doch der Erfolg der Reihe war offensichtlich, denn die Verkaufszahlen stiegen 1923 deutlich an: vom Model J wurden 4.802 Exemplare veräußert und vom Model JD sogar 7.458 Stück.

HARLEY-
DAVIDSON
VC655

OBEN: 1925 war das Jahr der neuen Stromlinienoptik, die vor allem auf den deutlich vergrößerten Tank in Tropfenform zurückzuführen war.

RECHTS OBEN: Obwohl der 74er-Big-Twin als »JD« bekannt war, lautete die Bezeichnung 1925 plötzlich »JDCB«.

TECHNISCHE DATEN: MODEL JD (1921)

MOTOR: IOE-V2-MOTOR, 45° ZYLINDERWINKEL

HUBRAUM: 73,66 ci (1.207 cm³)

BOHRUNG X HUB: 3 $^{7}/_{16}$ x 4" (87,3 x 101,6 mm)

LEISTUNG: 18 SAE-PS bei 3.000/min

VERGASER: Schebler (1 ¼" Durchlass)

GETRIEBE: 3 Gänge

ELEKTRIK: 6 Volt, Unterbrecher-Spulenzündung

VORDER- UND HINTERREIFEN: 3.00-28

KRAFTSTOFFTANK: 10,4 Liter

ÖLTANK: 3,8 Liter

GEWICHT: 165,5 kg

PREIS: 520 US-$

FARBE: Olivbraun (nur in diesem Jahr auch das Motorgehäuse)

1925 BIS 1929 – MODEL JD

Alle Modelle bekamen 1925 einen neuen Rahmen. Dieser trug unten eine neue Motorhalterung aus Gussstahl, sodass das gebogene Unterzugrohr Geschichte war. Die Sattelstütze war tiefer angebracht und senkte die Sitzhöhe um 7,5 cm ab. Das Oberrohr krümmte sich im weiten Bogen nach unten und ahmte die Form des neuen, breiteren Tropfentanks nach. Von 1925 bis 1928 standen die JD-Modelle auf verstärkten und breiteren 27-Zoll-Felgen. All diese Änderungen machten das Motorrad 40 Pfund (18,1 kg) schwerer, sodass zwar das Gesamtgewicht von 365 auf 405 Pfund (183,7 kg) anstieg, der abgesenkte Schwerpunkt aber ein besseres Handling ermöglichte.

Für die Model J und JD führte Harley 1927 eine »Waste Spark«-Spulenzündung ein, sodass stets in beiden Zylindern einmal zum richtigen Zeitpunkt und einmal im Spültakt ge-

zündet wurde – der zweite Zündfunke also »verschwendet« wurde.

1928 führte Harley-Davidson erstmals eine Vorderradbremse ein. Es wurden jeweils vier J- und JD-Modelle angeboten, und allein von den 1200ern wurden 11.007 Fahrzeuge abgesetzt. Erstmals seit Kriegsende konnte die Kundschaft eine Farbe wählen. Angeboten wurden: Kutschengrün, Weiß, Creme, Kastanienbraun, Azurblau, Polizeiblau, Rehgrau und das gute alte Schwarz. Für Traditionalisten war auch noch das seit 1922 bekannte Olivbraun im Angebot.

Die JDH wurde 1928 durch die JDX ergänzt – eine mildere Straßenversion mit Eisenkolben, zahmeren Steuerzeiten und geringerer Verdichtung. Beide Modelle verfügten über den schmaleren 4,75-Gallonen-Tank und einen kürzeren Roadster-Lenker. Durch die neuen 18 x 3,85-Zoll-Reifen bekamen sie ein kräftigeres Aussehen. Der Radstand betrug 59,5 Zoll (1.511 mm). Das sportliche Model JD führte die Produktpalette an und blieb Topseller der Motor Company.

Ein weiteres leistungsstarkes Modell war dieses Jahr die JDXL, im Wesentlichen eine JDX mit einem leistungsstarken 74-ci-Motor, der jetzt über größere Einlassventile und Domkolben aus einer Magnesiumlegierung verfügte. Die JDXL stand mit 335 US-$ in den Listen.

Ebenfalls im 1928er-Programm fanden sich die bewährten J-Modelle, die Optionen wie ihre großen Geschwister aufwiesen, das Ganze aber angetrieben vom 61-ci-Motor.

1928 bis 1929 – JDH 2-CAM

Ein J-Modell sticht aus den denkwürdigen Motorrädern der Harley-Davidson-Geschichte heraus: die JDH 2-CAM. Sie war nach langer Zeit aus der 1919 mit dem berühmten Achtventil-Doppelnocken-Bahnrenner begonnenen Renngeschichte

LINKS: Das Model 25 JDCB wurde – ob mit oder ohne Beiwagen – mit dem 24 PS starken 74-ci-Motor samt Generator und Batterie angetrieben. Der neue Rahmen sorgte für einen niedrigen Schwerpunkt und verbesserte das Handling.

RECHTS: Das sehr ansehnliche Model JD von 1917 zeigt, dass neben der Funktionalität das Styling immer wichtiger wurde.

GANZ RECHTS: Ein Big Twin von 1927 sieht schon recht modern aus. Der Hubraum von 1.207 cm3 sollte bis 1935 nicht überschritten werden.

GEGENÜBER: Die JHD von 1928 ist ein aus der Renngeschichte geborenes Spezialmodell. Gut erkennbar ist die zumindest in Europa seit Langem verbreitete Vorderradbremse. Die neuen 18-Zoll-Räder verbesserten das Fahrverhalten beträchtlich.

entstanden und eine Straßenversion, die alle Merkmale der vorherigen Rennmaschine aufwies. Einer der Gründe für ihr spätes Erscheinen war einfach zu erklären: Mit einer Höchstgeschwindigkeit von 85 mph (137 km/h) – und im Renn-Trimm sogar 100 mph (161 km/h) gehörte sie zu den schnellsten Motorrädern ihrer Zeit. Aber Geschwindigkeit ist ein Problem, wenn man sie nicht zügeln kann. Bahnrennmaschinen konnten bis zum Stillstand ausrollen, und Bergrennmaschinen hatten die Schwerkraft auf ihrer Seite, aber es dauerte einfach bis 1928, dass auch Harley-Davidson seine erste Vorderradbremse herausbrachte, die es normalen Kunden ermöglichte, eine JDH sicher zum Stehen zu bringen.

Harley-Davidson stand eine starke Konkurrenz durch Indian, Ace und Excelsior-Henderson gegenüber, und man brauchte ein Serienmotorrad, das es mit den Besten aufnehmen konnte.

Für 1928 bot die Motor Company die JDH 2-CAM sowohl mit 61 ci (989 cm³) als auch mit 74 ci (1.207 cm³) Hubraum an. Im Jahr darauf war nur noch das große Modell zu haben. Weil die Produktion nur zwei Jahre lief, sind diese alten »Twin

HARLEY-
DAVIDSON

GOODYEAR
GOODYEAR BALLOON
MADISON
TIRE CO.
PHONE F 5260
ROAD
SERVICE
USE OUR
SPEEDY
SERVICE
HARLEY-DAVIDSON

Cams« heute sehr selten. Produktionszahlen sind nicht verfügbar, weil alle Modelle der J-Serie zusammengefasst wurden. 1929 wurden 2.886 J-Modelle und 10.182 JD-Modelle verkauft, aber es ist unklar, wie viele davon zwei Nockenwellen trugen.

Natürlich war es das 2-Cam-System, das diese Motoren einzigartig machte. Normale Harleys trugen zu dieser Zeit eine Nockenwelle mit vier Nocken, die jeweils einen Stößel steuerten. Das 2-Cam-System erlaubte kürzere Stößel, weil die Nockenwellen in einer Linie zum jeweiligen Zylinder standen und dadurch die Stößel nicht mehr seitlich belastet wurden. Kürzere Stößelstangen verringerten zudem die oszillierenden Massen, was eine präzisere Steuerung und höhere Drehzahlen erlaubte. An den Einlassventilen kamen doppelte Federn zum Einsatz, und die Federn der stehenden Auslassventile lagen zur besseren Kühlung wieder offen. Die Kolben mit gewölbten Böden bestanden aus einer leichten Magnesiumlegierung und sorgten für ein Verdichtungsverhältnis von 6,5:1. All diese Zutaten erlaubten eine Motorleistung von 29 PS bei 4.000/min. Damit war die Harley-Davidson JHD eines der schnellsten Serienmotorräder der Welt.

Zur Verbesserung des Geschwindigkeitsprofils konnten diese Maschinen auch mit dem Sportpaket »Solo« geordert werden, das aus einem kürzeren Lenker, einem schmaleren Tank und 18-Zoll-Rädern bestand, die das Motorrad um 1 Zoll (2,5 cm) absenkten. Die 1929er-JHD kamen außerdem mit einem »Pipes O'Pan«-Schalldämpfer mit zwei Rohren an beiden Seiten. Dieses System war sehr leise – für viele Fans zu leise. Das Sportpaket beinhaltete auch einen Doppelscheinwerfer im Bullet-Stil.

Das Superbike war nicht billig. Die JHD kostete 1929 beachtliche 370 US-$ – für 15 US-$ mehr bekam man ein Model A Roadster von Ford.

Die JHD mit zwei Nockenwellen und hoch verdichtenden Magnesiumkolben leistete 29 PS, sodass das Warten auf eine Vorderradbremse eine gute Entscheidung war.

Durch den Doppelscheinwerfer war das Model 29-JD von Weitem gut erkennbar. Die »Pipes O'Pan«-Auspuffanlage mit zwei Rohren an jeder Seite war genauso unscheinbar wie wirkungsvoll. Seit 1927 konnten Kunden auch eine andere Farbe als Olivbraun wählen.

1929

Das Jahr 1929 läutete für Harley-Davidson eine Wachablösung ein. Der F-Head-Twin, mit dem das heutige Vermächtnis begründet wurde, ging in sein letztes Produktionsjahr, während sein Nachfolger – der seitengesteuerte »Flathead« – erstmals parallel angeboten wurde; mehr dazu im folgenden Kapitel.

Neben den zwei neuen Flathead-Modellen standen 1929 noch fünf F-Head-Modelle (J und JD) in den Listen; die technischen Daten auf der folgenden Seite zeigen die Spezifikationen der jeweiligen Sondermodelle. Harley-Davidsons V2-Triebwerk mit IOE-Steuerung ist der Urahn aller heutigen V-Twins, und auch wenn seine Konstruktion nach heutigen Maßstäben antiquiert wirkt, war sie bei ihrer Einführung Stand der Technik. Noch heute sorgt der von William Harley verwendete Zylinderwinkel von 45° für den einzigartigen Klang und die spezielle Leistungsentfaltung. Angesichts der Tatsache, dass die Entwicklung von Verbrennungsmotoren noch in den Kinderschuhen steckte, nutzte Harley-Davidson das volle

Potenzial des Triebwerks, um 1920 zum größten Motorradhersteller der Welt zu werden. Die Motor Company hatte sich in nur 15 Jahren von einem winzigen Holzschuppen im Hinterhof der Familie Davidson zu einer fast 28.000 Quadratmeter großen Fabrik entwickelt, in der 1921 mehr als 1.500 Menschen beschäftigt waren.

1929 war Harley-Davidson bereit für das nächste Jahrzehnt, doch Probleme von außerhalb, angeführt vom Börsencrash Ende Oktober, stellten das Unternehmen bald vor unvorhersehbare Herausforderungen. Wie wir im nächsten Kapitel sehen werden, passte sich Harley-Davidson an, überlebte und baute weiterhin hervorragende Motorräder.

TECHNISCHE DATEN: MODEL JDH 2-CAM (1929)

MOTOR: IOE-V2-MOTOR, 45° ZYLINDERWINKEL

HUBRAUM: 73,66 ci (1.207 cm³)

BOHRUNG X HUB: 3 $^{7}/_{16}$ x 4" (87,3 x 101,6 mm)

LEISTUNG: 29 SAE-PS bei 3.000/min

VERGASER: Schebler (1 ¼" Durchlass)

GETRIEBE: 3 Gänge

ELEKTRIK: 6 Volt, Unterbrecher-Spulenzündung

RADSTAND: 1.511 mm

VORDER- UND HINTERREIFEN: 3.00-28

KRAFTSTOFFTANK: 18 Liter

ÖLTANK: 3,8 Liter

GEWICHT: 185 kg

PREIS: 370 US-$

LACKIERUNG: Olivbraun, Kutschengrün, Weiß, Creme, Kastanienbraun, Azurblau, Polizeiblau, Rehgrau, Orange und Schwarz; auch zweifarbige Kombinationen waren erhältlich.

SPEZIFIKATIONEN: MODEL J UND JD (1929)

JD SOLO:	74 ci, Kolben aus Eisenlegierung
JDH SOLO:	74 ci, 2 Nockenwellen, Kolben aus Magnesiumlegierung
JDS SOLO/GESPANN:	74 ci, Kolben aus Eisenlegierung
JDL:	74 ci, Kolben aus Magnesiumlegierung, Hochleistungsmotor mit einer Nockenwelle und größeren Einlassventilen
JDXL:	74 ci, Kolben aus Magnesiumlegierung, Hochleistungsmotor mit einer Nockenwelle und größeren Einlassventilen
JH SOLO:	61 ci, Kolben aus Magnesiumlegierung
JL:	61 ci, Kolben aus Magnesiumlegierung, Hochleistungsmotor mit einer Nockenwelle und größeren Einlassventilen
JXL:	wie JL (X für »Experimental«)

HARLEY-
DAVIDSON

Kapitel 3

SEITENVENTIL-MOTOREN

Flatheads

Historiker und Fans der Marke Harley-Davidson betrachten die 1930er-Jahre in der Regel als das »Flathead-Jahrzehnt«. Das seitengesteuerte (SV-) Triebwerk mit 45,2 ci (472 cm^3) Hubraum – allgemein als »Flachkopf« bekannt – wurde von 1929 bis 1973 produziert und ist damit bis heute die dauerhafteste Motorkonstruktion der Motor Company. 44 Jahre ohne große Veränderungen! Es war ein großartiger Motor, der half, Amerika durch harte Zeiten zu bringen. Und obwohl er 1929 den F-Head ersetzen sollte, war er anfangs eher ein Kompromiss.

Die nach dem »Schwarzen Donnerstag« einsetzende Weltwirtschaftskrise veränderte die ökonomischen Prioritäten der USA drastisch. Weil Automobile inzwischen immer billiger wurden, betrachteten viele Menschen Motorräder als überflüssig. Und genau zu diesem Zeitpunkt sollten die neuen Flathead-Modelle die alten F-Heads ablösen.

Auch wenn sich die F-Head-Triebwerke als recht zuverlässig erwiesen hatten, waren sie leistungsmäßig an ihre Grenzen gestoßen und wiesen auch andere Unzulänglichkeiten auf. Vor allem der offene Ventiltrieb nahm mit seinem Öl reichlich Schmutz und Staub auf und war dadurch hohem Verschleiß ausgesetzt. Die Harley-Ingenieure wussten natürlich, dass OHV-Motoren mit ihren hängenden Ventilen hinsichtlich der Motorleistung deutlich besser waren, schafften es aber nicht, die damit verbundenen Herausforderungen zu meistern. Die Metallurgie und die Qualität des Benzins stellten zu jeder Zeit erhebliche Hürden für drehfreudige und hoch verdichtete Motoren dar. Auch stand ein gekapselter und damit öldichter Ventiltrieb der erforderlichen Kühlung des Auslassventils entgegen. Zwar setzte die Rennabteilung von Harley-Davidson erfolgreich OHV-Motoren

Captain Malcolm Campbell war 1935 als britischer Geschwindigkeitsrekordhalter nach Daytona Beach in Florida gekommen, um seinen Bluebird-Rennwagen zu fahren. Dabei probierte er auch eine Flathead-Polizeimaschine aus und war sichtlich angetan.

LINKS: Die Indian Scout 101 war der Hauptgegner der zwischen Milwaukee und Springfield ausgetragenen Harley-Davidson/Indian-»Kriege« auf amerikanischen Dirt-Track-Rennkursen. Die seit 1920 mit SV-Motor produzierte Scout gehört zu den besten aller Indians.

RECHTS: Gerade als Harley-Davidson 1919 sein Model W Sport mit Boxermotor (584 cm³) vorstellte, nahm Indian sein Model O mit 250er-Boxer aus dem Programm. Letztendlich blieben beide Projekte erfolglos.

ein, doch diese wurden nach jedem Rennen zerlegt und neu aufgebaut.

Für den Alltagsbetrieb waren offene Ventiltriebe funktional, aber nicht praktisch. Zwei Zylinder mit ölverschmierten Stößelstangen, Kipphebeln und Ventilen bedeuteten, dass jede Fahrt eine Sauerei verursachte. Ganz zu schweigen vom Ölverlust solcher Schmiersysteme. Amerikas Straßen wurden immer besser, das Tempo stieg an, und die Menschen konnten weiter reisen. Von Motorrädern wurde also mehr verlangt.

Harley-Davidson musste etwas unternehmen. Die Indian Motorcycle Company hatte als größter Rivale ihre Scout-Modelle seit 1920 erfolgreich mit SV-Motoren vermarktet. Seit 1928 war die Scout 101 mit 744 cm³ Hubraum erhältlich – wohl eines der berühmtesten Motorräder aus Springfield. Ein Jahr zuvor hatte die American Motorcycle Association (AMA) eine neue exakt für die Scout passende 45-Kubikzoll-Rennklasse eingeführt, die Harleys Konkurrenzfähigkeit einschränkte. Bei Harley-Davidson hatte man bereits mit dem Einzylindermodell B und dem 1919 eingeführten Boxer-Motorrad Model W Sport Erfahrungen mit Seitenventil-Motoren gesammelt. Um wettbewerbsfähig zu bleiben, wurde ein seitengesteuerter 45-ci-V2 zur einzigen logischen Wahl.

LINKS: Das Model WF von 1919 war Harley-Davidsons erster Boxer und auch erster Flathead.

Wie sich herausstellte, war der Flathead der richtige Motor zur richtigen Zeit. In verschiedenen Konfigurationen – als V2, Einzylinder und sogar Boxermotor – verhalf der SV-Motor der Motor Company durch teilweise sehr harte Zeiten. Seine einfache und robuste Konstruktion half, Amerika zu formen, indem er als unfehlbares Arbeitspferd diente.

Die zahlreichen Flathead-Modelle werden hier in der Reihenfolge ihres Erscheinens beschrieben.

1919 bis 1923 – Model W Sport

Harley-Davidson bot bereits 1919 seinen ersten seitengesteuerten Motor an. Das Model W Sport trug einen sogenannten »Flat-Twin« – einen Boxermotor! Diese Motorkonstruktion war wahrscheinlich durch das 1905 von Joseph F. Barter, dem Gründer der Light Motors Ltd., gebaute Motorrad namens »Fée«, später bekannt als »Fairy«, beeinflusst. Das britische Unternehmen Douglas übernahm Light Motors 1907 und führte das Konstruktionsprinzip fort. Sogar Indian probierte es zwei Jahre mit einem 250er-Boxermotor, gab ihn aber genau dann auf, als Harley-Davidson seine eigene Version herausbrachte.

William Harleys neuer Motor war das erste seitengesteuerte Triebwerk der Motor Company. Er lief sanfter als die anderen Motoren und verlor außerdem weniger Öl, da der Ventiltrieb gekapselt war und Motor und Getriebe in einem Gehäuse arbeiteten.

Die W Sport bot zahlreiche Innovationen. Der (durch die Lage der Kurbelwelle betrachtet) quer eingebaute Motor saß als tragendes Element tief im Rahmen, sodass sowohl der

LINKS: Obwohl technisch durchaus wettbewerbsfähig, blieb der erste Harley-Boxer mit seinen 37 ci (584 cm^3) Hubraum nur vier Jahre im Angebot. Die Ausführung und Gestaltung der kombinierten Ansaug-/Auspuff-Brücke mag konstruktiv genial gewesen sein, thermisch und leistungsmäßig war es eher eine Sackgasse.

RECHTS: Als weitere Harley-Premiere wurde diese Gabel mit gezogener Kurzschwinge und zentraler Feder im Model W Sport eingeführt.

Schwerpunkt als auch die Sitzhöhe niedrig gehalten werden konnten. Die Zylinder und Zylinderköpfe (beim Flathead waren dies eher Deckel) waren gut zugänglich, und die Ansaugbrücke war gemeinsam mit dem Auspuffstutzen in einem Stück gegossen (bei Harley war man der Meinung, dies würde der besseren Zerstäubung des Kraftstoffs dienen). Erstmals in der Firmengeschichte kam ein Luftfilter zum Einsatz. Auch die Gabel war mit einer gezogenen Kurzschwinge und zentraler Feder eine Neukonstruktion.

Obwohl es sich bei der W Sport um eine gut konzipierte Maschine handelte, verkaufte sie sich in den USA, wo sie als Einstiegsmotorrad vermarktet wurde, nicht sehr erfolgreich.

In den vier Produktionsjahren gab es zwei Modelle. Die WF Sport verfügte über einen Magnetzünder, wogegen die WJ Sport mit einer Batterie-Spulenzündung arbeitete. Harley-Davidson verkaufte 1920 immerhin 4.459 WF und 810 WJ, doch die Zahlen gingen in den Folgejahren rapide zurück, sodass bereits 1923 Schluss war.

Die Boxer-Harley erhielt damals viel Lob in der Motorradpresse und von ihren Besitzern, und in Europa verkaufte sie sich auch gut. Das Model W galt als verlässlich und laufruhig. Doch trotz dieser positiven Punkte lag ein großes Problem darin, dass das Einsteigermodell preislich nahe an den Big Twins lag. Hinzu kam, dass Indian 1920 seine Scout einführ-

te, einen seitengesteuerten 37-ci-V2, der bald sehr beliebt wurde. Harley-Davidson sah sich einem harten Wettbewerb ausgesetzt und musste den Boxer aufgeben, um sich auf seine V-Twins zu konzentrieren.

TECHNISCHE DATEN: MODEL WF SPORT (1919)

MOTOR: SV-BOXERMOTOR, (180° ZYLINDERWINKEL)

HUBRAUM: 35,64 ci (584 cm³)

BOHRUNG X HUB: 2 ¾ x 3" (69,9 x 76,2 mm)

VERDICHTUNGSVERHÄLTNIS: 3,75:1

LEISTUNG: 6 SAE-PS

VERGASER: Schebler (¾" Durchlass, oberhalb des hinteren Zylinders)

GETRIEBE: 3 Gänge (Schieberad-Getriebe)

VORDER- UND HINTERREIFEN: 3.00-26

BREMSEN: vorn keine, hinten Außenbandbremse

RADSTAND: 1.448 mm ◆ **SITZHÖHE:** 75 cm

KRAFTSTOFFTANK: 10,4 Liter ◆ **ÖLTANK:** 1,9 Liter

GEWICHT: 113,5 kg ◆ **PREIS:** 335 US-$

OBEN: Das Model W Sport ist eine völlig neue Harley-Davidson, die von der Kundschaft nur wenig angenommen wurde – obwohl ihre Laufruhe, Zuverlässigkeit und Sauberkeit alle anderen Modelle in den Schatten stellte.

LINKS: Nach vierjähriger Unterbrechung kehrte 1926 der Einzylinder ins Harley-Programm zurück – als Model B mit 21-ci-Flathead (346 cm³, seitengesteuert) und Dreiganggetriebe.

RECHTS: Der kompakte SV-Motor des Model B wurde per Batterie-Spulenzündung befeuert, beim Model A war ein Magnetzünder dafür zuständig.

1926 bis 1934 – Flathead-Einzylinder

Harley-Davidson hatte mit Einzylindermaschinen begonnen. Weil die Kundschaft immer mehr Leistung wollte, entwickelte man Zweizylinder, und die kleinen Maschinen fielen aus dem Programm. Der letzte Single mit F-Head wurde 1922 angeboten.

1926 bis 1930 – Model A und B

Nach vierjähriger Abwesenheit kehrte der Einzylinder in Form eines Seitenventil-Motors zurück. Der erste Flathead-Single wurde 1926 in zwei Grundversionen angeboten: als Model A mit Magnetzünder und als Model B mit Batterie-Spulenzündung.

Es gab auch OHV-Versionen des Einzylinders: das Model AA mit Magnetzünder und das Model BA mit Batterie-Spulenzündung. Der Rumpfmotor aller vier Einzylinder war (wie der Rest der Motorräder) baugleich, in allen arbeitete ein Aluminiumkolben, und die Kraft wurde über ein Dreiganggetriebe übertragen. Die Zylinderköpfe der OHV-Modelle hatten einen halbkugelförmigen Brennraum, und ihr Ventiltrieb lag komplett frei. Im Vergleich zu den Seitenventil-Motoren konnte durch die optimale Brennraumform samt höherer Verdichtung die Leistung fast verdoppelt werden.

Das Single-Thema wäre nicht vollständig ohne die Erwähnung des beliebtesten und bekanntesten Einzylinder-Motorrads, das Harley-Davidson jemals gebaut hat: die »Peashooter« (Blasrohr) – benannt nach dem einzigartigen Plopp-Geräusch aus dem kurzen Auspuffkrümmer. Diese abgespeckte Version

des Standardmodells AA beherrschte Ende der 1920er- bis Anfang der 1930er-Jahre die Dirt-Track-Rennstrecken. Neben der Beleuchtung wurden auch die Bremsen, das Getriebe und die Kupplung eingespart, und der Fahrer hockte auf einem verkürzten Rahmen über einem über der Hinterachse gekappten Schutzblech. Was diese Maschinen einzigartig und sehr schnell machte, war der vom Spezialisten für Brennraumoptimierung Harry Ricardo entworfene Zylinderkopf, der ein Verdichtungsverhältnis von 10:1 ermöglichte. Beim S-Modell sorgten zwei Krümmer für eine optimale Abgasführung.

Im Renn-Trimm konnten diese nur 97,5 kg wiegenden Maschinen auf den damals sehr beliebten Holzbahnen bis zu 100 Meilen pro Stunde (161 km/h) erreichen. Die AMA hatte 1925 die 21-ci-Klasse eingeführt, weil man hoffte, dadurch das durch die großen Zweizylinder-Rennmaschinen immer weiter angehobene Tempo wieder etwas abzusenken. Doch weil die Einzylinder ein besseres Leistungsgewicht aufwiesen, brachte dieser Schritt nicht viel. Die tückischen Bretterpisten wurden nach und nach durch die immer populäreren Dirt-Track-Ovale ersetzt – und damit verschwanden auch die einst so dominanten Peashooter.

1929 kam Harley-Davidson mit einem größeren 30-ci-Single (493 cm³) heraus. Der Absatz der kleinen 346er sank bis zum letzten Produktionsjahr kontinuierlich ab.

LINKS: Das Model 26-B (mit Batterie-Spulenzündung) fand in seinem ersten Modelljahr 5.979 Kunden. Auch ein Model BA mit dieser Zündung war erhältlich, besaß jedoch einen OHV-Zylinderkopf und leistete dadurch 12 PS.

RECHTS: Joe Petrali auf einer Peashooter-Rennmaschine. Petrali war als Allroundtalent sowohl beim Board-Track, Flat-Track, Hillclimbing als auch bei Hochgeschwindigkeitsfahrten äußerst erfolgreich.

Technische Daten: Model A und B (1926–1930)

Motor: SV-Einzylinder

Hubraum: 21,1 ci (346 cm³)

Bohrung x Hub: 2 7/8 x 3 ¼" (73 x 82,5 mm)

Verdichtungsverhältnis: 5:1

Leistung: 8 SAE-PS bei 4.000/min (AA- und BA-Modelle: 12 SAE-PS)

Vergaser: Schebler

Getriebe: 3 Gänge (Schieberad-Getriebe)

Vorder- und Hinterreifen: 3.30-26

Bremsen: vorn Trommelbremse, hinten Außenbandbremse

Radstand: 1.435 mm

Sitzhöhe: 72 cm

Kraftstofftank: 11,4 Liter

Öltank: 2,8 Liter

Gewicht: Model A: 114 kg, Model B: 122 kg

Preis: Model A: 210 Dollar, Model B: 235 US-$

1929 bis 1934 – Model C (30 ci)

Das Model C mit 30,1 ci (493 cm³) Hubraum erschien 1929. Es handelte sich im Grunde um den Rumpfmotor eines A-Modells mit einem Zylinder samt Kopf aus dem Model F/J. Rennfahrer demontierten zu dieser Zeit gern beim Model F/J den hinteren Zylinder samt Pleuel, verschlossen das Loch mit einer Platte und fuhren Rennen. Das Model C war die ab Werk angebotene Version dieser Rennmaschine. Eine OHV-Version des Halblitermotors war zunächst nicht verfügbar, erst im letzten Baujahr gab es die extrem limitierte CAC-Version.

Die relativ kleinen Motoren kamen mit den seitlich stehenden Ventilen gut zurecht und erreichten Höchstgeschwindigkeiten von fast 60 mph (96,5 km/h). Mit 4 Zoll Hub drehten die Triebwerke etwas langsamer als die kleinen 350er, produzierten aber mehr Drehmoment. Von 1934 bis 1948 wurde in Harleys Einzylinder-Programm erneut eine Pause eingelegt.

1929 bis 1951 – Flathead-Twins

Der seitengesteuerte V2-Motor ist wahrscheinlich das Motorrad, das Amerikas Liebe für Harley-Davidson inspiriert hat. Seine Rolle in den schwierigen und wechselhaften Zeiten der USA machte ihn unverzichtbar für das amerikanische Leben und das, wofür Amerika stand. Entwickelt und ausgeliefert kurz vor der Weltwirtschaftskrise, erwies sich die Flathead langsam, aber sicher als ein großartiges Motorrad. Sicher wussten die Ingenieure der Motor Company, dass ein OHV-Motor der richtige Weg gewesen wäre, aber die Umstände erforderten einen Umweg.

Man könnte argumentieren, dass der SV-Motor genau richtig kam – er war billiger zu produzieren als das noch aktuelle IOE-Triebwerk und gleichzeitig deutlich zuverlässiger. Zwar wies er anfangs gegenüber den F-Heads einen gewissen Leistungsmangel auf, doch das sollte sich dank der ununterbrochenen Weiterentwicklung bald ändern. Im Lauf seiner Produktionszeit sollte der Flathead-Twin mit drei verschiedenen Hubräumen in acht Baureihen erscheinen.

1929 bis 1931 – Model D (45 ci)

Die ersten im Herbst 1928 erschienenen seitengesteuerten V2-Motoren in den völlig neuen D-Modellen standen im Harley-Davidson-Programm noch neben den letzten Big Twins J und JD mit IOE-Steuerung. Die neuen Triebwerke hatten 45,32 ci (747 cm³) Hubraum und waren die Reaktion auf die dominierende Konkurrenz in der Mittelklasse. 1926 war eine

OBEN: Der Harley-Händler Guy Webb aus Minneapolis stellt 1931 seine Einzylindermodelle auf einer Messe vor.

TECHNISCHE DATEN: 1929-1934 30-CUBIC-INCH MODEL C

MOTOR: SV-EINZYLINDER

HUBRAUM: 30,1 ci (493 cm³)

BOHRUNG X HUB: $3\,^{3}/_{32}$ x 4" (81 x 101,6 mm)

VERDICHTUNGSVERHÄLTNIS: 5:1

LEISTUNG: 10 SAE-PS bei 4.000/min

VERGASER: Schebler Deluxe

GETRIEBE: 3 Gänge (Schieberad-Getriebe)

VORDER- UND HINTERREIFEN: 4.00-18

BREMSEN: vorn Trommelbremse, hinten Außenbandbremse

RADSTAND: 1.460 mm ◆ **SITZHÖHE:** 72 cm

KRAFTSTOFFTANK: 20 Liter

ÖLTANK: 3,5 Liter

GEWICHT: 154 kg ◆ **PREIS:** 255 US-$

FLATHEAD-V2-MODELLREIHEN

Modell/Hubraum		Produktionszeit
D	45 ci (746 cm³)	1929-1931
R	45 ci (746 cm³)	1931-1936
V	74 ci (1.208 cm³)	1930-1936
V	80 ci (1.283 cm³)	1934-1936
U	74 ci (1.208 cm³)	1937-1948
U	80 ci (1.283 cm³)	1937-1941
W	45 ci (746 cm³)	1937-1951
G	45 ci (746 cm³)	1932-1973
K	45 ci (742 cm³)	1952-1953
KH	55 ci (887 cm³)	1954-1956

RECHTS: Die Excelsior Motor Manufacturing Co. überlebte die Weltwirtschaftskrise leider nicht und schloss 1931 ihre Tore. Zuvor setzte die Super X den Indians und auch den Harleys reichlich zu und gewann zahlreiche Rennen.

GEGENÜBER OBEN UND LINKS UNTEN: Eine schönes Model D von 1931 mit schwarzer und zinnoberroter Lackierung samt goldenen Zierlinien. Der links neben dem vorderen Zylinder stehend montierte Generator sorgte für den Spitznamen »Dreizylinder-Harley«.

GEGENÜBER RECHTS UNTEN: Das klare und einfache »Armaturenbrett« des Model D enthielt ein Amperemeter und Schalter.

45-Kubikzoll-Rennklasse eingeführt worden, und die bereits gut angenommene Indian Scout 101 sowie die Excelsior Super X wurden zu den beiden Hauptakteuren. Obwohl Harley-Davidson keinen Motor für diese neue Rennklasse parat hatte, versuchte man es 1928 mit einer Kombination aus dem 21-ci-Zylinder samt OHV-Kopf der Peashooter und dem Doppel-Nockenwellen-Rumpfmotor des Model JL. Weil sich dies jedoch als unzureichend erwies, führte es zur Entwicklung des 45-ci-Seitenventilers.

Anfangs hatte das neue Triebwerk mit Problemen wie einem zu kleinen Vergaser (nur 19 mm Durchlass), mangelnder Schmierung bei hohen Drehzahlen und ausgefallenen Generator-Antrieben zu kämpfen, sodass die Produktion im Frühjahr 1929 zunächst eingestellt wurde, um im August mit allen notwendigen Verbesserungen wieder angefahren zu werden.

Der anfangs stark von den Einzylindermodellen abgeleitete Rahmen wurde durch dickere Rohre stabiler und die Sitzhöhe um 5 cm abgesenkt, indem man die zur Hinterachse führenden Rohre nicht mehr über der Batterie, sondern um sie herum verlegte. Auch die Bodenfreiheit wurde verbessert. Der tropfenförmig ausgeführte Benzintank fasste mehr Kraftstoff. Die Gabel war mit gesenkgeschmiedeten Trägern statt Rohren ausgerüstet. Die D-Modelle waren in den folgenden Konfigurationen erhältlich: als D Solo mit niedriger Kompression, als hoch verdichtete DL Sport Solo, als DL Sport Solo mit extra hoher Kompression und von 1930 bis 1931 als DLD Special Sport, außerdem als mit einem Seitenwagen ausgestattete DS. Alle Ausführungen trugen Leichtmetallkolben. Weil das Kurbelgehäuse eng am geraden Unterzugrohr anlag, musste die Lichtmaschine aufrecht stehend neben dem vorderen Zylinder platziert werden (was manche dazu bewog, von einer »Dreizylinder-Harley« zu sprechen). Bis 1930 waren die aus den Vorgängern bekannten Doppelscheinwerfer montiert, ab 1931 wurde auf Einzelscheinwerfer umgestellt.

HARLEY-
DAVIDSON

HARLEY-
DAVIDSON

GEGENÜBER OBEN: Der Motor des Model RLDR war höher verdichtet und mit größeren Einlassventilen als die normalen R-Modelle ausgerüstet, hinzu kam ein größerer Vergaser. Diese Maschinen wurden in der Klasse C eingesetzt, die 750er-Seitenventilern vorbehalten war.

GEGENÜBER UNTEN: Ab 1932 wurde die Bezeichnung der 45-ci-Flatheads von »D« zu »R« geändert. Dies ist eine 1936er-RLDR (Competition Special).

TECHNISCHE DATEN: MODEL D (1929-1931)

MODELL:	D Solo DL	Sport Solo	DLD Special Sport
MOTOR:	seitengesteuerter V2 (45° Zylinderwinkel)		
HUBRAUM:	45,32 ci (746 cm³)	Bohrung x Hub: 2 ¾ x 3 $^{13}/_{16}$" (70 x 97 mm)	
VERDICHTUNGSVER.:	4,3:1	5,1:1	6:1
LEISTUNG:	15 SAE-PS bei 3.900/min	18,5 SAE-PS bei 4.000/min	20 SAE-PS bei 4.000/min
VERGASER:	Schebler ¾"	Schebler $^{7}/_{8}$"	Schebler $^{7}/_{8}$"
GETRIEBE:	3 Gänge (Schieberad-Getriebe)		
REIFEN	4.00-18		
BREMSEN:	vorn Trommelbremse, hinten Außenbandbremse		
RADSTAND:	1.460 mm		
SITZHÖHE:	1929: 72 cm, ab 1930: 67 cm		
KRAFTSTOFFT.	1929: 16,6 Liter, ab 1930: 19,9 Liter		
ÖLTANK:	3,5 Liter		
GEWICHT: 177 kg		**PREIS:** 290 bis 325 US-$	

1932 BIS 1936 – MODEL R

Das Model R bot gegenüber seinen Vorgängern viele Verbesserungen. Bei den ersten D-Modellen saß der V2-Motor in einem nur leicht modifizierten Einzylinder-Rahmen, der etwas dürr wirkte. Ab 1932 schuf ein S-förmig gebogener vorderer Unterzug Platz für eine vor dem Kurbelgehäuse liegend angeordnete Lichtmaschine, sodass der lästige »dritte Zylinder« wegfiel. Dickere Rohre und massivere Schmiedestücke verbesserten die Stabilität.

Auch der Motor war mit größeren Schwungscheiben und längeren Pleuel (was auch ein neues Gehäuse nötig machte) sowie aus Aluminium gegossenen Kolben, einer verbesserten Ölpumpe und neuen Zylindern inklusive strömungsgünstig optimierten Auslasskanälen komplett überarbeitet worden.

Was die Modellvarianten und verschiedenen Motorleistungen anging, waren die R-Modelle ähnlich aufgestellt wie die D-Reihe. Es gab die R mit niedriger Kompression, die hoch verdichtete RL, die RLD mit extra hoher Kompression und die mit einem Seitenwagen ausgestattete RS.

In den Modelljahren 1935 und 1936 wurde zusätzlich die RLDR Competition Special angeboten – eine »Race-Ready«-Maschine für die Klasse C und Bergrennen, deren Kolben mehr Spiel in den Zylindern aufwiesen, um auch bei starker Last nicht zu klemmen.

1930 BIS 1936 – V-MODELLE (74-CI-BIG-TWINS)

Die 1200er-Flatheads von Harley-Davidson wurden 1930 vorgestellt, um die JD-Modelle zu ersetzen. Wie schon die neuen 45er hatten auch sie Kinderkrankheiten – teilweise sogar sehr ernsthafte. Man musste Harley-Davidson allerdings zugutehalten, dass man sich rasch um die Probleme kümmerten und bei den ca. 1.300 bereits verkauften Maschinen die bruchgefährdeten Rahmen durch stabilere Ausführungen ersetzte. Weitere Änderungen betrafen größere Schwungscheiben und solidere Kurbelgehäuse.

HARLEY-DAVIDSON

HARLEY-DAVIDSON

LINKS: Die von 1930 bis 1936 gebauten V-Modelle waren mit 1.208 cm³ Hubraum ausreichend motorisiert. Das Model VL ist die bekannteste Ausführung.

RECHTS: Obwohl frühe 74-ci-Flatheads mit einigen Kinderkrankheiten zu kämpfen hatten, erwiesen sie sich bald als zuverlässige Triebwerke.

Es wurden viele kleine Verbesserungen vorgenommen, die auch für zukünftige Modelle gelten sollten: Eine Trommelbremse im Hinterrad ersetzte die Außenbandbremse, und den Primärtrieb übernahm eine Duplexkette mit automatischer Schmierung. Eine verbesserte Kupplung bot ca. 1.400 cm² Reibfläche, nachdem sich die alte mit 350 cm² als hoffnungslos überfordert herausgestellt hatte. Außerdem waren die Räder schneller demontierbar.

Nachdem alle Modifikationen durchgeführt waren, erwiesen sich die Motorräder der V-Reihe als großartige und zuverlässige Maschinen. Wie bei den Vorgängern gab es verschiedene Versionen. Das bekannteste Modell der Baureihe war die VL. Am Ende wurden alle Maschinen der V-Reihe »VL« genannt, weil dieses Modell so populär war.

Erneut war die Klassifizierung durch Harley-Davidson möglicherweise verwirrend. Die 1930 erhältlichen Basismodelle waren die V Solo mit niedriger Verdichtung, die VC Commercial und die VL Sport Solo mit erhöhter Verdichtung sowie das Gespann VS. Die VLD Special Sport Solo kam 1933 hinzu. 1934 wurden die Bezeichnungen der Grundmodelle zu VD Solo, VDS Sidecar (mit Aluminiumkolben) und VFDS Sidecar (mit Nickel-Eisen-Kolben) geändert, die VLD Special Sport Solo wies eine hohe Kompression auf. 1935 kam das 80-ci-Model V (1283 cm³) hinzu – als VLDD Sport Solo und VDDS Sidecar. 1936 erhielten auch die FLH Solo Sport und die VHS Sidecar Twin den größeren Motor.

OBEN: Dieses olivbraune Model VL war das Spitzenmodell des Jahres 1931. Der 74-ci-Motor mit erhöhter Verdichtung leistet 30 PS.

LINKS UNTEN: Den Adler im Art-déco-Stil gab es nur 1933 auf dem Tank. Motorräder in Polizei-Ausführung wurden zu dieser Zeit mit immer mehr Ausrüstung versehen, darunter Warnleuchten, eine Sirene und ein Feuerlöscher.

RECHTS UNTEN: Nach dem Börsencrash von 1929 gingen auch die Absätze von Harley-Davidson zurück, doch Motorräder wie dieses Model V von 1932 hielten Amerika am Laufen. Die 74-ci-Flathead erwies sich als zuverlässiges Arbeitstier. Auch diese Maschine ist mit diversem Zubehör versehen, der Weidenkorb war vermutlich nicht ab Werk erhältlich.

LINKS UND RECHTS:
Die VLD war 1934 die meistverkaufte Harley-Davidson. Ihr hoch verdichteter Motor leistete 36 PS.

1934 – VLD Special Sport Solo

Das Model VLD Special Sport Solo repräsentiert gut die Motorräder der V-Serie. Ihre Triebwerke waren als »TNT-Motoren« bekannt, da sie dank Kolben aus einer Magnesiumlegierung und einem neuen Y-förmigen Ansaugstutzen solide 36 PS produzierten und die Maschinen entsprechend schnell machten. Dennoch galten sie als extrem zuverlässig.

JAHRE	MODELLE	HUBRAUM	VERDICHTUNGS-VERHÄLTNIS	LEISTUNG
1930–1933	V	74 ci (1.208 cm³)	4:1	27 SAE-PS
	VL	74 ci (1.208 cm³)	4,5:1	30 SAE-PS
	VS,VC	74 ci (1.208 cm³)	3,6:1	25 SAE-PS
1933–1936	VLD	74 ci (1.208 cm³)	5:1	36 SAE-PS
1934–1936	VD, VDS	74 ci (1.208 cm³)	4:1	27 SAE-PS
1935	VDJ	74 ci (1.208 cm³)	5:1	36 SAE-PS
1935–1936	VLDD, VDDS	80 ci (1.283 cm³)	5,5:1	34 SAE-PS
1936	VHS	80 ci (1.283 cm³)	5,3:1	34 SAE-PS
	VLH	80 ci (1.283 cm³)	5,5:1	34 SAE-PS

OBEN: Zum Modelljahr 1937 wurde das Styling der Seitenventiler – hier gezeigt am Model VLH 80 (gebaut Ende 1936) – an die neuen OHV-Modelle angepasst.

UNTEN: Eine VLD von 1935. Das Rautendesign am Tank war in diesem und im Folgejahr erhältlich. Das neue Rücklicht strahlte auch seitlich ab, um die Sichtbarkeit zu verbessern.

LINKS: Mit hoher Verdichtung und 36 PS hatte das Topmodell VLD von 1934 kaum Probleme, den Beiwagen zu ziehen. Seine Popularität brachte eine Verkaufszahl von 4.527 – ein deutlicher Zuwachs gegenüber den 780 Stück aus dem Vorjahr.

1934 schaffte es Harley-Davidson erstmals seit dem Schwarzen Donnerstag, über 10.000 Motorräder zu verkaufen, darunter 4.527 VLD-Modelle, die damit in der Bauzeit der V-Reihe zum Bestseller geworden waren.

TECHNISCHE DATEN: MODEL VLD (1934)

MOTOR: SV-V2-MOTOR, 45° ZYLINDERWINKEL

HUBRAUM: 73,73 ci (1.208 cm³)

BOHRUNG X HUB: 3,424 x 4" (87 x 101,6 mm)

VERDICHTUNGSVERHÄLTNIS: 5:1

LEISTUNG: 36 SAE-PS bei 4.500/min

VERGASER: Linkert

GETRIEBE: 3 Gänge (Schieberad-Getriebe)

BREMSEN: vorn und hinten Trommelbremsen

RADSTAND: 1.524 mm

SITZHÖHE: 71 cm

KRAFTSTOFFTANK: 15,1 Liter ◆ **ÖLTANK:** 1.3,8 Liter

GEWICHT: 240,5 kg ◆ **PREIS:** 320 US-$

GEGENÜBER RECHTS: Die ULH mit 80-ci-Motor von 1937 nahm zahlreiche Anleihen von den neuen OHV-Modellen. Dank ihrer erwiesenen Verlässlichkeit verkauften sich die U-Modelle in den ersten Jahren nach Einführung der E-Modelle besser als diese.

LINKS: Was mit diesem US Sidecar Twin von 1938 ausgeliefert wurde, ist nicht überliefert. Bekannt ist jedoch, dass das großartige Styling eine echte Langzeitwirkung hatte.

1937 bis 1948 – U-Modelle

Für das Modelljahr 1937 passte Harley-Davidson das Styling der Flathead-Modelle den ein Jahr zuvor erschienenen OHV-Maschinen an. Dieses Design sollte das ästhetische Bild von Harley-Davidson für die nächsten Jahrzehnte prägen.

Die Modelle mit seitengesteuerten Motoren haben ihre Zuverlässigkeit und Langstreckentauglichkeit bewiesen, und die mit der Einführung der OHV-Modelle kommenden Veränderungen konnten ihren Ruf noch verbessern. Hierzu gehörte ein neuer Rahmen mit doppelten Unterzügen, ein größerer Tank, eine Umlaufschmierung und ein optionales Vierganggetriebe.

Die Flatheads gab es 1937 in zwei Versionen namens U und UH. Zu den U-Modellen gehörten die U Solo, die UL Special Sport Solo und die US Sidecar Twin. Alle trugen den 74-ci-Motor und blieben bis 1948 im Programm. Tasächlich gehörte die UL über Jahre zu den Bestsellern der Motor Company – auch nach der Einführung der OHV-Modelle.

Zur Modellreihe UH gehörten die UH Solo, die UHL Special Sport Solo und die UHS Sidecar Twin. Diese mit dem 80-ci-Motor ausgerüsteten Maschinen standen nur bis 1941 in den Listen.

SPEZIFIKATIONEN: MODELLE DER U-SERIE (1937-1948)

MODELLE	HUBRAUM	BOHRUNG X HUB	VERDICHTUNGSV.	LEISTUNG
U	74 ci (1.208 cm^3)	3,424 x 4" (87 x 101,6 mm)	5:1	32hp
UL	74ci (1.283 cm^3)	3,424 x 4" (87 x 101,6 mm)	5,5:1	37hp
US	74 ci (1.208 cm^3)	3,424 x 4" (87 x 101,6 mm)	5:1	32hp
UH	80 ci (1.283 cm^3)	3,424 x 4,25" (87 x 108 mm)	5,5:1	34 SAE-PS
UHS	80ci (1.283 cm^3)	3,424 x 4,25" (87 x 108 mm)	5,5:1	34 SAE-PS
ULH	80 ci (1.283 cm^3)	3,424 x 4,25" (87 x 108 mm)	5,7:1	39 SAE-PS

1932 BIS 1973 – SERVI-CAR

Das Servi-Car hält bis heute bei Harley-Davidson den Rekord für die längste Produktionsdauer einer Motor-Rahmen-Kombiation. Es gab länger existierende Modellreihen wie die Sportster oder die FL, doch wurden hier immer wieder neue Triebwerke und Fahrgestelle verwendet. Das Servi-Car hielt jedoch trotz seines von Beginn an etwas antiquarisch wirkenden 45-ci-Seitenventilers 42 Jahre durch!

Die dreirädrigen Servi-Cars wurden ursprünglich für Autowerkstätten und Händler entwickelt. Wenn ein Autohändler ein Fahrzeug ausliefern wollte, hängte er das mit einer speziellen Vorrichtung ausgerüstete Servi-Car daran, zog es zum Kunden und fuhr damit wieder zurück. Auch die Polizei fuhr gern Servi-Car – teilweise bis in die 1990er-Jahre!

GEGENÜBER OBEN: Die UL mit Vierganggetriebe von 1938. Flathead-Modelle galten zu dieser Zeit als ausgereift und äußerst zuverlässig.

GEGENÜBER UNTEN: Die ULH von 1940 mit dem 80-ci-Motor. Erstmals gab es jetzt halbmondförmige Trittbretter und das tropfenförmige Werkzeugfach rechts neben dem Hinterrad. Zu dieser Zeit konnten nur 672 ULH-Modelle (gegenüber über 4.000 E-Modellen) verkauft werden.

LINKS: Das 42 Jahre lang gebaute Servi-Car war ein echter Longseller. Sein 45-ci-Seitenventiler galt als absolut ausgereift.

Einige Modifikationen wurden im Lauf der Jahre auch durchgeführt. Bereits 1933 erhielt das Dreiganggetriebe einen Rückwärtsgang, und ab 1937 wurde rundherum mit Trommelbremsen verzögert (im letzten Baujahr gab es sogar Scheibenbremsen). 1957 wurde von der Springer-Gabel auf die hydraulische Teleskopgabel der Hydra-Glide umgestellt. Hinten blieb der Rahmen bis zum Schluss ungefedert. Das Staufach zwischen den Hinterrädern bestand bis 1967 aus Stahlblech und wurde dann durch einen einteiligen Glasfaserbehälter ersetzt. Auch der Vergaser, die Zündung und die Lichtmaschine wurden im Lauf der Zeit mehrmals aktualisiert, ab 1964 erhielt das Gefährt sogar als erste Harley-Davidson optional einen elektrischen Anlasser; das Triebwerk selbst wurde jedoch für über vier Jahrzehnte kaum angerührt.

Alles in allem erwies sich das Servi-Car mit seinem kleinen 750er-Flathead für viele Amerikaner als wunderbarer Dienstbote – und bewies, dass nicht alles Alte auch veraltet sein muss.

HARLEY-
DAVIDSON

33
33p

1937 bis 1951 – W-Modelle

Die Modelle der W-Reihe waren die Fortsetzung der »kleinen« R-Modelle mit dem 45,3-ci-Motor (743 cm³). Die neue Version hielt mit dem Rest der Harley-Modellpalette Schritt, indem die Verlustschmierung durch eine Trockensumpfschmierung ersetzt worden war. Stilistisch orientiert sich das Motorrad wie bereits die Flathead-Big-Twins an den neuen OHV-Modellen. Wie seine Vorgänger, war auch das Modell W in verschiedenen Ausführungen erhältlich: als W Solo, WL Sport Solo, WLD Special Sport Solo, WLDR Competition Special und als WS Sidecar Twin.

Das auffälligste Modell ist die WLDR (mit dem R für Race und oft nur WR genannt), das 1937 dank einer auf 6:1 erhöhten Verdichtung und größeren Einlasskanälen 29 PS bei 4.900/min leistete. 1941 kamen ein 1 ½ Zoll großer Vergaser, Aluminium-Zylinderdeckel, polierte Einlasskanäle und Brennräume, spezielle Nocken und verstärkte Ventilfedern hinzu.

Der Motor wurden während der Produktionszeit kaum verändert. Die Rückkehr zahlloser WLA-Militärmaschinen nach dem Ende des Zweiten Weltkriegs auf den US-Markt sowie die erfolgreiche Weiterentwicklung des OHV-Twins sorgte dafür, dass das kleine Flathead-Modell 1951 eingestellt wurde – und deutliche Spuren in der Geschichte hinterließ.

Technische Daten: Modelle der W-Reihe (1937-1951)

Motor: SV-V2-Motor, 45° Zylinderwinkel

Hubraum: 45,3 ci (743 cm³)

Bohrung x Hub: 2,75 x 3,81" (70 x 97 mm)

Verdichtungsverhältnis: W: 4,3:1; WL: 5,0:1; WLD: 6,0:1

Leistung: W: 19 SAE-PS; WL: 22 SAE-PS; WLD: 24 SAE-PS

1942 – WLA (»The Liberator«)

Das am stärksten mit dem 750er SV-Motor verbundene Motorradmodell ist wohl die WLA – das für die US-Army produzierte W-Modell: Typ W, L für erhöhte Verdichtung und A für Army. Die WLA ist eines der bekanntesten Modelle, die Harley-Davidson jemals hergestellt hat. Es war keine Überraschung, dass sie das perfekte Motorrad für den Militäreinsatz war: Sie war leicht zu warten, unersetzlich und zäh wie Leder.

Die Motor Company baute zwischen 1941 und 1945 über 60.000 WLA-Modelle – plus Ersatzteile für weitere 30.000 Maschinen.

Die US-Regierung hatte ein »Leih- und Pacht-Gesetz« (Lend-Lease-Act) für seine Verbündeten in Übersee abgeschlossen. Franklin. D. Roosevelt erklärte dies seinerzeit damit, dass man seinen Nachbarn einen Schlauch nicht verkaufen, sondern leihen müsse, wenn dessen Haus brennt. Sobald er es gelöscht hätte, könne er ihn einfach wieder zurückgeben. Mit diesem Programm wurden »Verteidigungs-Artikel« vom Zelt bis zum Zerstörer geliefert. Länder wie die Sowjetunion, Großbritannien, Frankreich und sogar China erhielten über 38.000 WLAs.

Die kanadische Armee bestellte etwa 18.000 Exemplare, die leicht von den US-Spezifikationen abwichen und daher WLC (C für Canada) hießen. Die wichtigsten Unterschiede zur WLA bestanden darin, dass die WLC über austauschbare Räder verfügte, keine Gewehrhalterung und Munitionskiste aufwies und die Öl- und Benzinleitungen aus Gummi bestanden; außerdem war der Gasgriff links angeordnet.

Weltweit gab es also über 100.000 dieser »Liberators« (Befreier).

GEGENÜBER OBEN:
Die legendäre WL bewährte sich auch als Zivilversion zu Zeiten des Zweiten Weltkriegs und belohnte Harley-Davidson 1946 mit 4.410 verkauften Einheiten. Diese (farblich leicht individualisierte) Version zeigt gut das großartige Styling, dass die WL mit ihren großen Geschwistern aus der E-Baureihe teilten.

GEGENÜBER LINKS UNTEN:
Diese unrestaurierte WL von 1939 zeigt stolz ihre Patina. In diesem Jahr feierten das »Bienenkorb«-Rücklicht und die Instrumentenabdeckung mit den »Cat Eye«-Kontrollleuchten Premiere.

GEGENÜBER RECHTS UNTEN:
Die WLDR wurde von 1941 bis 1952 gebaut und war Harleys Antwort auf die Nachfrage nach reinen Rennmaschinen. Dieses Motorrad hatte alle Goodies (und noch einige mehr), die Privatfahrer zuvor mühsam für ihre Racer beschaffen mussten. Rennen der C-Klasse waren beliebt, und diese stark modifizierten kleinen 45er trugen ihren Teil zum Sieg bei.

LINKS OBEN: »Das Motorrad, das den Krieg gewann« war vielleicht etwas dick aufgetragen, aber die WLA sicherte immerhin die Zukunft von Harley-Davidson – auch wenn Tausende nach Kriegsende zurückkehrende Maschinen den Markt überschwemmten.

RECHTS OBEN: WLA-Motoren waren wartungsfreundlich und wiesen eine traktorähnliche Zuverlässigkeit auf – im Krieg keine unwichtigen Punkte.

Die meisten WLA rollten zwischen 1942 und 1945 von den Fließbändern in Milwaukee, dennoch trugen alle Maschinen Seriennummern, die auf das Produktionsjahr 1942 hinwiesen. Dies ist der Grund, warum diese Militärmaschinen auch als »42WLA« bezeichnet werden.

Die Army-Versionen wiesen einige Unterschiede zu den zivilen Modellen auf. Neben dem Standardscheinwerfer war eine Verdunkelungsbeleuchtung montiert, die Schutzbleche waren nicht seitlich um die Räder herumgezogen, damit sie nicht durch Schlamm verstopfen konnten, und der Motor saugte seine Luft durch einen Ölbad-Luftfilter an. Die Nebenaggregate waren einigermaßen wasserdicht gemacht, um die Wattiefe zu verbessern. Die meisten Maschinen waren mit stabilen Gepäckträgern, Munitionskästen, einem Unterfahrschutz und einem Futteral für ein Thompson-Maschinengewehr ausgerüstet. Eine Windschutzscheibe und Beinschützer waren ebenfalls erhältlich.

Nach Kriegsende verkaufte das Militär viele dieser Motorräder an seine Soldaten, die einen Nervenkitzel suchten und damit in die USA zurückkehrten. Als Bobber-Umbauten immer populärer wurden, boten sich die WLA-Modelle als ideale Plattform an. Der Nachkriegs-Motorradboom – und insbesondere das Interesse an Maschinen von Harley-Davidson – stand im direkten Zusammenhang mit den Tausenden weltweit eingesetzten WLAs.

LINKS OBEN: Das »Cockpit« der WLA war recht übersichtlich. Hinzu kamen je ein Tankdeckel für Benzin (links) und Öl (rechts) sowie ein Handhebel für das Dreiganggetriebe. Das Kupplungspedal ist vor dem Trittbrett zu erkennen.

RECHTS OBEN UND GEGENÜBER: Für den Wüsteneinsatz war die XA (Experimental Army) entwickelt worden, weil ein Boxermotor samt Kardanantrieb bessere Kühlung und weniger Verschleiß versprach.

TECHNISCHE DATEN: WLA (1942-1945)

MOTOR: SV-V2-MOTOR, 45° ZYLINDERWINKEL

HUBRAUM: 45,1 ci (739 cm³)

BOHRUNG X HUB: 2,745 x 3,812" (70 x 96,8 mm)

VERDICHTUNGSVERHÄLTNIS: 5,0:1

LEISTUNG: 23,5 SAE-PS

VERGASER: Linkert M-88

ELEKTRIK UND ZÜNDUNG: 6 Volt, Batterie-Spulenzündung

GETRIEBE: 3 Gänge

KUPPLUNG: Mehrscheiben-Nasskupplung, fußbetätigt

RADSTAND: 1.460 mm

REIFEN: 4.00-18

TROCKENGEWICHT: 245 kg

1942 BIS 1943 – XA UND XS

Die XA (Experimental Army) war Harley-Davidsons zweites Motorrad für den Zweiten Weltkrieg und vor allem für den Wüsteneinsatz in Nordafrika geplant. Die XS ist eine extrem seltene Gespann-Version dieser Maschine.

Dass die XA eine völlige Abkehr vom bekannten Harley-Davidson-Design war, lag daran, dass die US-Army ein Motorrad nach dem Vorbild der von der deutschen Wehrmacht eingesetzten BMWs verlangte, weil man der Meinung war, dass ein Boxermotor besser gekühlt und ein Kardanantrieb im Sand nicht verschleißen würde. Nicht nur das XA-Triebwerk war fast eine direkte Kopie des BMW R 71-Motors, sondern auch die Geradeweg-Hinterradfederung hatte man direkt aus München übernommen.

Nur 1.011 Exemplare der XA wurden gebaut – und ausgerechnet sie kam mit den widrigen Bedingungen in der Wüste nicht klar. Der Kriegseinsatz in Nordafrika endete bereits 1943, und damit war auch das Ende der XA besiegelt.

Von der XS existierten nur drei bekannte Exemplare. Die an die schweren Wehrmachtsgespanne erinnernde Konstruktion war mit Beiwagenantrieb und gewaltigen Reifen (15 x 6") ausgerüstet, um in Sand und Schlamm gut voranzukommen. Letztendlich war der Willys Jeep wahrscheinlich billiger.

LINKS UND RECHTS OBEN: Das von 1952 bis 1956 gebaute Model K war die erste Harley-Davidson, die vorn und hinten hydraulische Federelemente aufwies. Auch Fußschaltung und Handkupplung sowie ein gemeinsames Gehäuse für Motor und Getriebe waren in Milwaukee ein Novum. Die K wurde nicht lange gebaut, stellte aber die Plattform für die äußerst erfolgreiche Sportster-Baureihe.

TECHNISCHE DATEN: MODEL XA (1942-1943)

MOTOR: SV-BOXERMOTOR

HUBRAUM: 45,1 ci (739 cm³)

BOHRUNG X HUB: 3,063 x 3,063" (77,8 x 77,8 mm)

VERDICHTUNGSVERHÄLTNIS: 5,7:1

LEISTUNG: 23 SAE-PS

VERGASER: 2 x Linkert M-17

ELEKTRIK UND ZÜNDUNG: 6 Volt, Batterie-Spulenzündung

GETRIEBE: 4 Gänge, fußgeschaltet

KUPPLUNG: Einscheiben-Trockenkupplung, handbetätigt

RADSTAND: 1.460 mm

REIFEN: 4.00-18, optional 6.00-15

GEWICHT: 244 kg

1952 BIS 1956 – MODEL K

Das komplett neue Model K wurde im November 1951 vorgestellt. Mit dem schnittigen, sportlichen Motorrad betrat Harley-Davidson in mancherlei Hinsicht Neuland. Der Kurbeltrieb und das erstmals per Fuß geschaltete Vierganggetriebe waren in einem gemeinsamen Gehäuse untergebracht und über eine Triplexkette sowie eine von Hand betätigte Kupplung miteinander verbunden. Das (abgesehen von der Militär-XA) erstmals in der Firmengeschichte gefederte Hinterrad wurde von einer modernen Langschwinge samt Hydraulik-Stoßdämpfern geführt, das Vorderrad mit einer ebenso innovativen hydraulischen Telegabel. Trommelbremsen mit damals gewaltigen acht Zoll Durchmesser sorgten für ausreichende Verzögerung.

Lediglich das Arbeitsprinzip des Motors passte nicht ganz zum modernen Rest, denn es handelte sich um einen 45-ci-Seitenventiler mit Stahlzylindern und Aluminiumdeckel, dem (immerhin) 30 PS entlockt wurden.

Und so verwunderte es auch nicht, dass es das auf den ersten Blick modern aussehende Model K gegen die vor allem aus England kommende Konkurrenz sehr schwer haben würde, denn die OHC-Motorräder von AJS, BSA, Norton und Triumph waren billiger, stärker und leichter. 1954 versuchte die Motor Company, das antiquierte Flathead-Konzept durch mehr Hubraum wettbewerbsfähig zu machen und stellte die KH Sport mit 55 ci (887 cm³) und 38 PS vor – doch auch dies reichte gegen die britischen Parallel-Twins mit ihren höchstens 650 cm³ nicht mehr aus.

Auch wenn das Model K viel zu bieten hatte, hielten sein hoher Preis und relativ schwacher Motor die Kunden fern. 1955 versuchte Harley-Davidson es noch einmal mit der nur als Sonderbestellung erhältlichen KHK Super Sport, die Renn-Nockenwellen, polierte Kanäle, einen flachen Lenker und ein schlankeres Styling aufwies. Die ursprünglich für den Rennsport gedachte Maschine fand zumeist ihren Weg auf die Straße und konnte endlich den Importmaschinen Konkurrenz bieten. Auch wenn die Model K und KH nicht die Erwartungen des Publikums erfüllten, schufen sie doch eine solide Basis für die nächste Generation sportlicher Harleys: die legendäre Sportster.

TECHNISCHE DATEN: MODEL K (1952-1954)

MOTOR: SV-V2-MOTOR, 45° ZYLINDERWINKEL

HUBRAUM: 45,3 ci (742 cm³)

BOHRUNG X HUB: 2,75 x 3,81" (79,8 x 96,8 mm)

VERDICHTUNGSVERHÄLTNIS: 6:1

LEISTUNG: 30 SAE-PS

GETRIEBE: 4 Gänge in konstantem Eingriff

RADSTAND: 1.435 mm

REIFEN VORN/HINTEN: 3.25-19

GEWICHT: 181 kg

PREIS: 865 US-$

OBEN: Die KH Sport von 1954 hatte jetzt einen Hubraum von 55 ci (887 cm³). Zusammen mit größeren Ventilen, verstärkten Ventilfedern und optimierten Ein- und Auslasskanälen konnte die Leistung auf 38 PS bei 5.200 /min gesteuert werden.

TECHNISCHE DATEN: KH SPORT TWIN (1954-1956)

HUBRAUM: 54,1 ci (887 cm³)

BOHRUNG X HUB: 2,75 x 4,562" (79,8 x 115,9 mm)

VERDICHTUNGSVERHÄLTNIS: 8,0:1

LEISTUNG: 52 SAE-PS bei 5.200/min

TECHNISCHE DATEN: MODEL KHK (1955-1956)

HUBRAUM: 54,1 ci (887 cm³)

BOHRUNG X HUB: 2,75 x 4,562" (79,8 x 115,9 mm)

VERDICHTUNGSVERHÄLTNIS: 8,0:1

LEISTUNG: 52 SAE-PS bei 5.200/min

GEGENÜBER: Brad Andres auf seiner KR-750 Ende der 1950er-Jahre. Diese seitengesteuerten 45-ci-Flat-Track-Rennmaschinen wurden von 1952 bis 1966 gebaut. Andres war 1955 Sieger bei der AMA Grand National und hatte mit 19 Jahren als einer der jüngsten Fahrer das Daytona 200 gewonnen.

LINKS: Der junge (und gut rasierte) Willie G. Davidson 1952 als stolzer Sieger eines Langstreckenrennens auf einem frühen Model K.

HARLEY-DAVIDSON

Kapitel 4

DIE KNUCKLEHEAD-ÄRA

Die Jahre der nach dem Börsencrash folgenden Wirtschaftskrise wurden für die weltweite Motorradindustrie eine harte Zeit, auch für Harley-Davidson. 1931 waren die Verkaufszahlen gegenüber dem Vorjahr um etwa die Hälfte auf knapp über 10.000 Motorräder eingebrochen, und auch für 1932 sah es nicht besser aus. Aber in schwierigen Zeiten treten große Männer hervor und drängen vorwärts. Einer dieser Vordenker, William S. Harley, drückte ein neues OHV-Projekt auf den Markt.

Die Motorräder von Harley-Davidson wurden vom Flathead ins neue Jahrzehnt geführt – nicht weil er der fortschrittlichste Motor war, sondern weil es eine Notwendigkeit war. Die Ingenieure wussten, dass das OHV-Triebwerk der Weg in die Zukunft war, aber die Technologie war noch nicht ausgereift. Zudem hatte die starke Konkurrenz von Indian und anderen die Motor Company in die Richtung der Seitenventiler gedrängt.

Im Nachhinein war es eine weise Entscheidung. Die Zeiten waren hart, die Leute hatten wenig Geld, und wenn sie etwas kauften, musste es auf jeden Fall robust sein. Und die billiger zu bauende Flathead hatte die Zähigkeit eines Traktors. Doch auch in einer toten Wirtschaft musste das Unternehmen an die Zukunft denken. Die Flathead hatte ihre Grenzen. Und sie arbeitete immer noch mit der prähistorischen Verlustschmierung. Angesichts dieser Tatsache akzeptierte 1931 der Vorstand William Harleys Idee, einen neuen OHV-Motor mit Umlaufschmierung zu herauszubringen. Harley entwickelte zusammen mit seinem Assistenten Lothar Doerner und dem Chefkonstrukteur Alfred Kuehn ein Motorrad, das bis heute das Image von Harley-Davidson prägen sollte.

Dieses »Ball-and-Banner«-Tankemblem weist darauf hin, dass dies in Teakrot und Schwarz lackierte Model EL aus dem Baujahr 1936 stammt. Die Knucklehead sollte das Motorrad werden, das den Stil und die Funktion einer Harley-Davidson für die kommenden Jahre definieren würde.

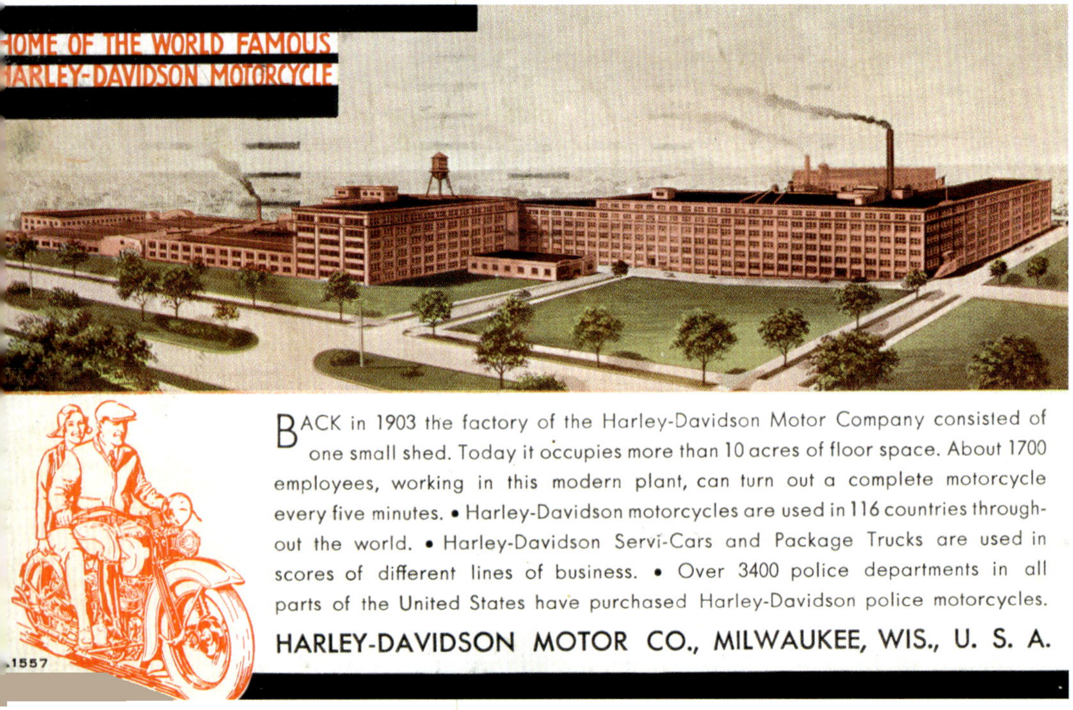

LINKS: Das Harley-Davidson-Fabrikgelände auf einer Postkarte von 1933.

RECHTS: Die ehrwürdige Flathead hatte Harley-Davidson gute Dienste erwiesen, aber auch in Milwaukee wusste man, dass eine Konstruktion mit im Zylinderkopf hängenden Ventilen der Weg in die Zukunft war.

Das als Model E bezeichnete Motorrad mit seinen OHV-Zylinderköpfen ist vielleicht die schönste, kultigste und begehrenswerteste Harley-Davidson aller Zeiten. Erst Jahre später erhielt die Maschine den Spitznamen Knucklehead, zuvor sprachen viele Fahrer in Anerkennung des neuen Ventiltriebs einfach von der »61 OHV«.

Das Model E wurde im Herbst 1935 offiziell auf der National Dealers Convention in Milwaukee vorgestellt. Es war von den Händlern sehnlichst erwartet worden, aber das Harley-Management hatte gemischte Gefühle. Die Motor Company wollte das neue Modell keineswegs überteuert verkaufen, und so präsentierte man die neue Maschine eher als eine Sonderedition und bewarb weiterhin verstärkt die Modelle mit SV-Motoren. Obwohl das Motorrad der Öffentlichkeit präsentiert wurde, waren einige Leute im Unternehmen der Meinung, dass es aufgrund ungelöster Probleme mit Undichtigkeiten an den Zylinderköpfen noch nicht marktreif war. Zwei Männer, die diese Bedenken äußerten, waren der berühmte Rennfahrer Joe Petrali sowie Hank Syvertson, der einen Großteil der Detail-Konstruktionen geleitet hatte.

Trotz dieser Unzulänglichkeiten war es vor allem das Design, das auf der Händlertagung die Weichen für die künftigen Harley-Davidson-Motorräder stellte. Der Motor mit seinen 989 cm³ Hubraum war von Grund auf neu. Obwohl das Triebwerk selbst keine wirklich bahnbrechenden Konstruktionsmerkmale aufwies, war diese dringend benötigte technische Aktualisierung mit Spannung erwartet worden, um Harley-Davidson in die Zukunft zu führen.

Die im Winkel von 90°zueinander ausgerichteten und im halbkugelförmigen Brennraum hängenden Ventile waren natürlich der größte Fortschritt. Sie wurden von einer einzigen oberhalb der Kurbelwelle liegenden Nockenwelle mit vier Nocken über Stößelstangen und Kipphebel betätigt. Diese Grundkonstruktion sollte bei den Big Twins bis 1999 beibehalten werden!

Die Abdeckung und Lagerung der Kraftumlenkung im Ventiltrieb übernahm ein Kipphebelgehäuse aus Aluminiumguss. Weil dessen Form an die Knöchel einer geschlossenen Faust erinnerten, gab dieses Gehäuse dem Motorrad später seinen historischen Spitznamen. Eine weitere Neuerung war die dringend benötigte Trockensumpfschmierung, bei der das Öl aus dem hufeisenförmigen Tank (mit der Batterie in der Mitte) durch den Motor und wieder zurück gefördert wurde. Dieses System schmierte auch die beweglichen Teile der Zylinderköpfe, sorgte aber bei frühen Testmaschinen für verölte Beine des Fahrers, weil es in den Bereichen der Ventilschäfte keine Abdeckungen gab. Zwischen Herbst 1935 und Anfang Frühjahr 1936 wurde ein Blechdeckel konstruiert, der die Ventilfedern und Kipphebel abdeckte und über ein Rohr den unteren Teil des Deckels mit dem Kipphebelgehäuse verband. Der bei aufsteigenden Kolben entstehende Unterdruck saugte bei diesem Entlüftungssystem das angesammelte Öl durch diese Rohre. Das Problem war aber nur teilweise gelöst, denn zwischen dem Kipphebel und diesen Deckel trat immer noch Ölnebel aus. Diese Notlösung blieb zwei Jahre bestehen. Erst ab 1938 bestanden die Blechdeckel aus zwei miteinander verschraubten Hälften, die den gesamten Kipphebel samt Welle umschlossen. Dies verbesserte die Konstruktion erheblich, war aber aufgrund der unterschiedlichen Wärmeausdehnung der drei verwendeten Materialien Gusseisen (Zylinderkopf), Aluminium (Kipphebelgehäuse) und Stahlblech (Deckel) und

LINKS: Harley-Davidsons erster Großserienmotor mit OHV-Ventilsteuerung wurde 1936 mit dem Model E Realität. Das Triebwerk steckte in einem ebenfalls neuen Doppelschleifenrahmen. Die Modelle des ersten Produktionsjahres waren an der vorn am Rahmen (oberhalb des Trittbretts) angelöteten Seitenwagenaufnahme zu erkennen.

RECHTS: Die vier Firmengründer haben sich 1936 zur Vorstellung des neuen OHV-Modells am Fließband versammelt.

LINKS: Die EL von 1937 war am »Totenkopf«-Cockpit zu erkennen. Auch der tropfenförmige Lufteinlass war neu. Der Hubraum blieb bis 1941 auf 60,3 ci (989 cm³) begrenzt.

RECHTS: Zu den gut sichtbaren Neuerung des Modelljahrs 1938 gehörte die Positionsleuchte auf dem vorderen Schutzblech, zu den weniger offensichtlichen die neuen Ölleitungen zwischen Öltank und Motor. Erst nach der ersten Probefahrt war die bessere Abdichtung des Ventiltriebs zu beobachten.

der dadurch überforderten Dichtungen immer noch nicht völlig öldicht.

Eine weitere wichtige Neuerung beim Model E war das neue Vierganggetriebe mit konstantem Eingriff der Zahnräder. Dies war gegenüber den alten Schieberad-Getrieben sanfter zu schalten, leiser und deutlich stabiler – und gehörte damit zu den zahlreichen problemlosen Merkmalen der 61 OHV. Das Getriebe blieb in seinem Aufbau bis 1964 unverändert, nur 1939 wurden die Zahnräder für ein Jahr neu gemischt, indem der Leerlauf zwischen den zweiten und den dritten Gang verlegt wurde, weil dies vor allem Polizisten und gewerbliche Fahrer erfreute. Weil dies jedoch bei allen anderen Fahrern unpopulär war, wurde diese Anordnung 1940 wieder rückgängig gemacht.

Die Kraftübertragung vom Motor erfolgte über eine neue Kupplung, in deren Korb fünf Faser-Reibscheiben und drei Stahlscheiben mit einer gewölbten Scheibe von zehn Federn zusammengehalten wurden. Dieses effektive System wurde bis 1941 beibehalten.

Alles war eingebettet in einen neuen Rahmen mit doppelten Unterzügen. Das Urmodell von 1936 ließ sich leicht an den angelöteten Seitenwagenaufnahmen erkennen (später wurden Guss-Klemmteile verwendet). Auch wenn der Rahmen besser als bei früheren Modellen war, machte er anfangs Probleme. Die Mehrheit der Rohre hatte einen Durchmesser von $^{7}/_{8}$ Zoll (22,2 mm) und war dünnwandig. Somit war das Fahrgestell leicht, aber nicht stabil genug und neigte zum Brechen. In den folgenden Jahren wurde der Rahmen mehrmals verändert (beispielsweise 1938 mit dickeren Rohren und verstärkten Gussteilen). Auch die früher geschmiedeten Gabeln wurden

LINKS: Das stromlinienförmige Bootsheck-Rücklicht (auch als »Bienenkorb« bekannt) wurde 1939 eingeführt.

RECHTS: Diese EL von 1939 wurde mit einer verchromten Gabel, einem ebenso behandelten Öltank und einigem Zubehör individualisiert. Der runde Luftfilter war Bestandteil der »Sport Solo Group«, und der »Buddy«-Sitz (hier das 1940 bis 1942 optional erhältliche Deluxe-Modell) bot die Möglichkeit, einen Passagier mitzunehmen.

UNTEN: Diese EL von 1940 hatte erstmals halbmondförmige Trittbretter (zuvor waren sie rechteckig). Ebenfalls neu war das Emblem auf dem Tank.
Am Profil dieser absolut im Originalzustand erhaltenen Knucklehead lässt sich erkennen, warum sie so begehrt ist: weil sie einfach ein wunderschönes Motorrad ist!

LINKS: Ab 1938 wurde die Gabel aus Chrom-Molybdän-Rohren und Schmiedeteilen hergestellt (diese einer 1939er-EL wurden nachträglich verchromt). Die Einstellknöpfe erlauben das Verstellen der Federvorspannung.

1937

IN MARCH, over the sands of Daytona Beach, Smoky Joe Petrali set up a new mile record for motorcycles by averaging 136.183 mph in a specially constructed Harley-Davidson. The machine has a 61 cubic inch engine with four valves per cylinder and two carburetors. It develops 65 hp at 5700 rpm and is geared 3 to 1. There is a rounded nose in front to help streamline the driver's head and body and the tapering tail is fitted to his legs. He looks ahead by allowing one goggled eye to peek out from the side of the rounded nose. Petrali also hung up a record of 102.04 mph with a stock 45 Harley-Davidson Twin. Both records were timed by the American Motorcycle Association.

JOE PETRALI

Of America's famous racing men none outshown over a period of years the famous Star Joe Petrali. Joe won numerous races and titles on both track and hill, winning many national championships. Above he appears on the streamlined Harley-Davidson "6" record breaker. Joe is now a high man in the engineering department of the Hughes aircraft organization and a close associate on mechanical matters of aviation's famous Howard Hughes.

— Clymer.

jetzt aus Chrom-Molybdän-Rohren und Schmiedeteilen hergestellt.

Die Tropfentanks der E-Modelle waren nicht mehr gelötet, sondern verschweißt und nahmen 14,2 Liter Benzin auf. Zwischen den Tankhälften saßen Instrumente in Totenkopf- oder Maskenform, sie enthielten neben dem Tachometer (bis 100 mph) ein Amperemeter, eine Öldruckanzeige und das Zündschloss. Natürlich war das neue Motorrad deutlich schneller als alle vorherigen Modelle. Darum wurde 1937 auch der Stewart-Warner-Tachometer auf eine Anzeige bis 120 mph umgestellt – weiterhin mit weißem Zifferblatt. Eine gut abgestimmte Knucklehead erreichte durchaus Geschwindigkeiten nahe am dreistelligen Meilenbereich (160 km/h).

Das Model E zeigte sein wahres Potenzial auf dem gewalzten Sand von Daytona Beach in Florida, wo am 13. März 1937 der Rennfahrer Joe Petrali einen Geschwindigkeitsrekord von 136,183 Meilen pro Stunde (219,1457 km/h) aufstellte. Das Motorrad verfügte über aerodynamische Verkleidungsteile, und der Motor war nicht nur mit zwei Vergasern und Magnetzündung auf Leistung gebracht worden. Erstaunlicherweise wurde das höchste Tempo ohne die Heckverkleidung und die Radabdeckungen erreicht. Petralis Rekord bestand elf Jahre und wurde auf der Sandpiste von Daytona nie gebrochen.

OBEN: Die hinsichtlich der Aerodynamik und der Motorleistung optimierte 1936er EL erreichte 1937 unter Werksrennfahrer Joe Petrali einen Geschwindigkeitsrekord von 136,183 Meilen pro Stunde (219,1457 km/h) – allerdings ohne Heckverkleidung und Radabdeckung.

UNTEN: Das wunderschön restaurierte 1937er-Modell EL Police war früher bei der California Highway Patrouille im Einsatz.

RECHTS: So wie diese EL von 1947 wurden viele Harley-Davidsons nachträglich mit einem Beiwagen ausgerüstet. Doch die Motor Company bot auch selbst Gespanne an (ES genannt – das S stand für Sidecar), diese hatten Motoren mit mittlerer Verdichtung und ein Getriebe mit spezieller Gespann-Übersetzung.

GEGENÜBER: Das Model EL wurde 1941 in vielen Details verbessert, darunter waren größere Schwungscheiben an der Kurbelwelle, 16-Zoll-Räder, ein größerer Luftfilter und ein um einen Grad flacherer Lenkkopfwinkel, der bei hohem Tempo die Stabilität verbesserte. Die Fischschwanz-Endkappe des Auspuffs wurde durch solche im Raketen-Stil ersetzt.

Alles in allem war das E-Modell von 1936 der Wegbereiter für alle zukünftigen Big Twins. Es sah perfekt aus. Es war ein wirklich sehr schönes Motorrad. Es hatte zwar immer einige Mängel, aber Harley-Davidson kümmerte sich immer rasch um auftretende Probleme, selbst bei bereits verkauften Maschinen. Wenn man alle Details und Verbesserungen aufzählen möchte, bräuchte es dafür mehr als ein Kapitel. Speziell über die Knucklehead sind bereits mehrere tiefschürfende Bücher erschienen.

Das Modelljahr 1936 umfasste drei E-Modelle mit jeweils 60,33 ci Hubraum. Das Standardmodell war die E Sport mit einer Verdichtung von 6,5:1 und 37 PS. Die Seitenwagenmaschine ES hatte dank einer Platte unter den Zylindern ein auf 5,5:1 abgesenktes Verdichtungsverhältnis, und die EL Special Sport war mit hoher Verdichtung (7:1) und 40 PS sowohl das Topmodell als auch der Bestseller; trotz 20 Prozent weniger Hubraum als das Flathead-Modell VLH produzierte die EL eine Mehrleistung von 6 PS.

Die E-Modelle (E, EL, ES) mit 61 ci blieben bis zum Ende der Knucklehead-Produktion 1947 im Programm. Während dieser Zeit gab es zahlreiche Detailverbesserungen, die deutlichsten Modifikationen waren im Modelljahr 1941 zu verzeichnen. Darunter waren 16-Zoll große Räder (statt zuvor 18 Zoll), von 19,7 auf 21,6 cm vergrößerte und 1,8 kg schwerere Schwungscheiben an der Kurbelwelle, eine neue Kupplung mit mehr Reibfläche, ein vergrößertes Lager für die Getriebe-Hauptwelle und ein durch Rippen versteiftes Kurbelgehäuse. Die Modifikationen lassen sich auch an der Anzahl der

TECHNISCHE DATEN: MODEL EL (1936)

MOTOR: OHV-V2-MOTOR, 45° ZYLINDERWINKEL

HUBRAUM: 60,3 ci (989 cm³)

BOHRUNG X HUB: 3 $^{5}/_{16}$ x 3 ½" (84,1 x 88,9 mm)

VERDICHTUNGSVERHÄLTNIS: 7,0:1

LEISTUNG: 40 SAE-PS bei 4.800/min

VERGASER: Linkert 1 ¼"

GETRIEBE: 4 Gänge in konstantem Eingriff

REIFEN: 4.50-18

RADSTAND: 1.511 mm

SITZHÖHE: 66 cm

KRAFTSTOFFTANK: 14,2 Liter

ÖLTANK: 3,8 Liter

GEWICHT: 256,5 kg

PREIS: 380 US-$

STÜCKZAHL: 1.526 (1936)

Kühlrippen am Zylinder erkennen: bis 1939 waren es vier, danach fünf. Während der zwölf Knucklehead wurde auch der Linkert-Vergaser mehrmals verändert (siehe Tabelle).

Das Standardmodell E wurde lediglich 1941 nicht angeboten – in dem Jahr, als das Model 74 OHV eingeführt wurde. Insgesamt wurden von 1936 bis 1947 exakt 24.174 E-Serien-Modelle gebaut.

MODELLJAHR	LINKERT-MODELL	DROSSELKLAPPEN-DURCHMESSER	VENTURI-DURCHMESSER
1936-39	M-5	1,25" (31,8 mm)	1 $^{1}/_{16}$" (27 mm)
1940	M-25	1,5" (38,1 mm)	1 $^{5}/_{16}$" (33,3 mm)
ab 1940	M-35, M-35T, M-35TP	1,5" (38,1 mm)	1 $^{1}/_{8}$" (28,6 mm)
1941	M-25 (frühe Version)	1,5" (38,1 mm)	1 $^{5}/_{16}$" (33,3 mm)
ab 1942 (optional)	M-75 (späte Version)	1,5" (38,1 mm)	1 $^{5}/_{16}$" (33,3 mm)
1942-47	M-35, M-35T, M-35TP	1,5" (38,1 mm)	1 $^{1}/_{8}$" (28,6 mm)

LINKS: Hier wird deutlich, warum der Knucklehead als der schönste Motor betrachtet wird, den die Motor Company jemals gebaut hat.

RECHTS: Auch die von 1936 bis 1946 verwendete Instrumentenabdeckung mit den »Cat Eye«-Kontrollleuchten gilt als unübertroffen.

UNTEN: Obwohl der Zweite Weltkrieg die Knucklehead für drei Jahre in den Hintergrund treten ließ, stiegen ihre Verkaufszahlen ab 1946 wieder auf über 6.000 Maschinen (EL und FL) an. Dies ist ein 1946er-Modell EL Sport Solo, lackiert in Himmelblau.

LINKS: Obwohl diese 1947er FL keine in diesem Jahr erhältliche Werksfarbe trägt, handelt es sich um ein geschmackvoll individualisiertes Motorrad. Es ist nicht einfach, vollständig originale Harleys aus den 1940er-Jahren zu finden, denn bereits damals ging der Trend zum Customizing.

1941 BIS 1947 – MODEL F (74 CI)

Die Motorräder des Modelljahrs 1941 wurden Ende 1940 angekündigt, dabei führten zunächst noch die ELs das Feld an. Etwas später wurden die F-Modelle vorgestellt – und diese hatten nicht nur 74 ci Hubraum, sondern boten auch mindestens 48 PS. Außerdem besaßen diese Motoren eine wirkungsvollere Ölpumpe. Die neue Topreihe teilte sich in drei bekannte Baureihen auf: Die F Solo war 6,6:1 verdichtet und leistete 48 PS, hinzu kamen das Gespann-Modell FS (nur bis 1945 erhältlich) und die FL Special Sport Solo mit einem Verdichtungsverhältnis von 7:1 und gewaltigen 53 PS. Insgesamt wurden von 1941 bis 1947 exakt 16.246 F-Serien-Modelle gebaut.

TECHNISCHE DATEN: MODEL FL (1941)

MOTOR: OHV-V2-MOTOR, 45° ZYLINDERWINKEL

HUBRAUM: 73,33 ci (1.208 cm³)

BOHRUNG X HUB: 3 $^{7}/_{16}$ x 3 $^{31}/_{32}$" (87,4 x 100,8 mm)

VERDICHTUNGSVERHÄLTNIS: 7,0:1

LEISTUNG: 53 SAE-PS bei 5.000/min

VERGASER: Linkert 1 ½"

GETRIEBE: 4 Gänge in konstantem Eingriff

REIFEN: 5.00-16

BREMSEN: vorn und hinten Trommel

RADSTAND: 1.511 mm

SITZHÖHE: 71 cm

KRAFTSTOFFTANK: 14,2 Liter

ÖLTANK: 3,8 Liter

GEWICHT: 261 kg

PREIS: 465 US-$

STÜCKZAHL: 2.452 (1941)

GEGENÜBER: Ein wunderschönes und seltenes historisches Foto einer stolzen Fahrerin und ihrer prächtigen und voll ausgestatteten 1947er FL.

LINKS: Diese EL von 1947 repräsentiert das letzte Jahr der doch recht kurzlebigen Nachkriegs-Knucklehead. Es waren weitere ästhetische Änderungen vorgenommen worden, die bekannteste war das »Tombstone«-Rücklicht. Die Öldruck- und Ladekontrollleuchten waren rechteckig geformt, und weil die Chrom-Knappheit mit dem Krieg zu Ende gegangen war, durften auch Felgen, Sturzbügel und andere Teile wieder glänzen.

Nach dem Angriff Japans auf Pearl Harbor am 07. Dezember 1941 und dem Kriegseintritt der USA hatte die Versorgung der Streitkräfte und der Verbündeten Vorrang, und Metalle und Gummiwaren wurden rationiert. Die zivile Motorradproduktion wurde bei Harley-Davidson fast vollständig eingestellt. Während 1941 noch 5.149 OHV-Modelle (mit 61 und 74 ci Hubraum) verkauft wurden, fiel diese Zahl im folgenden Jahr auf 1.690 Einheiten zurück. 1943 wurden sogar nur 203 zivile OHV-Maschinen gebaut. Glücklicherweise konnten die Händler immer noch Motorräder an die Polizei liefern, um nicht schließen zu müssen. Zweifellos unterbrach der Krieg die Entwicklung der OHV-Modelle. Doch weil das Militär Flathead-Modelle in großer Stückzahl verlangte, konnte die Motor Company auch in diesen schwierigen Zeiten ihre Fabrik am Laufen halten.

Harley-Davidson konzentrierte sich also auf die Militärmaschinen WLA und WLC, und die E- und F-Modelle wurden nach Kriegsende unverändert bis 1947 weitergebaut. Statt sie weiterzuentwickeln, entschied man, im Modelljahr 1948 einen neuen Motor einzuführen. Zweifellos galt das OHV-Triebwerk ab 1941 als absolut ausgereift, doch wie andere Unternehmen, wollte auch Harley-Davidson einen besseren, stärkeren und einfacheren Motor. Die Knucklehead diente dabei als Plattform für zukünftige Entwicklungen, und wie wir heute wissen, war sie das Motorrad, das den Grundstein für das legte, was bis heute als charakteristisches Harley-Davidson-Design gilt.

KAPITEL 5

DIE PANHEAD-ÄRA

Nach Jahren der Entbehrung und des Krieges ging es mit der US-Wirtschaft endlich wieder bergauf, und auch die Nachfrage nach Motorrädern stieg an. Harley-Davidson hatte bei den Soldaten, die WLA-Flatheads oder Knuckleheads im Einsatz erlebten oder selbst fahren durften, Eindruck hinterlassen. Motorräder standen für Freiheit, und die Motor Company wollte die wachsende Nachfrage bedienen, aber sie wollte auch bessere Maschinen liefern. Obwohl die Knucklehead als Vorlage für alle folgenden Big Twins diente, gelang es letztendlich nicht, die stets etwas ölenden Kipphebelgehäuse dicht zu bekommen. Dies soll nicht heißen, dass die Knucklehead ein schlechtes Motorrad war! Sie war eine wunderschöne Maschine, aber sie hatte einige größere Probleme, darunter auch solche mit Überhitzung und Undichtigkeiten. Nach Kriegsende bemühten sich daher die Harley-Ingenieure unter anderem, für 1948 bessere Zylinderköpfe zu entwickeln.

So wurde die Panhead geboren. Das neue Modell erhielt (später) seinen Spitznamen, weil seine innovativen Kipphebelgehäuse von D-förmigen verchromten Stahlblechdeckeln verschlossen waren. Der Deckel wurde im Lauf der Zeit mehrfach verändert, um die Geräusche aus dem Ventiltrieb zu reduzieren. So wurde er nur 1948 aus gestanztem und verchromtem Stahlblech hergestellt, in den folgenden zwei Jahren bestand er aus poliertem Edelstahl. Ab 1951 erhielt der weiterhin aus Edelstahl bestehende Deckel einen Verstärkungsring aus Stahl (als »D-Ring« bekannt) mit zwölf Schraubenlöchern. Ab 1954 wurde der D-Ring aus Aluminiumguss gefertigt und mit sechs Schrauben befestigt. Von 1956 bis 1965 wurde der Deckel schließlich aus gestanztem Aluminium (unpoliert) gefertigt und mithilfe eines Aluguss-D-Rings mit zwölf Löchern gehalten. Alle Deckel wurden mit zwölf gleichmäßig verteilten Schrauben am Zylinderkopf gesichert.

Das neue OHV-Modell von 1948 wies zwar gegenüber seinem Vorgänger viele technische Änderungen auf, konnte aber vor allem durch die verchromten Ventildeckel von ihm unterschieden werden. Der Name Panhead entstand erst später.

Eine wichtige Änderung unterhalb der Ventildeckel waren die jetzt aus Aluminium gefertigten Zylinderköpfe, die zum einen dank des Materials, aber auch wegen größerer Kühlrippen besser vor Überhitzungsproblemen schützten als die Gusseisen-Köpfe der Knucklehead. Der Nachteil von Aluminium ist jedoch, dass es weicher ist als Stahl und sich auch mehr ausdehnt. Um dem entgegenzuwirken, setzte Harley-Davidson Befestigungsnasen und Zündkerzengewinde (jetzt mit M14-Gewinde) aus Stahl ein. Auch gehärtete Ventilsitze fanden Verwendung. Das verbesserte Kipphebelsystem war nun vollständig unterhalb des »Pfannendeckels« untergebracht, wobei die Kipphebelwellen in geteilten und mit dem Zylinderkopf verschraubten Blöcken gelagert waren.

Die neuen Zylinderköpfe führten auch zur Überarbeitung des Ventiltriebs. Bei allen bisherigen Harley-Motoren musste hin und wieder das Ventilspiel mechanisch eingestellt werden, um Verschleiß auszugleichen. Jetzt machten neue Stößelstangen mit hydraulischen Ventilspiel-Ausgleichern diese Wartungsarbeit überflüssig und sorgten gleichzeitig für weniger Geräusche aus dem Ventiltrieb. Interne Ölkanäle sorgten zusammen mit einer größeren Ölpumpe dafür, dass die Ölversorgung generell verbessert wurde und die Hydraulik den erforderlichen Druck aufbauen konnte. Im unteren Bereich basierte der Motor bis 1953 im Wesentlichen auf der Knucklehead, dann wanderte der Ventilspiel-Ausgleich (Hydrostößel) nach unten, sodass das Motorgehäuse für eine bessere Ölversorgung modifiziert werden musste.

Diese Änderungen führten zwar nicht zu einer perfekten Lösung, waren aber definitiv ein Schritt in die richtige Richtung. Immerhin war die Motorradentwicklung Ende der 1940er-Jahre längst nicht ausgereift, doch die daraus resultierenden Panhead-Motoren sollten einen ganz neuen Kult begründen. Die Big Twins waren weiterhin in den bekannten Hubraumgrößen 61 und 74 ci für 635 respektive 650 US-$

GEGENÜBER: Die Panhead-Modelle trugen nur im ersten Modelljahr die Springer-Gabel. Wie zuvor gab es E-Modelle mit 61 ci (989 cm³) und F-Modelle mit 74 ci (1.207 cm³) Hubraum.

LINKS: Dank der den gesamten Ventiltrieb abdeckenden »Pan«-Deckel konnte der Ölaustritt deutlich verringert werden. Zylinderköpfe aus Aluminium verbesserten Kühlprobleme – vor allem des hinteren Zylinders.

Die Hydra-Glide-Gabel debütierte 1949. Nur im ersten Jahr waren die Tauchrohre schwarz lackiert. Der Rest dieser Maschine ist in Pfauenblau gehalten.

erhältlich. Die Bezeichnungen lauteten weiterhin E- und F-Modelle – und Letztere in der Variante Special Sport Solo (FL) sollten bis zur heutigen Zeit Verwendung finden.

Der neue und stärkere Motor erforderte bessere Fahrwerkskomponenten. Der Rahmen bekam ein neues geschmiedetes Lenkkopfsegment mit integriertem Lenkschloss sowie doppelte Unterzüge. Nur im ersten Modelljahr wurde das Vorderrad mit der Springer-Gabel geführt. Die Räder hatten vorn und hinten 16 Zoll Durchmesser.

MOTORDATEN: PANHEAD-MODELLE (1948)

MODELL:	E (61 ci)	F (74 ci)
BOHRUNG X HUB:	3 5/16 x 3 ½" (84,1 x 88,9 mm)	3 7/16 x 3 31/32" (84,1 x 88,9 mm)
VERDICHTUNG:	E: 6,5:1; EL: 7,5:1	F: 6,6:1; FL: 7,5:1
ANMERKUNG:	Die 1948er EL- und FL-Modelle hatten ein Verdichtungsverhältnis von 7,5:1.	

TECHNISCHE DATEN: MODEL F (1948)

MOTOR: OHV-V2-MOTOR, 45° ZYLINDERWINKEL

HUBRAUM: 73,33 ci (1.208 cm³)

BOHRUNG X HUB: 3 7/16 x 3 31/32" (87,4 x 100,8 mm)

VERDICHTUNGSVERHÄLTNIS: 6,6:1

VERGASER: Linkert M-35, 1 1/8", optional: M-75, 1 5/16"

ELEKTRIK/ZÜNDUNG: 6 Volt, Unterbrecher-Spulenzündung

GETRIEBE: 4 Gänge in konstantem Eingriff

KUPPLUNG: Mehrscheiben-Trockenkupplung

HINTERRADANTRIEB: Kette 5/8"

FELGENGRÖSSE: 3 x 16"

REIFEN: 5.00-16

FEDERUNG: vorn Springer-Gabel (nur 1948), hinten starr

BREMSEN: vorn und hinten Trommel

RADSTAND: 1.511 mm

KRAFTSTOFFTANK: 14,2 Liter

ÖLTANK: 3,8 Liter

GEWICHT: 256,5 kg

PREIS: 650 US-$

FARBEN: Schwarz, Rot, Azurblau

1949 – HYDRA-GLIDE

Obwohl das Panhead-Modell von 1949 als »Hydra-Glide« bekannt ist, war dies nicht sein offizieller Name. Tatsächlich wurde nur die neue hydraulisch gedämpfte Telegabel so benannt, die im zweiten Modelljahr der Modelle E und F nicht nur die Straßenlage verbesserte, sondern auch die Optik deutlich erneuerte. Doch dann versah die Marketingabteilung das ganze Motorrad mit dem einprägsamen Namen. Unabhängig von der Bezeichnung bot die neue Gabel mit 127 mm Federweg einen erheblich besseren Fahrkomfort als die 1949 noch parallel verwendete geschobene Kurzschwinge (51 mm Federweg). Für Harley Davidson war dies ein großer Fortschritt (auch wenn andere Hersteller solche Gabeln bereits vor dem Zweiten Weltkrieg einsetzten). Das erste Modelljahr der Telegabel ist deutlich an den im Sandgussverfahren hergestellten und schwarz lackierten Tauchrohren erkennbar.

RECHTS: Die Tauchrohre dieser rubinroten FL von 1950 sind bereits im Druckgussverfahren hergestellt und poliert. Letztmalig wurde in diesem Jahr das »Ball-and-Banner«-Tankemblem verwendet.

GEGENÜBER: Dies ist ein Model FL von 1952. In diesem Jahr erschien auch die FLF mit Handkupplung und Fußschaltung, was die Bedienbarkeit deutlich verbesserte.

TECHNISCHE DATEN: HYDRA-GLIDE (1949)

MOTOR: OHV-V2-MOTOR, 45° ZYLINDERWINKEL

MODELL: E/EL (61 ci) F/FL (74 ci)

HUBRAUM: 60,3 ci (989 cm³) 73,33 ci (1.208 cm³)

BOHRUNG X HUB: 3 $^{5}/_{16}$ x 3 ½" (84,1 x 88,9 mm) 3 $^{7}/_{16}$ x 3 31/32" (87,4 x 100,8 mm)

VERDICHTUNGSVERHÄLTNIS: E: 6,5:1; EL: 7,5:1 F: 6,6:1; FL: 7,5:1

RADSTAND: 1.511 mm

KRAFTSTOFFTANK: 14,2 Liter

ÖLTANK: 3,8 Liter

GEWICHT: 277,5 kg

1950 BIS 1957 – HYDRA-GLIDE

Während ihrer achtjährigen Bauzeit erfuhr die Hydra-Glide zahlreiche Verbesserungen – vor allem am Motor. So erhielten die Zylinderköpfe ab 1950 vergrößerte Einlasskanäle, um die Leistung zu steigern.

1951 flog das Basismodell der F-Reihe mit seiner geringen Verdichtung aus dem Programm, und die FL Sport Solo wurde zur Standard-1200er.

1952 waren die Verkaufszahlen der E-Modelle auf unter 1.000 Fahrzeuge gesunken, und Harley-Davidson entschied, die OHV-61-Modelle ab 1953 nicht mehr anzubieten. Das Problem der E-Modelle lag in der Preisgestaltung: Die FL wurde 1952 für 995 US-$ angeboten – nur 15 US-$ mehr als eine EL kostete.

Harley änderte 1953 das Motorgehäuse, damit die neuen aus Gusseisen bestehenden Stößelblöcke, in die jetzt die zuvor

What a Honey!
THE NEW 1951
HARLEY-DAVIDSON HYDRA-GLIDE®
SLEEK, smooth and beautiful. And what a *performer*. Takes off like a scared rabbit. Snuggles to the road like a clinging vine. Breezes over hills like a bird. Whisks you over rough spots with cloud-like ease . . . brings you thrill after thrill as you take in exciting race meets, hillclimbs, gypsy tours, sightseeing runs and other exclusive motorcycling fun events. You've never really been places and seen things until you've ridden *this* dazzler! Every moment in the saddle is fascinating. Every trip brings new adventures and new companionships. See your dealer today. Mail the coupon now.
Send free copy of ENTHUSIAST Magazine filled with motorcycle action pictures and stories; also literature on new models.
HARLEY-DAVIDSON MOTOR CO., Dept. P, Milwaukee 1, Wis.
Name
Address
City
State
OPPORTUNITY: Valuable franchises available for full line of Big Twins and 125 Model. Write Today.
NOVEMBER 1950
243

GEGENÜBER: Polizeimotorräder waren 1954 entweder in Silber oder in Weiß erhältlich. Die meisten Behördenmaschinen wurden weiterhin mit Handschaltung und Fußkupplung ausgeliefert, damit die Fahrer mit eingelegtem Gang anhalten konnten und beide Hände frei hatten. Die Plakette auf dem vorderen Kotflügel weist auf das 50. Firmenjubiläum hin.

UNTEN: Details des an allen Motorrädern des Jahrgangs 1954 angebrachten Kotflügel-Emblems zum 50. Firmenjubiläum. Warum dies nicht bereits 1953 gefeiert wurde, bleibt ein Rätsel.

oberhalb der Stößelstangen sitzenden Hydrostößel integriert waren, besser mit Öl versorgt wurden.

Ab 1954 waren die vorderen Rahmenunterzüge wieder gerade ausgeführt, sodass die früheren Modelle leicht an den gebogenen doppelten Unterzügen erkennbar waren. Bei Harley-Davidson entschied man außerdem, in diesem Jahr eine ca. 6,3 cm große Plakette auf dem vorderen Schutzblech anzubringen, um so das 50. Firmenjubiläum zu feiern.

Die FLH erschien 1955, und gemäß der Harley-Konventionen stand das H für »Higher Compression« (erhöhte Verdichtung), und neben einem Verdichtungsverhältnis von 8,0:1 sorgten polierte und strömungsoptimierte Kanäle für mehr Motorleistung. Die FLH wurde als Super Sport Solo bezeichnet. 1956 sorgte die neue »Victory«-Nockenwelle mit mehr Ventilhub für einen weiteren Leistungsanstieg.

Neben den zahlreichen oben beschriebenen technischen Änderungen zeigte sich die Hydra-Glide auch zunehmend als stilistisches Vorgängermodell vieler heutiger Harley-Davidson-Modelle. Die Motor Company hatte bezüglich des Designs immer einen evolutionären Ansatz, und es ist nicht schwer zu erkennen, dass sich die Hydra-Glide in der aktuellen Modellpalette widerspiegelt.

1958 – Duo-Glide

Nachdem die Hydra-Glide in den vergangenen zehn Jahren stetig weiterentwickelt worden war, bestand der nächste logische Schritt der Harley-Ingenieure darin, eine Hinterradfederung einzuführen. Und Duo-Glide stand für duale Federung. Harley-Davidson war diesbezüglich ein Spätzünder, doch die wachsenden Erfolge der fortschrittlichen Motorräder aus Europa, vor allem England, zwangen die Ingenieure in Milwau-

POLICE
W.P.D.
1

RECHTS: Das H an der 1955 eingeführten FLH stand für »Higher Compression«, was gleichbedeutend mit mehr »Horsepower« war. Dieses Modell von 1957 trägt den »Buddy-Seat« und diverses Zubehör.

GEGENÜBER LINKS OBEN: Der erste vollgefederte Big Twin wurde 1958 stolz als »Duo-Glide« präsentiert, wies aber außer dem neuen Fahrwerk kaum Änderungen zur Hydra-Glide auf. Erstmals waren optional Kunststoffkoffer erhältlich – hier in »Royalite-Schwarz« gehalten.

GEGENÜBER RECHTS OBEN UND UNTEN: Diese FLH Duo-Glide von 1959 trägt reichlich optionales Zubehör, darunter Blinker, Zusatzscheinwerfer, eine Fanfaren-Hupe, den Buddy-Seat und reichlich Chromrohr.

kee zu diesem Schritt. Die entscheidende Modifikation machte die neue Harley-Davidson zum komfortabelsten Cruiser auf dem Markt, und zahlreiche Options-Pakte halfen den Kunden, die 1958er FLH optisch und leistungsmäßig aufzurüsten, um in Amerika zum King of the Road zu werden.

If your spirit is
WHEELING
there's a
HARLEY-DAVIDSON
motorcycle for you
You name it! Whether you're looking for luxurious riding comfort, thrilling sport or lightweight economy — Harley-Davidson has the right wheels for you. DUO-GLIDES offer cruising comfort for one or two. SPORTSTERS give you jet-propulsion on or "off the road." HUMMERS and MODEL 165s give more *smiles* and *miles* to every gallon. In all, there are 7 sensational models to choose from. See them at your Harley-Davidson dealer or fill out the coupon for free, colorful folders.
DE-LUXE DUO-GLIDE — The luxury cruiser of motorcycles. Available in the FL series or super-power FLH's.
JET-STREAM SPORTSTERS — H model (pictured) for getaway acceleration on highways and byways. Also Sportster CH for "off-the-road" competition.
LUXURY LIGHTWEIGHT 165 — Smart styling combined with thrifty operation. Not shown is the economical Hummer — up to 100 miles to the gallon.
Harley-Davidson
MOTOR CO.
DEPT. P, MILWAUKEE 1, WISCONSIN
Dealerships Available. Write For Information.
MARCH 1959
HARLEY-DAVIDSON MOTOR CO.
Dept. P, Milwaukee 1, Wisconsin
Please send me information on
☐ Duo-Glides ☐ Sportsters ☐ Lightweights
Name
Address
Age

LINKS OBEN: Das Modell FLHF von 1960 erklärt sich wie folgt: Duo-Glide Super Sport mit höherer Kompression und Fußschaltung.

RECHTS OBEN: Das Modell FLF (normale Kompression und Fußschaltung) von 1963 trägt den optionalen Chrom-Öltank sowie eine Zweifarblackierung aus Tangorot und Birkenweiß.

GEGENÜBER: Panhead-Fahrer in Daytona Beach 1961.

TECHNISCHE DATEN: DUO-GLIDE (1958-1964)

MOTOR: OHV-V2-MOTOR, 45° ZYLINDERWINKEL

HUBRAUM: 73,33 ci (1.208 cm³)

BOHRUNG X HUB: 3 7/16 x 3 31/32" (87,4 x 100,8 mm)

VERDICHTUNGSVERHÄLTNIS: FL: 7,0:1; FLH: 8,0:1

RADSTAND: 1.524 mm

GETRIEBE: 4 Gänge in konstantem Eingriff

REIFEN: 5.00-16

BREMSEN: vorn und hinten 8"-Trommel (203 mm)

KRAFTSTOFFTANK: 14,2 Liter

ÖLTANK: 3,8 Liter

GEWICHT: 294 kg

PREIS: FL: 1225 US-$; FLH: 1320 US-$

Im Modellprogramm 1958 wurden vier verschiedene Modelle präsentiert:

- FL Duo-Glide Sport Solo: niedriges Verdichtungsverhältnis (7,0:1) und Handschaltung
- FLF Duo-Glide Sport Solo: niedriges Verdichtungsverhältnis (7,0:1) und Fußschaltung
- FLH Duo-Glide Super Sport: hohes Verdichtungsverhältnis (8,0:1) und Handschaltung
- FLH Duo-Glide Super Sport: hohes Verdichtungsverhältnis (8,0:1) und Fußschaltung

Die Ventile der FLH-Modelle bestanden aus einem härteren Stahl und waren zudem mit verstärkten Federn ausgerüstet. Die hintere Trommelbremse wurde erstmals hydraulisch betätigt.

Die Duo-Glide-Modelle wurden bis zur Einführung der Electra-Glide im Jahr 1965 kaum verändert.

LINKS: Die FLHB Electra-Glide von 1965 war die erste Harley mit elektrischem Anlasser. Mitsamt großer Batterie war das Gewicht allerdings auch auf fast 360 kg angewachsen!

RECHTS: Das erste Jahr der Electra-Glide war gleichzeitig das letzte Jahr der Panhead, daher sind Maschinen aus diesem Modelljahr sehr begehrt. Die FLHFB hatte erhöhte Verdichtung und Fußschaltung.

1965 – Electra-Glide

Die Electra-Glide war für Harley-Davidson ein echter Grundpfeiler. Sie ist bis heute im Programm und wird seit ihrer Einführung ständig weiterentwickelt und verbessert, kann sich aber auch mit fast 60 Jahren immer noch sehen lassen. Generell war die »E-Glide« eine Duo-Glide mit batteriebetriebenem Anlasser.

Damals war es keine Kleinigkeit, alle für den Knopfdruck-Motorstart erforderlichen Komponenten unterzubringen. Zunächst musste die gesamte Elektrik von 6 auf 12 Volt umgestellt werden – was allein schone eine großartige Verbesserung war. Der innere und äußere Primärtrieb-Deckel, die Kupplung und das linke Kurbelgehäuse mussten neu konstruiert werden. Es gab jetzt einen Primärkettenspanner, der über einen Inspektionsdeckel zugänglich war. Der Anlasser selbst wurde über dem Getriebe montiert, und damit alles seinen Platz fand, musste der Duo-Glide-Rahmen im hinteren Bereich verbreitert werden.

Natürlich brachte dies alles zusätzliches Gewicht auf die Waage – insgesamt fast 800 Pfund (355 kg)! Eine herausragende Beschleunigung – ob positiv oder negativ (Bremsen) – oder ein spielerisches Handling gehörten nicht zu den Glanzleistungen der Electra-Glide. Wie bei den meisten neuen Dingen, mussten anfangs einige Fehler behoben werden, um ihre Zuverlässigkeit zu verbessern. Wenigstens war der vertrauenswürdige Kickstarter noch an Bord.

Das neue Motorrad eignete sich hervorragend zum Cruisen. Der neue Langstreckentank mit fünf Gallonen Fassungsvermögen (18,9 Liter) fand sich optional sowohl auf der FLB und FLHB (mit Handschaltung) wie auch auf der FLFB und FLHFB (mit Fußschaltung). Die Handschaltung

LINKS: Die FLH konnte mit dem 19-Liter-»Turnpike«-Tank geordert werden. Die gesamte Elektrik war von 6 auf 12 Volt umgestellt worden.

RECHTS: Die wahrscheinlich berühmtesten Panheads aller Zeiten waren ursprünglich Polizeimotorräder: das Billy-Bike mit Dennis Hopper und »Captain America« mit Peter Fonda im Sattel und Jack Nicholson auf dem Rücksitz. Szene aus dem Film *Easy Rider* von 1969.

wurde bis 1972 optional angeboten. Der seit 17 Jahren gebaute Panhead-Motor wurde nur 1965 in die Electra-Glide transplantiert, sodass aus dieser Kombination lediglich 6.930 Motorräder entstanden, die heute sehr begehrt sind.

Die Lackierung der ersten FLB-Modelle war generell zweifarbig, wobei die untere Hälfte des Tanks immer in Birkenweiß abgesetzt war. Als Hauptfarbe waren Schwarz, Holiday-Rot, Pazifikblau und optional Hi-Fi-Rot im Angebot. Polizeimaschinen (LE) war eine silberne Lackierung vorbehalten.

TECHNISCHE DATEN: ELECTRA-GLIDE (1965)

MOTOR: OHV-V2-MOTOR, 45° ZYLINDERWINKEL (»PANHEAD«)

HUBRAUM: 73,33 ci (1.208 cm³)

BOHRUNG X HUB: 3 7/16 x 3 31/32" (87,4 x 100,8 mm)

VERDICHTUNGSVERHÄLTNIS: FLB und FLBF: 7,25:1; FLHB und FLHBF: 8:1

LEISTUNG: FLB und FLBF: 55 SAE-PS bei 5.400/min; FLHB und FLHBF: 60 SAE-PS bei 5.400/min

GETRIEBE: 4 Gänge in konstantem Eingriff, Hand- oder Fußschaltung

ELEKTRIK: 12 Volt, elektrischer Anlasser

BREMSEN: vorn und hinten 8"-Trommel (203 mm) (hinten hydraulisch betätigt)

RADSTAND: 1.524 mm

REIFEN: 5.00-16

KRAFTSTOFFTANK: 14,2 Liter, optional: 18,9 Liter

ÖLTANK: 3,8 Liter mit integriertem Ölfilter

GEWICHT: 355 kg

PREIS: 1530 US-$

HARLEY-DAVIDSON
SPORTSTER

Kapitel 6

DIE SPORTSTER

Sportster-Modelle fanden sich von 1957 bis 2020 im Programm von Harley-Davidson. (Seit 2022 gibt es wieder Harleys mit diesem Namen, doch bis auf zwei Zylinder und zwei Räder gibt es keine Gemeinsamkeiten – und weil sie wassergekühlt sind, werden sie in diesem Buch ignoriert.) Über diese 63 Jahre wurde immer wieder einiges modifiziert, manches aber auch bis zum Schluss unverändert weitergebaut.

Kaum ein anderes Motorrad konnte sich so lange in den Listen irgendeines Herstellers halten, und die Sportster hatte einen enormen Beitrag zum Wachstum der Motor Company aus Milwaukee geleistet. Natürlich war sie in den letzten Jahrzehnten kein Sportmotorrad nach aktuellem Standard mehr gewesen, doch als sie in den 1950er-Jahren erschien, stand sie weltweit leistungsmäßig ganz vorn! Sie musste sich gegen Maschinen aus England zur Wehr setzen, die weniger Hubraum hatten, aber leichter und handlicher und sehr schnell waren – und billiger. Immerhin konnte Großbritannien damit seine Kriegsschulden an die USA bezahlen.

Über die Sportster wurden ganze Bücher geschrieben – zu Recht! Sie war ein echter Longseller. Die Sportster verdient definitiv von allen Harley-Liebhabern Respekt. Nachdem wir ihre Geschichte erfahren haben, wie sie entstanden ist und wohin sie die Motor Company geführt hat, wird klar, dass sie ihren rechtmäßigen Platz in der Welt der legendären Motorräder einnimmt.

Wie bereits am Ende von Kapitel 3 erwähnt, war die Sportster nicht Harleys erste Importmaschinen-Gegenwehr. Diese Auszeichnung gebührte dem Model K – allerdings bot dies trotz Hubraumvorteil den quirligen Engländerinnen in Sachen Leistung und Geschwindigkeit nur wenig Konkurrenz. Es musste etwas

Eine 1957er-XL in Zweifarblackierung erklärt durch ihre klassische Linie, warum die Sportster unverzüglich Erfolg hatte und sich bereits im ersten Jahr fast 2.000-mal verkaufte.

RECHTS: Bis auf die OHV-Zylinderköpfe sah die XL Sportster von 1957 dem Model K recht ähnlich. Doch während die KH 1956 bereits ausgereizt war, stand die XL erst am Anfang ihrer langen Karriere.

LINKS: Diese auf den Tank genieteten Kunststoffplaketten waren den Modellen von 1957 und 1958 vorbehalten – im ersten Jahr mit roten und silbernen Quadranten, im folgenden Jahr waren sie rot und schwarz.

geschehen, und die Harley-Ingenieure kamen zu dem Schluss, dass der Schwachpunkt der K-Modelle der Motor war. Seitenventiler waren in den 1950er-Jahren weltweit Raritäten, also musste ein Triebwerk mit OHV-Steuerung her – so schnell wie möglich! Die Lösung bekam das Modellkürzel XL.

1957 – XL Sportster

Die Seitenventiler-Technik hatte 1956 mit der KH ihren Höhepunkt erreicht. Viele Enthusiasten und Historiker meinen heute, dass die K-Modelle für Harley ein geplantes Sprungbrett waren, um bei der Entwicklung eines kompakten OHV-Triebwerks ein Übergangsmodell verkaufen zu können. Immerhin teilen sich beide Modelle den Motorblock samt integriertem Vierganggetriebe.

Die aus Gusseisen bestehenden OHV-Zylinderköpfe des neuen Sportster-Motors waren mit halbkugelförmigen Brennräumen versehen und trugen Aluminiumdeckel. Weil der Motorblock aber vom K-Modell stammte und dessen seitliche Ventile parallel stehen mussten, war er auch beim XL-Motor mit vier separaten Nockenwellen und jetzt parallel stehenden Stößelstangen bestückt. Auch der Kolbenhub war bei beiden Modellen mit 96,8 mm gleich. Da bei der Sportster jedoch die Bohrung auf 3 Zoll (76,2 mm) vergrößert wurde, entstand ein Hubraum von knapp 54 ci, also 883 cm³ – Werte, die bis zum Jahr 2021 die Grundlage aller Sportster bilden sollten!

Ästhetisch gab es zwischen dem Model K von 1956 und der XL von 1957 kaum Unterschiede. An Fahrgestell und Anbauteilen konnten kaum Änderungen ausgemacht werden. Die Farbpalette der XL ähnelte 1957 dem Angebot für die Big Twins.

Trotz der Aktualisierung des Motors konnte die XL in Sachen Motorleistung nicht mit dem KHK-Sportmodell aus dem Vorjahr mithalten, das bei nahezu gleichem Hubraum dank polierter Kanäle, hoch verdichtender Kolben und scharfer Steuerzeiten fast 50 PS mobilisierte. Das ursprüngliche XL-Triebwerk von 1957 brachte es gerade mal auf 40 PS. Doch weil in typischer Harley-Davidson-Tradition Jahr für Jahr Modifikationen Einzug hielten, wurde auch diese großartige Grundlage immer leistungsfähiger.

LINKS: Bereits 1958 gab es vier Sportster-Modelle: In bekannter Manier entstand die XLH mit auf 9:1 erhöhtem Verdichtungsverhältnis (normalerweise durch ein »H« auf dem Öltank erkennbar, doch hier fehlt der Buchstabe). Das wuchtige Vorderrad-Schutzblech und die weiße Sitzbank wirkten allerdings nicht besonders sportlich.

RECHTS: Die zwei anderen neuen Sportster waren reine Sportgeräte. Eine XLC war bereits deutlich erleichtert, mit einem H dahinter waren dank 55 PS tatsächlich 185 km/h drin!

TECHNISCHE DATEN: XL SPORTSTER (1957)

MOTOR: OHV-V2-MOTOR, 45° ZYLINDERWINKEL

HUBRAUM: 53,9 ci (883 cm³)

BOHRUNG X HUB: 3 x 3 $^{13}/_{16}$" (76,2 x 96,8 mm)

VERDICHTUNGSVERHÄLTNIS: 7,5:1

LEISTUNG: 40 SAE-PS bei 5.500/min

GETRIEBE: 4 Gänge in konstantem Eingriff

BREMSEN: vorn und hinten 8"-Trommel (203 mm)

RADSTAND: 1.448 mm

REIFEN: 3.50-18

KRAFTSTOFFTANK: 16,6 Liter

ÖLTANK: 2,85 Liter

GEWICHT: 225 kg

PREIS: 1.103 US-$

1958

Harley-Davidson erweiterte 1958 die Sportster-Reihe auf vier Varianten: Neben der Standard-XL erschienen die XLC, die XLH und die XLCH. Die XLC war eine abgespeckte XL mit kleinem »Peanut«-Tank, gekürztem hinterem Schutzblech, Magnetzünder und ohne Licht. Je nach Quelle stand das C für »gestrippt«, »Competition« oder »California«. Wüstenrennen waren in Kalifornien sehr beliebt, und offenbar hatten bereits 1957 viele Sportster-Fahrer ihre XLs um unnötige Komponenten erleichtert, um sie wettbewerbsfähig zu machen. Örtliche Händler wurden darauf aufmerksam und fragten in Milwaukee nach, ob man nicht ab Werk entsprechend reduzierte Sportster anbieten könne. So entstand die XLC.

1959 – XLCH

Die XLCH ähnelte der XLC optisch stark, und wieder ist die echte Bedeutung des Buchstabens H umstritten. Einige sagen, CH stand für »Competition Hot«, für andere zeugte das H für »High Performance« (hohe Leistung). Auf jeden Fall bot ihr Triebwerk ein erhöhtes Verdichtungsverhältnis. Sowohl die XLC als auch die XLCH waren optional mit Beleuchtung erhältlich, sodass sie auch im Alltag bewegt werden konnten.

1958 wurden 579 XL-Modelle, 711 XLHs und 239 XLCH-Ausführungen verkauft. Die meisten XLCH-Modelle wurden für den Straßeneinsatz umgebaut. Harley hatte erkannt, was die Kundschaft wünschte, und bot 1959 eine XLCH mit Straßenzulassung an.

Mit diesem Modell wurde der bis zum Schluss bekannte Sportster-Look eingeführt. Es war keine reine Offroad-Maschine wie die XLC-Modelle des Vorjahres, aber definitiv leistungsorientiert.

Oben an der Gabel saß die neue »Augenbraue«, unter der ein kleiner Scheinwerfer aufgehängt war. Der Tank fasste gerade einmal 7,2 Liter, und der hintere Kotflügel war nur etwas länger als im Vorjahr. Eine weitere bemerkenswerte Neuerung war der dank der fehlenden Batterie umlaufend gestaltete Öltank. Keine Batterie bedeutete auch Magnetzündung. Die Einlassnocken erhielten mehr Hub, und die Auslassnocken wurden komplett neu geformt, um zusammen eine deutliche Leistungssteigerung zu ermöglichen. Eine hochgelegte Zwei-in-Eins-Auspuffanlage war serienmäßig, und Harley bot optional ungedämpfte (laute!) Endrohre, die im Wettbewerb noch mehr Pferdestärken mobili-

LINKS: Zwischen der Basis-XL und der XLCH gab es einige Unterschiede. Äußerlich waren fehlende Beleuchtung, gekürzte Schutzbleche, der kleine Tank und ein Blechdeckel für den Primärtrieb für das geringere Gewicht der XLCH verantwortlich. Hinzu kamen ein Magnetzünder und ein auf Leistung getrimmter Motor. Zusammen mit Stollenreifen war aus der Sportster eine echte Geländemaschine geworden, die jedoch meistens wieder auf Straßenbetrieb umgerüstet wurde und so das sportliche Image der XL steigerte.

RECHTS: Mit Peanut-Tank und »Augenbrauen«-Scheinwerferhalter bot die Sportster über 60 Jahre hinweg ein einheitliches Erscheinungsbild.

LINKS: Die XLCH von 1959 verdeutlicht die Verwandlung vom Gelände- zum Straßenmotorrad. Harley-Davidson hatte mit Minimal-Beleuchtung und -Schalldämpfung ein zulassungsfähiges Superbike geschaffen. Dieser hochgelegte Zwei-in-Eins-Auspuff war Serie, ein Doppelschalldämpfer optional.

RECHTS: Eine XLH von 1966 (erkennbar am »Fleischdosen«-Luftfilter) erinnerte optisch an die Big Twins. Wie bei diesen, war seit 1965 eine 12-Volt-Elektrik an Bord, ein Anlasser jedoch nicht.

sierten – je nach Quelle zogen zwischen 50 und 55 dieser Tiere an der Kette. Fahrbereit wog die XLCH 218 kg.

Alles in allem betonten die XLCH deutlich die erste Silbe des Modellnamens, und entsprechend gut entwickelten sich 1959 die Verkäufe: 1.059 XLCH, 947 XLH und lediglich 42 XL-Basismodelle konnten die Händler unters vorwiegend junge Volk bringen. Harley-Davidson war eindeutig auf dem richtigen Weg.

TECHNISCHE DATEN: XLCH (1959)

MOTOR: OHV-V2-MOTOR, 45° ZYLINDERWINKEL

HUBRAUM: 53,9 ci (883 cm³)

BOHRUNG X HUB: 3 x 3 $^{13}/_{16}$" (76,2 x 96,8 mm)

VERDICHTUNGSVERHÄLTNIS: 9,1:1

ZÜNDUNG: Magnetzünder

LEISTUNG: 44 SAE-PS

KRAFTSTOFFTANK: 7,2 Liter

ÖLTANK: 2,85 Liter

RADSTAND: 1.448 mm

GEWICHT: 218 kg

PREIS: 1.285 US-$

FARBEN: Skyline-Blau, Schwarz, Calypso-Rot, Hi-Fi-Türkis und Hi-Fi-Rot, alle mit birkenweißen Tankflanken; Standard Unifarben werden ohne Aufpreis angeboten.

1960 BIS 1971

Die 1960er-Jahre brachten für die Sportster einige Änderungen. Die meisten davon waren jedoch nur minimal und stellten hinsichtlich des Stylings und der Modellentwicklung keine Meilensteine dar. Dennoch waren sie für die gesamte Entwicklung der XL-Reihe nicht unwichtig. Hier eine Auflistung der bis 1971 durchgeführten Modifikationen.

Ab 1960 waren nur die XLH und die XLCH erhältlich. Von diesen zwei Motorrädern war die XLCH aufgrund ihrer Minimalausstattung eindeutig die leistungsorientierte Maschine. Die XLH trug von 1959 bis 1966 eine aus Stahlblech gestanzte Lampenverkleidung im »Lokomotiven-Stil«. Zwischen 1967 und 1969 wurde diese Blende kleiner und aus Aluminium gefertigt. Bei der XLCH hing der Scheinwerfer seit 1959 unter der »Augenbraue«.

Seit 1958 war der Primärtrieb-Deckel der XLH aus Aluminium gegossen, wogegen dieser bei der XLCH (bis 1969) aus Stahlblech geformt war.

LINKS: Die XLCH (erkennbar am Peanut-Tank und der Scheinwerfer-»Augenbraue«) wurde ab 1964 vorn mit einer Vollnaben-Trommelbremse von Aermacchi verzögert. Harley hatte Anfang der 1960er-Jahre 50 Prozent des italienischen Herstellers übernommen.

UNTEN: Die XLH trug ab 1967 für zwei Jahre eine neue Scheinwerfer-Verkleidung (»Nacelle«) aus Aluminium. Windschutzscheibe und Koffer waren als Zubehör erhältlich.

RECHTS: Eine 1966er-XLCH bei voller Fahrt – vermutlich in Daytona Beach.

GEGENÜBER LINKS: Diese XLH von 1968 entließ ihre Abgase noch über ein gemeinsames Rohr. Ein über den Magnetzünder aktivierter Drehzahlmesser ergänzte das Cockpit.

GEGENÜBER RECHTS: Ab 1967 war der Sportster-Motor für einen über dem Getriebe sitzenden elektrischen Anlasser vorbereitet, serienmäßig vorhanden war er nur in den XLH-Modellen (hier fehlt der Kickstarter). Dieses 1969er-Modell ist am Interferenzrohr kurz vor den zwei Schalldämpfern identifizierbar.

GEGENÜBER UNTEN: *Then Came Bronson* war eine US-Fernsehserie von 1969. Michael Parks spielte einen desillusionierten Ex-Zeitungsjournalisten, der auf seiner 1969er-XLH den Westen der USA durchstreift. Eine perfekte Werbung für die Sportster!

Die XLH trug den größeren »Schildkröten«-Tank mit 14,2 Liter Fassungsvermögen. Ab 1968 war für sie der Peanut-Tank optional erhältlich, ein Jahr später war dieser serienmäßig.

1965 erhielt die Sportster parallel zum Big Twin eine 12-Volt-Elektrik, auf den elektrischen Anlasser musste sie jedoch noch zwei Jahre warten.

Zum Modelljahr 1966 gab es schärfere »P«-Nockenwellen und einen Tillotson-Vergaser (zusammen mit dem berühmten ovalen »Ham-Can«-Luftfilter). Die Leistung wurde für beide Modelle mit 60 PS angegeben.

Von 1967 bis 1969 war die XLH mit elektrischem Anlasser und die XLCH mit Kickstarter erhältlich. Bei der XLH mussten auch die Schwingen-Aufnahmen des Rahmens etwas umgestaltet werden, um Platz für den Anlasser zu schaffen. Dies führte zu einem um 38 mm verlängerten Radstand gegenüber der XLCH (1.486 zu 1.448 mm).

1969 kam für einen besseren Druckausgleich und eine leichte Leistungssteigerung das zwischen den Krümmern sitzende Interferenzrohr hinzu.

Ein optionaler Sitzhöcker aus Fiberglas (Boat-Tail genannt) kam 1970 auf den Markt. Zur gleichen Zeit wurde der Magnetzünder der XLCH durch eine Kontakt-Spulenzündung ersetzt.

LINKS: Das »Bootsheck« aus GFK gab es für die Sportster nur 1970 und 1971 optional. Damals ein Flop, heute ein gesuchtes Sammlerstück.

RECHTS: Das glitzernde Grün war 1971 eine serienmäßige Farboption, doch die unvergesslichste Lackierung in diesem Jahr war »Sparkling America« mit seiner weißen Grundfarbe und den rot-blauen Streifen sowie der großen 1 auf dem Tank.

Lediglich im Modelljahr 1971 wurden die Motorgehäuse poliert. In das Gehäuse integriert war jetzt die Grundplatte für die Kontaktzündung, und der externe Verteiler entfiel. Die Kupplung lief jetzt nicht mehr trocken, sondern im Ölbad. Harley-Davidson bot die Sportster in diesem Jahr auch mit grauer Grundierung an, sodass sich der Kunde selbst eine Farbe seiner Wahl auftragen (lassen) konnte.

1972 XLCH 1000

Nach 15 Jahren kam 1972 die erste Hubraum-Aufstockung für die Sportster: Aus 55 wurden 61 ci (entsprechend 883 und 997 cm³). Dies war keine drastische Modifikation, aber nötig, um die Sportster gegen immer stärkere Gegner aus England und inzwischen auch Japan konkurrenzfähig zu halten.

Die Sportster war jetzt wieder zurück im Spiel. Zusammen mit der vergrößerten Bohrung kam mit dem 38er-Bendix auch ein besserer Vergaser. Eine weitere wichtige Änderung war die Ablösung des Magnetzünders durch eine Batterie-Kontaktzündung. Die XLCH war weiterhin nur per Kickstarter zu aktivieren, was ihr aber einen Gewichtsvorteil von über 20 kg gegenüber der XLH mit Anlasser einbrachte. Die Schaltung des Vierganggetriebes wurde überarbeitet, um die Gangwechsel zu erleichtern. Die XL 1000 von 1972 war die einzige Version dieses Modells mit einer Trommelbremse im Vorderrad, da ab 1973 alle Sportster eine Scheibenbremse erhielten.

Eine einfache Möglichkeit, die Optik eines Motorrads aufzuwerten, liegt im Abpolstern der Sitzbank. Die meisten älteren Sportster waren mit großen bequemen Sitzbänken ausgerüstet, doch ab 1972 kam ein flacher Sitz, der dem Motorrad einen ausgesprochenen Custom-Look verlieh. Nach

LINKS OBEN: Einfache Erkennungsmerkmale für die Sportster von 1971 waren die eingekerben Kipphebelgehäuse und der oberhalb des Schalthebels sitzende Deckel der Kontaktzündung. Auch der einteilige Doppelauspuff mit integriertem Interferenzrohr zeichnet das Modell aus.

RECHTS OBEN: Das Motorgehäuse war nur 1971 ab Werk poliert. Die Kupplung lief erstmals im Ölbad.

LINKS: Hubraum ist bekanntermaßen durch nichts zu ersetzen. Da die Sportster 1972 zur Tausender geworden war, verkaufte sie sich mit über 18.000 Einheiten sogar besser als alle Big Twins.

RECHTS: Weil in den USA inzwischen Linksschaltung vorgeschrieben war, wurde dies bei der Sportster ab 1975 umgesetzt. Bereits 1973 war die XLH durch die XL ersetzt worden, die jetzt auch keine Kickstarterwelle mehr aufwies. Die XLCH musste weiterhin per Fuß gestartet werden.

OBEN: Unvergessliche Werbung aus den Siebzigern. Die Sportster war in den 1960er- und frühen 1970er-Jahren dank ihres hohen Drehmoments und geringen Gewichts ein Dragstrip-Monster gewesen. Ab 1972 forderten japanische Motorräder die Vorherrschaft der Sportster heraus – es musste also mehr Hubraum her.

den Verkaufszahlen der Sportster in diesem Jahr zu urteilen, liebten die Leute das Styling: Allein 1972 setzte Harley 10.650 XLCH- und 7.500 XLH-Modelle ab – mehr als von den Big Twins.

TECHNISCHE DATEN: XLCH 1000 (1972)

MOTOR: OHV-V2-MOTOR, 45° ZYLINDERWINKEL

HUBRAUM: 61 ci (997 cm³)

BOHRUNG X HUB: 3,188 x 3,812" (81 x 96,8 mm)

VERDICHTUNGSVERHÄLTNIS: 9,1:1

LEISTUNG: 61 SAE-PS

ZÜNDUNG: Batterie-Kontaktzündung

GETRIEBE: 4 Gänge, Mehrscheiben-Ölbadkupplung

KRAFTSTOFFTANK: 8,5 Liter

ÖLTANK: 2,85 Liter

RADSTAND: 1.486 mm

REIFEN: vorn 3.75-19, hinten 4.25-18

GEWICHT: 215 kg

PREIS: 2.120 US-$ (11.710 DM)

LINKS: Zweifellos eines der bekanntesten Harley-Davidson-Modelle. Die XLCR wurde nur zwei Jahre lang angeboten.

Wichtige Änderungen 1973 bis 1975

1973 erfolgten am Rahmen einige Änderungen, bei denen Gusselemente an den Stoßdämpfer-Aufnahmen des Heckrahmens durch Stahlblechteile ersetzt wurden. Eine 35er-Gabel des japanischen Herstellers Kayaba ersetzte die alte Gabel mit 33,4 mm Standrohr-Durchmesser. Das Vorderrad wurde über eine Bremsscheibe mit 254 mm Durchmesser verzögert. Aufgrund gesetzlicher Vorschriften mussten in diesem Jahr auch Blinker eingeführt werden.

1974 wurde die Bremsscheibe im Vorderrad auf 292 mm vergrößert.

1975 verlangte das US-Verkehrsministerium, dass alle in den USA verkauften Motorräder verschiedene Standards für die Bedienelemente erfüllten. Dazu gehörte auch die Anordnung des Schalthebels auf der linken Seite. Folglich tragen alle nach 1974 produzierten Sportster den Schalthebel links und die Fußbremse rechts.

1977 – XLCR

Mitte der 1970er-Jahre war der Motorradmarkt weltweit in Bewegung. Viele Marken konkurrierten gegeneinander, und jeder wollte ein größeres Stück vom Kuchen abhaben. Um ihre Marktanteile zu erhöhen, begannen japanische und

RECHTS: Mit ihrem Rahmendreieck, der Doppelscheibenbremse im Vorderrad und der weitgehend in Schwarz gehaltenen Optik sah die XLCR von 1977 zwar gut aus, war den echten Harley-Fans aber zu fremdartig und für die Leistungsfetischisten technisch nicht zeitgemäß. Immerhin steckte noch ein Motor mit Zylindern und Köpfen aus Gusseisen im neuen Konzept.

europäische Motorradhersteller, ab Werk Custombikes und Cafe Racer anzubieten – Konzepte, die Willie G. Davidson, Enkel des Mitbegründers William A. Davidson, bereits 1971 mit der FX Super Glide umgesetzt hatte.

1974 hatte sich Willie G. mit den Werks-Stylisten Jim Haubert und Bob Modero zusammengesetzt, um eines der umstrittensten und vielleicht kultigsten Modelle zu entwickeln: die XLCR. Die komplett in Schwarz gehaltene Maschine war ein echter Hingucker. Und wenn schon ein schwarzes Motorrad so viel Aufmerksamkeit auf sich ziehen sollte, musste das Gesamtdesign recht auffällig sein.

Für die auf der Standard-XLH basierenden XLCR (CR stand für Cafe Racer) mussten am Rahmen einige Änderungen vorgenommen werden, damit die Rennmaschinenoptik stimmte. Die Rahmenfront blieb weitgehend unverändert, doch am Heck musste im Rahmendreieck Platz für einen neuen Öltank und die Batterie geschaffen werden. Weil eine längere Schwinge aus der Rennmaschine XR-750 montiert werden sollte, mussten die oberen Stoßdämpferaufnahmen weiter nach hinten rücken. Der neue Tank nahm ebenfalls Anleihen von der XR-750. Die mattschwarze »siamesische« Auspuffanlage (die Krümmer waren rechts vom Motor miteinander »verwachsen«) war auf optimales Drehmoment im

LINKS: Die XLCR war die erste Harley-Davidson mit Leichtmetallgussrädern sowie Doppelscheibenbremse.

RECHTS: Auch zurückversetzte Fußrasten und ein umgekehrter Schalthebel waren bisher keine Harley-Domäne. CR für Cafe Racer war also durchaus ernst gemeint.

mittleren Bereich abgestimmt. Neben dem Auspuff waren auch der Luftfilterdeckel, die Zylinderköpfe und Zylinder, der Primärtrieb- und der Steuergehäuse-Deckel schwarz beschichtet. Lediglich die Tauchrohre waren blank.

Das Bremssystem der XLCH wurde durch drei Scheibenbremsen (zwei vorn und eine hinten mit jeweils 254 mm Durchmesser) auf den neuesten Stand gebracht. Auch die vom Gussrad-Pionier Elliot Morris produzierten Siebenspeichen-Leichtmetallräder waren für Harley-Davidson Neuland. Die zurückversetzten Fußrasten und der flache Lenker im Dragster-Stil zwangen den Fahrer in eine zum Cafe Racer passende sportliche Sitzposition. Erst im zweiten Modelljahr war eine Doppelsitzbank erhältlich.

Als die XLCR 1977 auf den Markt kam, war sie längst nicht mehr zeitgemäß; wäre sie früher erschienen, hätte sie vielleicht eine Chance gehabt. Die XLCR sah recht böse aus und war auch kein Schwächling, doch 1977 war sie einfach zu langsam und unhandlich, um als Sportmaschine ernst genommen zu werden. Ein klarer Fall von Overstatement.

Hinzu kam, dass die XLCR keine typische Harley war. Die meisten Fans der Motor Company bevorzugten damals wie heute Motorräder im konventionellen amerikanischen Cruiser-Stil. Weil die XLCR also sowohl bei der Sportfraktion als auch bei Harley-Traditionalisten durchfiel, wurden innerhalb von zwei Jahren ganze 3.124 Maschinen dieses Typs gebaut. Und von diesen wurden Hunderte erst Jahre später verkauft, nachdem sie jahrelang in den dunklen Ecken der Harley-Händler verstaubten.

LINKS: Das Jubiläumsmodell der XL zum 75. Firmenjubiläum stach 1978 mit seiner Farbgebung aus Midnight-Schwarz und goldenen Streifen aus der Masse hervor. Selbst die Gussräder waren golden eloxiert.

RECHTS: 1982 feierte die Sportster ihren 25. Geburtstag, und es gab einige Neuerungen. Das Fahrgestell war komplett überarbeitet worden, und der leichtere und stabilere Rahmen bildete bis 2004 die Basis der »kleinen« Harley-Baureihe.

TECHNISCHE DATEN: XLCR 1000 (1977)

MOTOR: OHV-V2-MOTOR, 45° ZYLINDERWINKEL

HUBRAUM: 61 ci (997 cm³)

BOHRUNG X HUB: 3,188 x 3,812" (81 x 96,8 mm)

VERDICHTUNGSVERHÄLTNIS: 9,0:1

LEISTUNG: 68 SAE-PS

KRAFTSTOFFTANK: 15,1 Liter

ÖLTANK: 3,55 Liter

RÄDER: Siebenspeichen-Leichtmetallgussräder von Morris

REIFEN: vorn MJ90-19T, hinten MN90-18T (Goodyear)

BREMSEN: vorn Doppelscheibenbremse, hinten Scheibenbremse, jeweils 254 mm Durchmesser

GEWICHT: 220 kg

PREIS: 3.595 US-$ (11.980 DM – 1978)

1982

Mitte bis Ende der 1970er-Jahre gab es im Sportster-Programm kaum bahnbrechende Veränderungen. Der Beginn des neuen Jahrzehnts läutete für Harley-Davidson jedoch durch den Rückkauf von AMF große Veränderungen ein. Mit einem positiven Blick auf die Zukunft der Firma entschieden die Designer und Ingenieure, der Sportster dringend benötigte Neuerungen zukommen zu lassen. Begonnen wurde mit dem Rahmen; obwohl dieser im Lauf der Jahre immer wieder schrittweise verbessert worden war, war 1982 eine komplette Neukonstruktion fällig. Rohre mit größeren Durchmessern wurden nicht mehr durch Gussteile miteinander verbunden, sondern mithilfe entsprechend geformter Bleche miteinander verschweißt, was zu einem leichteren und stabileren Fahrgestell führte. Um dem Rahmen ein dauerhaftes Finish zu geben, wurde er pulverbeschichtet.

LINKS: Harley-Davidson ist bekannt dafür, Traditionen zu pflegen und Maschinen mit klassischer Linienführung zu bauen – und mit der XLX-61 von 1983 trafen sie den Nagel auf den Kopf. Spartanisch im Design, aber groß im Stil, war die XLX mit 4.892 im ersten Jahr verkauften Motorrädern ein echter Gewinner.

1983 – XLX-61

Die XLX-61 wies keine technischen Meilensteine auf, die spätere Sportster beeinflussen sollten. Stattdessen führte dieses preisgünstige Motorrad das Zurück-zur-Basis-Marketingkonzept in Harley-Davidsons Verkaufsphilosophie ein. Die XLX gehörte zwar hinsichtlich des Konzepts und des Designs zu den einfachsten Sportstern, wird aber dennoch zu den schönsten Modellen dieser Baureihe gezählt, die jemals entwickelt wurden. Vielleicht fasst die Werbung der damaligen Zeit ihre Reize am besten zusammen:

»Reduziere eine Harley-Davidson auf ihre Essenz und du erhältst die neue XLX-61. Sie hat keinen unnötigen Schnickschnack. Aber sie hat alles, was eine echte Harley-Davidson haben sollte. Und das ist genau das, was die XLX repräsentiert: Harley-Davidson pur, ein Motorrad, von dem eine Zeitschrift bereits behauptete, es ›gehört in die Sechziger‹.«

GEGENÜBER LINKS:
Die XR-750 kam zum Einsatz, nachdem die AMA 1970 den Hubraumvorteil für Seitenventiler abgeschafft hatte. Nach leichten Startschwierigkeiten beherrschte die XR dank ihrer Leistungsentfaltung und des geringen Gewichts amerikanische Flat-Track-Bahnen über Jahrzehnte. Die XR war die Inspiration für die wunderbare XR-1000 mit Straßenzulassung von 1983.

GEGENÜBER RECHTS:
Zwei Vergaser rechts und Auspuffrohre links wurden zum Markenzeichen der XR-Flat-Tracker. Die Motor Company bot ein Performance-Kit mit einem leichteren und leistungsoptimierten Auspuff, neuen Nockenwellen und hoch verdichtenden Kolben an, mit dem die Motorleistung auf fast 90 PS anstieg.

Eine Übersicht der XLX-Ausstattungsmerkmale:

- Solositz mit optionalem Beifahrer-Sitzpolster
- Tachometer, aber kein Drehzahlmesser
- Flacher Lenker
- Geschwärzter Doppel-Auspuff
- Ovaler Luftfilter (»Fleischdose«)
- Doppelscheibenbremse vorn
- Unlackierte Neunspeichen-Leichtmetallgussräder
- Peanut-Tank
- Einfache Schutzbleche

Mit diesen Merkmalen und einer einzigen Farboption – schwarz – bot Harley-Davidson die XLX für 3.995 US-$ an, ein Schnäppchen für die damalige Zeit und die preisgünstigste Sportster seit den späten 1970er-Jahren. Allein 1983 wurden 4.892 Maschinen des Typs XLX-61 abgesetzt.

Harley-Davidson bewies mit diesem Motorrad, dass weniger durchaus mehr ist. Und durch die Umsetzung einfacher Designänderungen war die Motor Company in der Lage, die Sportster in großen Stückzahlen zu verkaufen, um im Spiel zu bleiben.

TECHNISCHE DATEN: XLX-61 (1983)

MOTOR: OHV-V2-MOTOR, 45° ZYLINDERWINKEL
HUBRAUM: 61 ci (997 cm³)
BOHRUNG X HUB: 3,188 x 3,812" (81 x 96,8 mm)
VERDICHTUNGSVERHÄLTNIS: 8,8:1
LEISTUNG: 55 SAE-PS
KRAFTSTOFFTANK: 8,5 Liter
ÖLTANK: 2,85 Liter
GETRIEBE: 4 Gänge, Mehrscheiben-Ölbadkupplung
BREMSEN: vorn Doppelscheibenbremse (254 mm), hinten Scheibenbremse (292 mm), jeweils mit Einkolben-Schwimmsattel
SITZHÖHE: 73 cm
RADSTAND: 1.524 mm
GEWICHT: 220,5 kg
PREIS: 3.995 US-$ (12.149 DM)

1983 – XR-1000

Nach dem richtungsweisenden Rückkauf von AMF im Jahr 1981 musste Harley-Davidson seine treuen Kunden davon überzeugen, dass man immer noch in der Lage war, hochwertige Motorräder zu bauen. In der Tat musste das »neue« Unternehmen beweisen, dass es bessere Motorräder bauen konnte als zuvor. Folglich benötigte die neu aufgestellte Motor Company ein Modell mit Durchschlagskraft, das die Konkurrenz das Fürchten lehrte. Außerdem musste dieses Motorrad sehr schnell entwickelt werden, was bedeutete, dass man sich auf bestehende Konstruktionen und Komponenten stützen konnte, um eine Maschine zu produzieren, die rasch und sicher die Aufmerksamkeit des Publikums auf sich ziehen würde.

Ein Teil der Lösung bestand darin, sich die Rennmaschine XR-750 genauer anzuschauen, die auf amerikanischen Dirt-Track-Ovalen seit Langem die dominierende Kraft war. Bei Harley hatte man jahrelang darüber nachgedacht, eine zulassungsfähige XR-750 zu bauen, aber niemand sah die Möglichkeit, dies durchzuführen. Wieder einmal musste Willie G. einspringen. Er erkannte das Potenzial, einen an das XR-Triebwerk erinnernden Motor in den Sportster-Rahmen einzubauen. Mit der Motortransplantation wurde Dick O'Brien, Harleys Rennteam-Leiter von 1957 bis 1983, betraut. »O. B.« wie er stets genannt wurde, hatte die Entwicklung der XR-750 in den frühen 1970er-Jahren beaufsichtigt, und er war es auch, der den Motor (und das Fahrzeug) zur Siegermaschine machte. 1972 war Mark Brelsford der erste XR-750-Fahrer gewesen, der die AMA GrandNational-Meisterschaft gewann.

Was die XR-1000 von den Sportmaschinen der anderen Hersteller unterschied, war ihr einzigartiger Motor. Der Rumpf wurde unverändert von der XLX-61 übernommen, doch die Zylinder und die Köpfe waren völlig neu. Die Komponenten der XR-750 waren zu klein, sodass neue Zylinder und Köpfe entwickelt und gegossen werden mussten. Die Zylinderköpfe

RECHTS: Die heiße Seite der XR-1000. Oberhalb des Motorgehäuses blieb gegenüber der Standard-Sportster kein Stein auf dem anderen. Die Alu-Zylinderköpfe waren mit durchgehenden Stehbolzen am Motorgehäuse gesichert.

bestanden jetzt aus Aluminium. Die Brennräume unterschieden sich deutlich von denen der Sportster: Die Ventile standen nicht im Winkel von 90°, sondern nur 68° zueinander, was einen flacheren Brennraum samt flachem Kolben erlaubte und eine bessere Verbrennung ermöglichte. Zur Verbesserung der Zuverlässigkeit waren auch verstärkte Ventilführungen installiert.

Doch bevor ein Zylinderkopf auf den Motor montiert wurde, ging er zu Branch Flowmetrics nach Kalifornien. Dort bearbeiteten und polierten Jerry Branch und sein Team die Kanäle und führten die Endmontage durch, damit sichergestellt war, dass die Ventilfedern und ihre aus Titan bestehenden Hülsen und Sicherungskeile den richtigen Druck aufwiesen.

Die aus Gusseisen bestehenden Zylinder waren nicht nur kürzer als bei der Sportster, sondern hatten auch mehr Kühlrippen. Anders als bei Serien-Sportstern waren sie mit durchgehenden Stehbolzen am Gehäuse gesichert. Die geringere Bauhöhe erforderte auch um 12,7 mm kürzere Pleuel. Die Kipphebelwellen waren exzentrisch gelagert, um das Ventilspiel wie bei den Rennmaschinen einstellen zu können. Erstaunlicherweise unterschieden sich die Nockenwellen der XR-1000 kaum von denen der Standard-Sportster.

So weit zu den inneren Werten der XR-1000. Was der potenzielle Kunde in den Ausstellungsräumen der Händler sah, waren zwei gewaltige 36er-Dell'Orto-Vergaser samt K&N-Renn-Luftfiltern rechts am Motor und eine halbhoch verlegte kultige Auspuffanlage auf der linken Seite – wie bei der XR-750, jedoch mit Schalldämpfern. Auch wenn die Anlage schwerer war und dumpf klang, um die gesetzlichen Vorgaben zu erfüllen, sah sie den Rennteilen sehr ähnlich. Die beste Nachricht war jedoch die Leistung des Motors: Die XR-1000 leistete 70 PS – immerhin 22 mehr als eine serienmäßige XLX-61!

LINKS: Die XR-1000 wurde eingeführt, als Harley-Davidson frisches Blut benötigte. Die Mischung aus Flat-Track-Triebwerk und Sportster-Chassis ließ erkennen, dass es schnell gehen musste.

Und es gab noch mehr gute Neuigkeiten für XR-Besitzer. Harley bot ein optionales Performance-Kit an – bestehend aus höher verdichtenden Kolben (10,5:1 statt 9,0:1), scharfen Auslassnockenwellen und offenen Endrohren. Hiermit konnte die Motorleistung auf über 90 PS gebracht werden.

Die XR-1000 basierte auf dem 1982 eingeführten neuen Sportster-Rahmen ohne Gusssegmente. Die Gabel behielt ihren Standrohr-Durchmesser von 35 mm, doch die Bremsen wurden vorn mit zwei auf 292 mm großen Bremsscheiben wirkende Einkolben-Schwimmsättel und einen auf eine ebenso große Hinterrad-Bremsscheibe wirkenden Zweikolben-Sattel deutlich verbessert, sodass die bis dahin beste Bremsanlage einer Harley-Davidson bereitstand (was aber auch nicht schwierig war). Die beiden Federbeine waren lediglich in der Vorspannung einstellbar.

RECHTS: Gene Church auf seiner berühmten Harley-Davidson-Rennmaschine »Lucifer's Hammer«. Church gewann Mitte der 1980er-Jahre viele BOT-Rennen (Battle of the Twins) gegen Ducatis, Moto Guzzis und BMWs. Luzifers Hammer basierte auf der XR-1000, die wiederum von der XR-750 abstammte.

Wie die Sportster, rollte auch die XR-1000 auf mit Goodyear-Reifen bestückten Neunspeichen-Gussrädern der Größen 19 und 16 Zoll; optional war für hinten ein 18-Zoll-Rad erhältlich.

Trotz ihrer fortschrittlichen Technik war die XR-1000 hinsichtlich des Stylings kein Hingucker. Es gab keine sexy Tank-/Sitzbank-Kombination wie bei der XR-750 oder stilvolle Schutzbleche, um die Rennsport-Tradition zu betonen. Stattdessen rollte die XR mit traditioneller Sportster-Ausrüstung in die Ausstellungsräume: wulstige Schutzbleche, ein fetter Einzelsitz und ein Peanut-Tank mit knapp 8,5 Liter Inhalt, der dem großen und durstigen Hochleistungsmotor nicht lange standhielt. Als Lackierung gab es lediglich Schiefergrau – und nicht Orange mit schwarzen und weißen Streifen wie bei den XR-750-Werkrennern. Immerhin wurde im zweiten Jahr auch Orange und Schwarz angeboten.

Doch abgesehen von diesem Understatement-Styling war die XR-1000 ein echter Hot Rod ab Werk. Die berühmteste XR-1000 war wahrscheinlich die von Dick O'Brien 1982 gebaute »Lucifer's Hammer«, bei der ein getunter Motor in einen XR-750-Rahmen eingepasst worden war. Gene Church fuhr mit dieser Maschine beim Battle-of-the-Twins-Rennen 1983 in Daytona aufs Podium – ein perfektes Timing zum Verkaufsstart der XR-1000.

Trotz des großen Lobes für das Motorrad – und ganz zu schweigen von seinem offensichtlichen Potenzial – verkaufte Harley-Davidson 1983 ganze 1.018 Exemplare, ein Jahr darauf waren es nur 759 Stück. Zum einen lag dies am hohen Preis von 7.000 US-$, vor allem wenn es eine XLX-61 für 4.000 US-$ gab. Natürlich waren beide Maschinen nicht vergleichbar, aber unterm Strich brauchte es Leute, die das Erbe der XR-1000 wirklich zu schätzen wussten und die 3.000 US-$ Aufpreis bezahlten. Eins ist sicher: Die XR-1000 war ein einzigartiges Motorrad mit einer außergewöhnlichen Leistung. Und sie demonstrierte, dass die neue Firma Harley-Davidson eine beeindruckende Hochleistungsmaschine bauen konnte. Vielleicht kann das alte amerikanische Sprichwort »Geschwindigkeit ist teuer – wie schnell willst du fahren?« die mangelnde Nachfrage erklären.

TECHNISCHE DATEN: XR-1000 (1983)

MOTOR: OHV-V2-MOTOR, 45° ZYLINDERWINKEL

HUBRAUM: 61 ci (997 cm³)

BOHRUNG X HUB: 3,188 x 3,812" (81 x 96,8 mm)

Verdichtungsverhältnis: 9,0:1 ◆ **LEISTUNG:** 70 SAE-PS bei 5.600/min ◆ **DREHMOMENT:** 65 Nm bei 4.400/min ◆ **KRAFTSTOFFTANK:** 8,5 Liter, optional 12,5 Liter ◆ **ÖLTANK:** 2,85 Liter

RADSTAND: 1.506 mm ◆ **SITZHÖHE:** 73 cm

RÄDER: Neunspeichen-Leichtmetallgussräder, vorn 19", hinten 16" (optional 18") ◆ **REIFEN:** Dunlop K291S Sport Elite, vorn 100/90V-19, hinten 130/90V-16 ◆ **BREMSEN:** vorn Doppelscheibenbremse (254 mm), hinten Scheibenbremse ◆ (292 mm), vorn Einkolben-Schwimmsättel, hinten Zweikolbensattel ◆ **GEWICHT:** 222 kg

PREIS: 6.995 US-$ (ca. 18.000 DM)

RECHTS: Die Sportster bekam 1986 den Evolution-Motor mit Zylindern und Köpfen aus Aluminium. Dies erlaubte eine Hubraum-Erweiterung auf 1.100 cm^3 – zwei Jahre später sogar auf 1.200 cm^3.

1986 – XLH 883 und XLH 1100

Die Sportster hatte in den 1960er- und 1970er-Jahren viele Änderungen erfahren. Doch Anfang der 1980er-Jahre waren die alten Gusseisen-Motoren vor allem das: alt. Motoren mit Gusseisen-Zylinderköpfen hatte man weltweit schon in den 1960ern mit der Lupe suchen müssen, und auch Eisenzylinder waren zusammen mit der englischen Motorradindustrie seit Mitte der Siebziger weitgehend verschwunden. Es wurde Zeit für eine Neukonstruktion. Die seit 1966 auf dem Shovelhead-Motor basierenden Big Twins waren bereits 1984 mit den relativ revolutionären Evolution-Motoren unterwegs und galten endlich als standfest – entsprechend entwickelten sich die Verkaufszahlen. Bei Harley-Davidson plante man, zwei Jahre später auch die Sportster einer echten Evolution zu unterziehen.

LINKS: Die Konstruktion des neuen Sportster-Motors folgte den 1984 bei den Big Twins vorgenommenen Änderungen. Obwohl die XLH 883 und 1100 von 1986 kaum stilistische Änderungen vorweisen konnten, machte der neue Motor ein deutlich effizienteres, kräftigeres und zuverlässigeres Motorrad aus ihnen.

Konstruktiv hatte sich bei der Evo-Sportster nicht viel geändert, vieles war aber anders. Wie beim großen Evo-Motor (siehe Kapitel 8) waren Zylinder und -köpfe aus Leichtmetall gegossen und die Brennräume neu gestaltet worden, um die Zuverlässigkeit zu verbessern und die Leistung zu erhöhen. Aber es gab immer noch Ähnlichkeiten mit den alten Sportster- und sogar den Seitenventil-Motoren der K-Modelle. Weiterhin war das Getriebe ins Motorgehäuse integriert, aber separat geschmiert. Der Ventiltrieb mit vier Nockenwellen stammte immer noch aus den frühen Fünfzigern, als die Ventile parallel neben den Zylindern stehen mussten. Dennoch war im Motorgehäuse nahezu alles neu.

Die größte Veränderung betraf also das Material, aus dem die Zylinder und köpfe bestanden. In den Alu-Zylindern steckten Laufbuchsen aus Stahlguss. Die vollständig aus Aluminium gegossenen Zylinderköpfe wiesen flachere

Ventilwinkel und badewannenförmige Brennräume auf. Die Leichtmetallkonstruktion bot eine deutlich verbesserte Kühlwirkung und Abdichtung, da sich alles gleichmäßig ausdehnen konnte. Die alten Zylinderköpfe und Zylinder waren miteinander verschraubt, wogegen bei den neuen Evolution-Motoren die Zylinderköpfe mit langen Stehbolzen gegen Zylinder und das Gehäuse gezogen wurden.

Als weitere bemerkenswerte Neuerung waren Hydrostößel in den Ventiltrieb integriert worden, wie es sie bei den Big Twins bereits seit der Panhead gab; dadurch entfiel auch bei der Sportster eine regelmäßige Ventilspiel-Kontrolle. Das Schmiersystem war jetzt mit einem Ölfilter ausgerüstet, sodass längere Wechselintervalle möglich waren. Der Öltank hatte weiterhin 2,84 Liter Inhalt.

Der neue Motor war mit 883 und 1.100 cm³ Hubraum erhältlich (Harley verzichtete völlig auf die sonst üblichen Kubikzoll-Angaben). Die 1100er war bis dahin die größte Sportster, wogegen die 883er samt Bohrung-Hub-Verhältnis nostalgisch an die ersten Sportster erinnerte. Auch ihr Preis war echte Nostalgie: Mit 3.995 US-$ kostete sie genauso viel wie die XLX-61 drei Jahre zuvor. Die Leistung der 883 wurde mit 53 PS, die der 1100 mit 63 PS angegeben. Bei beiden Modellen leitete (ebenfalls nostalgisch?) ein Vierganggetriebe die Kraft per Kette aufs Hinterrad (Big Twins wurden inzwischen per Fünfganggetriebe und Zahnriemen angetrieben).

Das Fahrwerk der Evo-Sportster basierte auf dem seit 1982 verwendeten Rahmen. Die Gabel hatte weiterhin 35 mm dicke Standrohre, hinten kamen neue Federbeine zum Einsatz. Beide Modelle mussten sich mit dem 8,5 Liter fassenden Peanut-Tank zufriedengeben. Die Neunspeichen-Druckgussräder (vorn 19, hinten 16 Zoll Durchmesser) waren mit je einer 292 mm großen Bremsscheibe samt Einkolben-Schwimmsattel ausgerüstet.

Das Sportster-Programm des Modelljahres 1996 bestand aus der XLH 883, der XLH 883 Deluxe und der XLH 1100. Die Deluxe zeichnete sich durch einen Soziussitz samt an der Schwinge befestigter Fußrasten, Drahtspeichenräder und einen Drehzahlmesser aus. Außerdem gab es zum 100. Geburtstag der Freiheitsstatue im Hafen von New York eine auf 954 Einheiten begrenzte XLH 1100 Liberty-Edition mit entsprechenden Grafiken am Vorderradschutzblech und am Tank sowie einem speziellen Eigentümer-Zertifikat.

TECHNISCHE DATEN	XLH 883	XLH 1100 (1986)
HUBRAUM	883 cm³	1.101 cm³
BOHRUNG X HUB	76,2 x 96,8 mm	85,1 x 96,8 mm
VERDICHTUNGSV.	9,0:1	9,0:1
LEISTUNG	53 SAE-PS	63 SAE-PS
RADSTAND	1.524 mm	1.524 mm
SITZHÖHE	72 cm	74 cm
GEWICHT	211 kg	211 kg
PREIS	3.995 US-$	5.199 US-$
FARBEN	Schwarz, Rot, Signalrot, Blau	Schwarz, Rot, Blau, Burgunderrot, Schiefergrau (zweifarbig), Liberty-Edition

Der Wechsel vom Ironhead zum Blockhead (aufgrund des kastenförmig aufgebauten Kipphebelgehäuses) war lange erwartet worden und wurde mit 14. 379 verkaufen Motorrädern dieses Typs im ersten Jahr entsprechend gewürdigt – mehr als das Doppelte der 6.514 ein Jahr zuvor verkauften Eisenkopf-Sportster. Und die Zahlen blieben in den folgenden Jahren hoch, was die Popularität der »kleinen« Harley bewies. 34 Jahre sollte dieses Triebwerk (mit kleinen Änderungen) ein wichtiger Teil des Modellangebots der Motor Company bleiben.

1988 – XLH 1200

Zwei Jahre nach Beginn der Evo-Sportster-Ära wurden die Zylinder der XLH 1100 aufgebohrt und damit der Hubraum auf 1.200 cm³ vergrößert. 74 Kubikzoll wiesen in den 1970er-Jahren die Big Twins aus Milwaukee auf, doch Hubraum war bekanntlich schon immer quasi alternativlos – vor allem in den USA. Für die Gemischaufbereitung war jetzt ein 40-mm-Gleichdruckvergaser von Keihin verantwortlich, und die Leistung der großen Sportster wurde mit 68 PS bei 6.000/min angegeben.

Der vergrößerte Motor wurde von einigen anderen Änderungen begleitet. Damit das Fahrwerk mit der gesteigerten Motorleistung zurechtkam, waren die Schwinge verlängert und der Standrohr-Durchmesser von 35 auf 39 mm vergrößert worden. Die Tauchrohre waren geglättet, und die Gabelbrücken der 1200er bestanden jetzt beide aus Aluminium. Auch die 883 erhielt das verbesserte Fahrwerk, nur die untere Gabelbrücke war weiterhin aus Stahl geschmiedet.

Die XLH 1200 wurde serienmäßig mit Doppelsitzbank, Buckhorn-Lenker und Drehzahlmesser ausgeliefert, eine Zweifarblackierung war optional.

TECHNISCHE DATEN XLH 1200 (1988)

MOTOR: OHV-V2-MOTOR, 45° ZYLINDERWINKEL (»EVO-SPORTSTER«)

HUBRAUM: 1.200 cm³ (73,2 ci)

BOHRUNG X HUB: 89 x 96,8 mm

VERDICHTUNGSVERHÄLTNIS: 9,0:1

LEISTUNG: 68 SAE-PS bei 6.000/min

MAX. DREHMOMENT: 98 Nm bei 4.000/min

RADSTAND: 1.524 mm

SITZHÖHE: 77 cm

BODENFREIHEIT: 178 mm

KRAFTSTOFFTANK: 7,95 Liter

GABEL: Showa 39 mm, 175 mm Federweg

RÄDER: vorn 2,15 x 19", hinten 3 x 16"

ENDANTRIEB: Kette; Ritzel vorn 21, hinten 48 Zähne

BREMSEN: vorn und hinten Scheibenbremse 292 mm

GEWICHT: 219 kg

PREIS: 5.875 US-$ (15.200 DM)

FARBEN: Schwarz, Silber, Pflaumenblau, Cognac, Kobaltblau, Cognac mit Purpurrot

1991 – XLH 883 UND 1200 MIT FÜNFGANGGETRIEBE

Im fünften Modelljahr der Evo-Sportster standen einige Modifikationen an – viele davon innerhalb des Motorgehäuses. Die wichtigste Neuerung war das Fünfganggetriebe, mit dem das seit 1957 verwendete Vierganggetriebe ersetzt wurde. Alle XL-Modelle, also die XLH 883, die Hugger, die Deluxe und die XLH 1200 erhielten diese Änderung. Außerdem wurde die zuvor hinter der Kupplung sitzende Lichtmaschine auf den Kurbelwellenstumpf verlagert – dazu musste das Motorgehäuse um 12 mm breiter werden. Der Stößelblock wurde ins Motorgehäuse integriert und nahm verstärkte Stößel auf. Ins Motorgehäuse integrierte Ölkanäle ersetzten externe Ölleitungen. Die Kupplung ähnelte mit mehr Belagscheiben derjenigen in den Big Twins und ließ sich leichter und sanfter betätigen. Die Motorentlüftung wurde jetzt in den Kipphebelgehäusen mit Schirm-Ventilen reguliert, sodass die zum Luftfilter geleiteten Gase weniger Ölnebel enthielten und dadurch die Abgaswerte verbesserten.

Eine weitere Änderung war der erstmals 1991 bei der Sportster eingesetzte Zahnriemen zum Hinterrad. Diesen 1,125 Zoll (28,6 mm) breiten Riemen gab es zunächst nur an der XLH 883 Deluxe und der XL 1200, erst 1993 war er bei allen Sportstern Standard. Durch den Zahnriemen wurden die Antriebsgeräusche leiser, und er musste weder geschmiert noch regelmäßig nachgestellt werden.

OBEN: Die XL-1200S war keine Standard-Sportster mit ein paar angeschraubten Teilen, sondern eine Sport-Sportster! Einstellbare Federelemente, schwimmend gelagerte Bremsscheiben, Buell-Lightning-Zylinderköpfe und geänderte Nockenwellen unterstrichen diesen Anspruch. Der Tank nahm 12,5 Liter Benzin auf.

1998 – XL-1200S Sportster Sport

Hubraum und Leistung der großen Sportster waren seit 1988 unverändert geblieben. 1996 beschloss die Motor Company, mit einer Sport-Sportster den Einsatz zu erhöhen. Nach zweijähriger Entwicklung stand 1998 die XL-1200S bereit, um das Potenzial der »kleinen« Baureihe voll auszuspielen. Mit ca. 72 SAE-PS lag sie im Leistungs-GewichtsVerhältnis verglichen mit den Big Twins weit vorn.

Die XL-1200S behielt den traditionellen Sportster-Look bei, wurde aber in einigen Details der neuen Aufgabe angepasst. Der seit 1996 bei den 1200ern eingeführte neue Peanut-Tank (bei der 883 kam er ein Jahr später) war etwas länger, breiter und unten abgerundet, zudem fasste er jetzt 12,5 Liter. Das Sportmodell war ausschließlich in Schwarz erhältlich.

Die Gabel war jetzt in der Federvorspannung sowie der Zug- und Druckdämpfung einstellbar. Der Lenker war relativ flach und mit den neuen abgerundeten Schaltern ausgerüstet. Das Vorderrad wurde mit einer Doppelscheibenbremse verzögert. Wie die vorderen Bremsscheiben, war auch die hintere Scheibe jetzt schwimmend gelagert und wurde von einem Einkolben-Festsattel umgriffen. Für eine sportliche Fahrweise waren die Räder mit Dunlop-Reifen des Typs Elite Sport ausgerüstet.

RECHTS: Die XL 883 R (hier das Modell von 2002) erinnerte nicht nur vom Design her an die legendäre XR-750 (vgl. Foto auf Seite 135), sondern ließ sich auf Wunsch auch leistungsmäßig steigern.

Die hinteren Federbeine waren mit progressiven Federn und Ausgleichsbehältern ausgerüstet, sie waren ebenfalls vollständig einstellbar. Die niedrige, flache und breite Sitzbank unterstrich das sportliche Image, die Sitzhöhe betrug 71 cm.

Der Motor der Sportster Sport basierte zwar auf dem seit zehn Jahren bekannten großen XL-Triebwerk, wies jedoch einige Modifikationen auf. Zuerst waren für die Buell Lightning entwickelte Zylinderköpfe mit kleineren Brennräumen montiert, um die Verdichtung gegenüber der Standard-1200er von 9 auf 10:1 zu erhöhen. Zusammen mit den großen Ventilen der 1200er sorgten optimierte Kanäle für einen guten Gasdurchsatz. Zwei Zündkerzen je Brennraum sorgten für eine sichere Verbrennung. Neue Nockenwellen öffneten die Ventile weiter und länger, sodass man vermuten konnte, dass die Leistung bei hohen Drehzahlen anliegt. Tatsächlich war der Motor aber so abgestimmt, dass er bei niedrigen und mittleren Drehzahlen gut durchzog. Das maximale Drehmoment von 106 Nm lag bereits bei 4.000/min an. Die Leistung der Rücklauf-Ölpumpe wurde um 50 Prozent gesteigert. Das Fünfganggetriebe wurde mit engeren Toleranzen gefertigt, sodass es sich schneller und sanfter schalten ließ. Selbst bei der Auspuffanlage mit den klassischen zwei kurzen Rohren hatte man bei der Sport darauf geachtet, dass diese den Abgasstrom etwas weniger behinderten als jene der anderen XL-Modelle.

Schließlich wurden noch die Motorgehäuse und Deckel mit einer Pulverbeschichtung behandelt, die eine silberfarbene Glasstrahl-Optik aufwies. Als Kontrast dazu waren die Zylinder und -köpfe mit schwarzem Kräusellack versehen. All dies stand in einem schönen Gegensatz zum in Schwarz lackierten Rest der Maschine – der einzigen ab Werk angebotenen Farbe.

TECHNISCHE DATEN XL-1200S (1998)

MOTOR: OHV-V2-MOTOR, 45° ZYLINDERWINKEL (»EVO-SPORTSTER«)

HUBRAUM: 1.200 cm³ (73,2 ci)

BOHRUNG X HUB: 89 x 96,8 mm

VERDICHTUNGSVERHÄLTNIS: 10,0:1

GEMISCHAUFBEREITUNG: ein 40 mm Keihin-Gleichdruckvergaser

Getriebe: 5 Gänge

KUPPLUNG: Mehrscheiben-Ölbadkupplung

RADSTAND: 1.529 mm

SITZHÖHE: 71 cm

BREMSEN: vorn Doppelscheibenbremse, hinten eine Scheibe, jeweils mit 292 mm Durchmesser, schwimmend gelagert und von Einkolben-Festsätteln verzögert

GABEL: Showa 39 mm, Federvorspannung, Zug- und Druckdämpfung einstellbar

FEDERBEINE: Stereo-Federbeine mit progressiv wirkenden Federn und externen Ausgleichsbehältern, Federvorspannung, Zug- und Druckdämpfung einstellbar

KRAFTSTOFFTANK: 12,5 Liter

ÖLTANK: 2,84 Liter

ENDANTRIEB: Zahnriemen

GEWICHT: 225,5 kg

PREIS: 8.395 US-$ (17.950 DM)

FARBEN: Schwarz

2004 – XL-Modelle mit elastisch aufgehängtem Motor

Jahrzehntelang wurden die beträchtlichen Vibrationen der Sportster von ihren Besitzern akzeptiert, weil die Konstruktion des Motors mit dem engen Zylinderwinkel es einfach vorgab. Vierundvierzig Jahre lang lebten die XL-Besitzer mit dieser Schüttelei. Doch 2004 änderte sich die plötzlich, weil Harley die vielleicht größte Modifikation seit dem Evo-Motor vornahm. Mit einem völlig neuen Rahmen und Gummielementen zur Motoraufhängung wurden die Schwingungen vom Fahrer ferngehalten. Praktisch über Nacht wurde das Fahrgefühl auf einer Sportster für immer verändert.

Einen ursprünglich starr montierten Motor elastisch aufzuhängen, ist keineswegs eine leichte Aufgabe, denn der gesamte Antriebsstrang und der Rahmen müssen verändert werden. Die Sportster von 2004 war in jeder Hinsicht neu. Harleys Ingenieure mussten die Konstruktion der Maschine komplett verändern, um sie zu modifizieren und gleichzeitig ihre Tradition zu bewahren.

Weil die alten Motoren fest verschraubt waren, dienten sie auch als stabilisierende Elemente des Fahrgestells. Das neue Chassis musste einen isolierten Motor aufnehmen, was bedeutete, dass es zum Erhalt der Festigkeit selbst versteift werden musste. Die vorderen und hinteren unteren Motoraufhängungen waren jetzt aus Guss-Elementen gefertigt, um die vier Gummielemente aufzunehmen, die das Motorgehäuse trugen. Drei Stabilierungsstreben (jeweils eine an den unteren Aufnahmen und eine an den Zylinderköpfen) sorgten dafür, dass der Motor sich auf und ab bewegen konnte, aber nicht aus der Flucht geriet. Das ganze System ähnelte den Aufhängungen der FXR- und Dyna-Glide-(FXD)-Modelle,

RECHTS: Für 2004 wurde die Sportster-Baureihe mit einem völlig neuen Fahrgestell samt gummigelagertem Motor deutlich modifiziert. Die gezeigte XL 1200 R bot jetzt eine klassische Sportster-Optik mit moderner Performance und Laufruhe.

nur dass bei der Dyna Glide lediglich zwei Stabilisatoren zum Einsatz kamen.

Der neue Rahmen bestand jetzt aus dickeren Rohren (35 statt 31,75 mm Durchmesser). Der Nachteil all dieser Modifikationen mit stabileren Rohren und Gussteilen war eine beträchtliche Gewichtszunahme.

Auch der Motor – immer noch mit 883 und 1.200 cm^3 Hubraum erhältlich – wurde komplett überarbeitet. Die Aufnahmepunkte der Haltegummis waren in die Gehäuseteile eingegossen, um diese bei der Montage einfach ausrichten zu können. Auch die Kühlrippen der Zylinder und -köpfe wurden vergrößert, um die Wärme besser ableiten zu können. Ebenfalls der Kühlung dienten Düsen, die kühlendes Öl unter die Böden der erleichterten neuen Kolben spritzten. Die Brennräume wurden für eine Leistungs- und Abgasoptimierung ebenfalls neu konfiguriert. Zweiteilige Kipphebelgehäuse verbesserten die Motorentlüftung und verringerten damit den Ölnebel. Neue Ventilführungen und Federn fanden ebenfalls ihre Wege in die neuen Zylinderköpfe. Um die Haltbarkeit zu verbessern, wurde das Kegelrollenlager der Kurbelwelle durch ein Rollenlager ersetzt, zudem wurden die Ölkanäle optimiert, um den Durchfluss zu erhöhen. Das Getriebe (mit weiterhin fünf Gängen) war jetzt nicht mehr durch eine hinter der Kupplung sitzende Platte zugänglich, sodass für seinen Ausbau das Motorgehäuse getrennt werden musste. Manche waren der Meinung, dass diese »Falltür« nicht mehr nötig war, weil das Getriebe seit Langem zuverlässig war (tatsächlich wurde sie bei den K-Modellen eingeführt, um leicht an das notorisch defekte Getriebe zu gelangen), andere gingen davon aus, dass hierdurch einfach nur Produktionskosten gesenkt werden sollten.

Ästhetisch ähnelten die neuen Motorräder stark ihren Vorgängern und behielten sogar den Radstand bei. Doch tatsächlich wurden bei dieser völlig neuen Konstruktion selbst die Anbauteile neu gestaltet. Rechts war der jetzt 3,4 Liter fassende Öltank mit dem Dreh-Druck-Peilstab schlanker ausgeführt, und links wurde die Batterieabdeckung entsprechend angepasst. Es waren zwei verschieden große Benzintanks erhältlich: Bei einigen Modellen blieb der 12,5 Liter fassende Peanut-Tank, wogegen vor allem bei den Custom-Modellen XL 883C und XL 1200 C ein dezenter flacher 17-Liter-Tank Verwendung fand. Die Gabel mit 39 mm Standrohr-Durchmesser blieb unverändert, nahm jetzt aber Zweikolben-Bremssättel auf. Hinten wurde weiterhin mit einem Einkolben-Bremssattel verzögert. Ein um 2 cm breiterer Hinterreifen der Größe 150/80-16 war bei allen Modellen Standard.

Wenig überraschend, erhielten die neuen vibrationsarmen Sportster in Motorradzeitschriften gute Kritiken. Sowohl alte Sportster-Fans als auch neue Kunden begeisterten sich für das klassische Aussehen der neuen Sportster, wie sie es von einer Harley-Davidson mit dem XL-Emblem erwarteten – und verzichteten gern auf die gefürchteten Motorvibrationen.

2004 wurden folgende Sportster-Modelle angeboten:

- XL 883 Sportster 883
- XL 883 C Sportster 883 Custom
- XL 1200 C Sportster 1200 Custom
- XL 1200 R Sportster 1200 Roadster

TECHNISCHE DATEN XL 1200 R ROADSTER (2004)

MOTOR: OHV-V2-MOTOR, 45° ZYLINDERWINKEL (»EVO-SPORTSTER«, ELASTISCH AUFGEHÄNGT)

HUBRAUM: 1.200 cm³ (73,2 ci)

BOHRUNG X HUB: 89 x 96,8 mm

VERDICHTUNGSVERHÄLTNIS: 9,7:1

GEMISCHAUFBEREITUNG: ein 40 mm Keihin-Gleichdruckvergaser

ELEKTRIK, ZÜNDUNG: 12 Volt, elektronische Zündung

GETRIEBE: 5 Gänge

KUPPLUNG: Mehrscheiben-Ölbadkupplung

ENDANTRIEB: verstärkter Kevlar-Zahnriemen (Gates), Ritzel vorn 29, hinten 68 Zähne

RÄDER: vorn 2,15 x 19", hinten 3 x 16"

REIFEN: vorn 100/90-19, hinten 150/80-16

GABEL: Showa 39 mm

BREMSEN: vorn Doppelscheibenbremse (292 mm) mit Zweikolben-Sätteln, hinten eine Scheibe (292 mm) mit Einkolben-Bremssattel

RADSTAND: 1.524 mm

SITZHÖHE: 71 cm

KRAFTSTOFFTANK: 12,5 Liter (Standard), 17 Liter (Custom)

ÖLTANK: 3,4 Liter

GEWICHT: 253 kg

PREIS: 8.495 US-$ (mit Standardfarbe Schwarz) (ab 10.960 EUR)

2007 – XL 1200 N Sportster Nightster: Dark Customs

Um die Jahrtausendwende herum gründeten zahlreiche Schrauber-Talente neue Custombike-Schmieden, und das Individualisieren und Modifizieren von Motorrädern – speziell Harley-Da-

Die XL 1200 N Nightster vereinte die gesamte Custom-Erfahrung der Motor Company, sodass es an der großartigen Maschine kaum noch etwas zu modifizieren gab.

vidsons – war in vollem Gange. Umfangreiche Berichterstattung in speziellen Magazinen und sogar Fernsehserien unterstützten diese Mode. Bei einer solchen Popularität war es nur eine Frage der Zeit, bis auch die Motor Company Variationen ihrer eigenen Custom-Modelle anbot. Es war nicht das erste Mal, dass sich Harley-Davidson selbst im Customizing versuchte. Tatsächlich war man sogar der erste Hersteller gewesen, als Willie G. Davidson 1971 mit seiner Super Glide den Werks-Custom-Trend begründete. Die meisten Serien-Custombikes (welch Widerspruch in sich!) waren einfache Umbauten mit vorhandenen Teilen und Komponenten, gemischt mit einer auffälligen Lackierung und ein paar Chrom-Einsprengseln. »Custom« traf es also im doppelten Sinn überhaupt nicht.

Mit der neuen Sportster von 2007, der XL 1200 N Nightster, erschütterte Harley-Davidson das Establishment jedoch wirklich. Sie war mehr als nur ein Serienmotorrad mit neuer Farbe, Aufklebern und Zusatz-Chrom. Dieses Motorrad wies individuelle Styling-Merkmale auf, die es bei vorherigen Modellen nicht gab. Die Nightster markierte eine Veränderung bei Harley-Davidson, da das Unternehmen die Grenzen des Machbaren verschob und gleichzeitig ein legales, sicheres und schrauberfreundliches Motorrad anbot – ohne dabei die positiven Aspekte der Serienmotorräder abzuschwächen.

Den Antrieb dieses neuen Motorrades besorgte der seit 2004 elastisch aufgehängte XL-1200-Motor. Die große Änderung für 2007 bestand im Austausch des Vergasers gegen eine elektronisch geregelte sequenzielle Saugrohr-Einspritzung (ESPFI). Optisch war der Motor mit einer grauen Pulverlackbeschichtung, einigen polierten Teilen und schwarzen Zylinderköpfen auf »alt« getrimmt – insgesamt ein schönes und unauffälliges Finish. Die Auspuffanlage erhielt mit schräg abgeschnittenen klassischen Schalldämpfern ebenfalls einen besonderen Look. Die 39er-Standrohre der Gabel wurden mit Faltenbälgen verdeckt, die Gabelbrücken waren wie die Scheinwerfer-»Augenbraue«, der Lenker, die Felgen und die Naben mit schwarzem Pulver beschichtet. Verchromte Speichen betonten und vervollständigten die klassische Erscheinung.

OBEN: Eigenwillig abgeschnittene Schalldämpfer (»Baloney-Cut«), eine gebohrte zweifarbige Riemenscheibe und schwarze Felgen mit Chrom-Speichen sind nur einige Custom-Details der Nightster.

UNTEN: Der optisch aufgewertete 1200er Evolution-Motor wurde mit einer unauffälligen elektronischen Einspritzung beatmet. Die Sportster war jetzt 50 Jahre im Programm, konnte sich aber immer wieder neu erfinden und sah daher seit Langem klassisch, aber niemals alt aus.

Mehr als einen einfachen Tachometer und ein paar dezent untergebrachte Kontrollleuchten braucht kein Motorrad.

Die Blechteile der Nightster ähnelten stilisierten Komponenten, die normalerweise mit Custombikes in Verbindung gebracht werden. Das hintere Schutzblech war gekürzt (»chopped« oder auch »bobbed«), um das Motorrad leichter aussehen zu lassen. Zudem gab es kein klassisches Rücklicht, weil alle Lichtelemente in die beiden Blinker integriert waren. Außerdem saß das Kennzeichen an einem Halter links an der Schwinge. Die Motor Company muss die Zulassungsbehörden intensiv bearbeitet haben, um diese Maßnahmen legalisiert zu bekommen.

Sowohl der Zahnriemenschutz als auch die vorderen Schutzblechhalter waren mit zahlreichen Löchern versehen, um die Nightster leicht und handlich aussehen zu lassen – wie es sich für ein Custombike gehört. In der Tat war dieses Motorrad extrem minimalistisch – so sehr, dass kein Zweipersonenbetrieb zugelassen war.

Auch die Instrumentierung war minimal: Auf der oberen Gabelbrücke saß lediglich ein elektronischer Tacho mit ein paar Kontrolllampen.

Zweifellos hat die Nightster Zeichen gesetzt. Die Botschaft aus Milwaukee klang laut und deutlich: »Willst du eine Custom-Harley? Besuche deinen Harley-Davidson-Vertragshändler – wir kümmern uns um den Rest.«

TECHNISCHE DATEN XL 1200 N NIGHTSTER (2007)

MOTOR: OHV-V2-MOTOR, 45° ZYLINDERWINKEL (»EVO-SPORTSTER«, ELASTISCH AUFGEHÄNGT)

HUBRAUM: 1.200 cm³ (73,2 ci)

BOHRUNG X HUB: 89 x 96,8 mm

VERDICHTUNGSVERHÄLTNIS: 9,7:1

MAXIMALES DREHMOMENT: 107 Nm bei 4.000/min

GEMISCHAUFBEREITUNG: elektronisch geregelte sequenzielle Saugrohr-Einspritzung ESPFI

ELEKTRIK, ZÜNDUNG: 12 Volt, elektronische Zündung

GETRIEBE: 5 Gänge

KUPPLUNG: Mehrscheiben-Ölbadkupplung

ENDANTRIEB: verstärkter Kevlar-Zahnriemen

RÄDER: vorn 2,15 x 19", hinten 3 x 16"

REIFEN: vorn 100/90-19, hinten 150/80-16

GABEL: Showa 39 mm

BREMSEN: vorn Scheibenbremse (292 mm) mit Zweikolben-Bremssattel, hinten eine Scheibe (292 mm) mit Einkolben-Bremssattel

RADSTAND: 1.524 mm ◆ **SITZHÖHE:** 67 cm ◆ **KRAFTSTOFFTANK:** 12,5 Liter

ÖLTANK: 3,4 Liter ◆ **GEWICHT:** 256 kg

FARBOPTIONEN: Zweifarbig Perlmutt-Wildlederblau/Glänzend Schwarz; Brillant-Silber-Denim/Schwarz-Denim; Perlmutt-Mirage-Orange/Glänzend Schwarz; Perlmutt-Olive-Denim/Schwarz-Denim; Glänzend Schwarz

LINKS: Der ursprüngliche Standort des Peanut-Tanks befand sich über einem kleinen Zweitaktmotor in der S 125 von 1948. Wer hätte damals gedacht, dass er 73 Jahre später immer noch produziert werden würde?

2010 – XL 1200 X Sportster Forty-Eight

Was soll eine »Achtundvierzig« sein? Nun, diese Zahl steht für das Jahr, in dem der Peanut-Tank erstmals auf einer Harley-Davidson montiert wurde – der S 125.

Und was bitte ist eine S 125? Das ist eine weitere gute Frage. Die S 125 war ein kleines Motorrad, das von einem 125er-Einzylinder-Zweitaktmotor angetrieben wurde – nach typischen Maßstäben also kaum eine Harley. Die kleine Maschine kam als Reparationsleistung aus Deutschland nach dem Zweiten Weltkrieg ins Harley-Programm. Die Motor Company erhielt (wie einige andere Hersteller) Patentrechte für die robuste und vor Kriegsbeginn fortschrittliche RT 125 von DKW aus Zschopau und begann 1948 mit dem Bau der S 125.

Das auch als »Hummer« bekannte Einsteigermotorrad wurde während ihrer gesamten (bis 1966 währenden) Bauzeit mit genau jenem Tank ausgerüstet, der ab 1958 auch für die Sportster verwendet wurde und dort bis 1996 mit kleinen Änderungen blieb. Dann kam der größere 12,5-Liter-Tank, der zwar etwas an den alten Behälter angelehnt war, aber lange nicht mehr so puristisch wirkte.

RECHTS: Das ist eine Sportster? Wow! Mit vielen offensichtlichen Custom-Anleihen war die XL 1200 X Forty-Eight etwas ganz Besonderes.

2010 wurde bei Harley-Davidson entschieden, den kultigen Peanut-Tank zurückzubringen und die Welt daran zu erinnern, dass er erstmals 1948 auf einer Harley steckte. Der Tank fasste nur knapp acht Liter (statt 8,5), weil jetzt auch die Einspritzpumpe darin untergebracht werden musste.

Unter Verwendung ähnlicher Komponenten wie bei der Nightster wurde auch die Forty-Eight vom 1200er-Sportster-Motor angetrieben, der weiterhin mit 107 Nm bei 4.000/min einen beträchtlichen Durchzug entwickelte. Seine Gehäuse und Zylinder waren jetzt mit mattschwarzem Lack überzogen und wiesen polierte Akzente auf.

Das Heck ähnelte mit dem gekappten Schutzblech, den in die Blinker integrierten Rück- und Bremsleuchten und dem seitlichen Kennzeichenhalter der Nightster, und wie bei dieser passte ein 150 mm breiter Reifen hinein. An der Front unterschied sich die Forty-Eight jedoch beträchtlich von der

Nightster. Die Gabelbrücken waren breiter, damit zwischen die Gabelholme ein ca. 130 mm breiter Reifen der Größe MT90-16 passte. Gleich geblieben waren der Standrohr-Durchmesser (39 mm) sowie schwarz lackierte Felgen mit verchromten Drahtspeichen. Der Scheinwerfer wurde wie bei der Wide Glide an der unteren Gabelbrücke montiert und wies dadurch keine »Augenbraue« mehr auf.

Die durch den kleinen Tank stark verringerte Reichweite wurde durch den sehr geringen Federweg von lediglich 4 cm relativiert, da hierdurch regelmäßige Tankstopps sehr willkommen waren. Coolness hat ihren Preis.

Die geschwärzten Fußrastenträger samt Pedalerie waren vorverlegt, und durch den flachen Lenker musste eine typische Street-Cruiser-Position eingenommen werden. Wie bei der Nightster, musste auch hier lediglich ein runder Tachometer im Auge behalten werden.

An der Forty-Eight war nicht viel Farbe zu finden. Bis auf den Peanut-Tank war alles in Schwarz gehalten, der kleine Benzinbehälter konnte auf Wunsch in Silber oder Orange optisch hervorgehoben werden.

TECHNISCHE DATEN
XL 1200 X FORTY-EIGHT (2010)

MOTOR: OHV-V2-MOTOR, 45° ZYLINDERWINKEL (»EVO-SPORTSTER«, ELASTISCH AUFGEHÄNGT)

HUBRAUM: 1.200 cm³ (73,2 ci)

BOHRUNG X HUB: 89 x 96,8 mm

VERDICHTUNGSVERHÄLTNIS: 9,7:1

MAXIMALES DREHMOMENT: 107 Nm bei 4.000/min

GEMISCHAUFBEREITUNG: elektronisch geregelte sequenzielle Saugrohr-Einspritzung ESPFI

ELEKTRIK, ZÜNDUNG: 12 Volt, elektronische Zündung

GETRIEBE: 5 Gänge

KUPPLUNG: Mehrscheiben-Ölbadkupplung

ENDANTRIEB: verstärkter Kevlar-Zahnriemen

RÄDER: vorn und hinten 3 x 16" mit 40 Drahtspeichen

REIFEN: vorn MT90B16 (130/90-16), hinten 150/80-16

GABEL: Showa 39 mm Wide Glide

BREMSEN: vorn Scheibenbremse (292 mm) mit Zweikolben-Bremssattel, hinten eine Scheibe (260 mm) mit Einkolben-Bremssattel

RADSTAND: 1.519 mm

SITZHÖHE: 68 cm

KRAFTSTOFFTANK: 8 Liter

ÖLTANK: 3,4 Liter

GEWICHT: 258 kg

PREIS: 10.499 US-$ (10.395 EUR)

FARBOPTIONEN: Glänzend Schwarz; Perlmutt-Brillant-Silber; Perlmutt-Mirage-Orange

2011 – XR 1200 (X)

Im Jahr 2008 stellte Harley-Davidson seine sportlichste Sportster aller Zeiten vor – die XR 1200. US-Amerikaner schauten anfangs in die Röhre, denn das Motorrad war zunächst nur auf internationalen Märkten erhältlich; erst ab 2009 wurde es auch in den USA angeboten. Wenn man sich das Motorrad anschaut, kann man sich vorstellen, warum das so war. Amerikaner lieben traditionelle Harley-Davidsons – und diese Maschine war definitiv keine traditionelle Sportster. Die Buchstaben XR deuten bereits darauf hin, dass es Anlehnungen an die Flat-Track-Legende gab. Aber da war definitiv mehr. Dennoch war es nicht leicht, die Maschine in eine Kategorie einzuordnen. Sie war weder ein Sportmotorrad noch ein Cruiser oder ein Street-Fighter. Obwohl sie offensichtlich noch zur Sportster-Familie gehörte, war sie etwas ganz Besonderes.

Das »Sportster« an diesem Motorrad war definitiv der kompakte Stahlrohrrahmen mit den Gummiaufnahmen für den Motor. Und auch das Triebwerk wies als 1200er-V2 mit Fünfganggetriebe auf seine XL-Herkunft hin.

Der Motor unterschied sich jedoch deutlich vom Standardtriebwerk: Zylinderköpfe mit vergrößerten Kanälen, hoch verdichtende Kolben, Nockenwellen mit mehr Hub sowie eine erleichterte Kurbelwelle sorgten zusammen mit einem 50 mm großen Drosselklappengehäuse für die sequenzielle Saugrohr-Einspritzung sowie mit einem unter dem von der XR inspirierten Tank sitzenden Airbox dafür, dass die Drehzahl auf 7.000/min erhöht und die Leistung auf 90 PS gesteigert werden konnte. Zusammen mit einem maximalen Drehmoment von 100 Nm bewies das Motorrad, dass es zu Recht das XR-Erbe antreten durfte.

Die einzigartige Zwei-in-Eins-in-Zwei-Auspuffanlage war so abgestimmt, dass sie sowohl das Drehmoment förderte als auch der Motorleistung nur wenig entgegensetzte. Damit der luftgekühlte Hochleistungsmotor keine Probleme bekam, wurde erstmals bei Harley die »Präzisions-Ölkühlung« eingesetzt, bei der durch einen links am Motor sitzenden Ölkühler strömendes Öl zunächst um die Einlassbereiche und dann die Auslassbereiche beider Zylinderköpfe geführt wird, um diese kritischen Bereiche nicht zu heiß werden zu lassen.

Auch das Fahrwerk der XR 1200 war definitiv kein Sportster-Standard. Die Upside-down-Gabel mit 43 mm Innenrohr-Durchmesser von Showa war speziell für Harley-Davidson entwickelt worden und mit »Big-Piston«-Dämpfersystemen ausgerüstet.

LINKS: Die XR 1200 passte in keine Schublade. Für Cruiser war sie zu sportlich, für Sportler trotz 90 PS zu schwach und zu schwer. Von den ursprünglichen Sportster-Elementen war außer dem Rahmen und dem Grundaufbau des Motors nicht viel übrig geblieben.

Die Doppelscheibenbremse des Vorderrads (292 mm Durchmesser) wurde mit Vierkolben-Bremssätteln von Nissin ausgerüstet. Das Vorderrad selbst hatte einen Durchmesser von 18 Zoll – ein guter Kompromiss zwischen der Standardgröße für die Sportster (19") und »normalen« Sportmotorrädern (17").

Wie das Vorderrad, war auch das Hinterrad (in 17"-Sportbike-Größe) als leichtes Dreispeichen-Gussrad gestaltet. Geführt wurde es in einer steifen Leichtmetallschwinge, die etwa 1,4 kg leichter war als die sonst übliche Stahlschwinge.

Die Anbauteile der XR unterschieden sich komplett vom restlichen Sportster-Programm. Der eigentliche Benzintank bestand aus Kunststoff und war mit einer Haube aus Metall verdeckt. Der Tankdeckel war bündig in die Abdeckung integriert. Die direkt hinter dem Tank beginnende Heckverkleidung war hochgezogen und beherbergte neben einem sportlichen Fahrersitz einen Not-Soziusplatz. Insgesamt erinnerte die »Karosserie« deutlich an die XR-750.

Die Bedienelemente dieser Sportster (ja, es war wirklich eine Sportster) bestanden aus einer zurückversetzten Fußrastenanlage und einem Standardlenker, was zu einer ungewöhnlichen Sitzhaltung führte. Die Instrumentierung war mit einem großen analogen Drehzahlmesser und einem kleinen Digitaltacho auf Sportlichkeit ausgerichtet.

Die von 2008 bis 2013 angebotene XR 1200 war bereits 2006 in Europa vorgestellt worden. Mitte 2010 erschien –

wieder nur außerhalb der USA – die XR 1200 X. Weitgehend auf der XR 1200 basierend, hatte man sich das Fahrwerk noch einmal vorgenommen und sowohl die Gabel als auch die jetzt mit Ausgleichsbehältern versehenen hinteren Federelemente sowohl in der Federvorspannung als auch in der Zug- und Druckstufe einstellbar gestaltet. Die vorderen Bremsscheiben waren jetzt schwimmend gelagert. Die einzige lieferbare Farbe war zunächst Mattschwarz.

2011 wurde nur noch die X-Variante – jetzt auch in den USA sowie wahlweise in Schwarz-Weiß-Lackierung – angeboten, doch bereits ein Jahr später gab es sie in den meisten Ländern nicht mehr, nur noch in Brasilien wurde sie bis 2013 verkauft.

Obwohl die XR-Modelle von Fahrern und Magazinen gute Kritiken erhielten, wurden in fünf Jahren weltweit nur 11.000 Stück verkauft – zwei Drittel davon außerhalb der Vereinigten Staaten. In Deutschland waren sie 2011 sogar die meistverkauften Harleys. Warum waren sie in der Heimat nicht populärer? Wieder einmal war es für treue Harley-Fans schwierig, unkonventionelle Harley-Davidsons in Betracht zu ziehen, geschweige denn sie zu kaufen. Die XR 1200 teilte diese Erfahrung mit anderen großartigen Experimenten wie der XLCR und der XR-1000. Internationale Märkte sind bei Angeboten der Motor Company offen für Veränderungen sowie unterschiedliche Motorräder und Stile. Weil man dies in Milwaukee wusste, hatte man die XR-1200-Modelle zuerst in Übersee angeboten.

TECHNISCHE DATEN XR 1200 X (2010)

MOTOR: OHV-V2-MOTOR, 45° ZYLINDERWINKEL (»EVO-SPORTSTER«, ELASTISCH AUFGEHÄNGT)

HUBRAUM: 1.200 cm³ (73,2 ci)

BOHRUNG X HUB: 89 x 96,8 mm

VERDICHTUNGSVERHÄLTNIS: 10,0:1

GEMISCHAUFBEREITUNG: elektronisch geregelte sequenzielle Saugrohr-Einspritzung ESPFI, 50 mm

GETRIEBE: 5 Gänge

KUPPLUNG: Mehrscheiben-Ölbadkupplung

ENDANTRIEB: verstärkter Kevlar-Zahnriemen

REIFEN: vorn 120/70-18, hinten 180/55-17

GABEL: Showa 39 mm Wide Glide

BREMSEN: vorn schwimmend gelagerte Scheibenbremse (292 mm) mit Vierkolben-Bremssattel, hinten eine Scheibe (260 mm) mit Einkolben-Bremssattel

RADSTAND: 1.524 mm

SITZHÖHE: 74 cm

KRAFTSTOFFTANK: 13,25 Liter

ÖLTANK: 3,4 Liter

GEWICHT: 250 kg trocken

PREIS: 11.799 US-$ (11.990 EUR)

FARBOPTIONEN: Mattschwarz; Mattweiß

2012 – XL 1200 V Sportster 72

Die Sportster 72 war eine Version aus der Dark-Custom-Reihe, die wie ein kalifornisches Custombike der 1970er-Jahre aussah. Der Look dieser Maschine erinnert speziell an jene Motorräder, die seinerzeit über den Whittier Boulevard (Highway 72) rollten – das Mekka der Cruising-Boulevards. Natürlich ist diese Maschine nicht originalgetreu, aber im Geist der Siebziger aufgebaut – mit Apehanger-Lenker und

RECHTS: Die Sportster 72 mit ihrer Metallflake-Lackierung, dem kleinen Peanut-Tank, verchromten Speichenrädern (vorn 21"), Weißwandreifen und einem Mini-Apehanger bot einen unverwechselbaren Custombike-Look.

TECHNISCHE DATEN
XL 1200 V SPORTSTER 72 (2012)

MOTOR: OHV-V2-MOTOR, 45° ZYLINDERWINKEL (»EVO-SPORTSTER«, ELASTISCH AUFGEHÄNGT)

HUBRAUM: 1.200 cm³ (73,2 ci)

BOHRUNG X HUB: 89 x 96,8 mm

VERDICHTUNGSVERHÄLTNIS: 9,7:1

GEMISCHAUFBEREITUNG: elektronisch geregelte sequenzielle Saugrohr-Einspritzung ESPFI

ELEKTRIK, ZÜNDUNG: 12 Volt, elektronische Zündung

GETRIEBE: 5 Gänge

KUPPLUNG: Mehrscheiben-Ölbadkupplung

ENDANTRIEB: verstärkter Kevlar-Zahnriemen

RÄDER: vorn 21", hinten 3 x 16"-Drahtspeichenräder

REIFEN: vorn MH90-21 (130/90-16), hinten 150/80-16

GABEL: Showa 39 mm

BREMSEN: vorn Scheibenbremse (292 mm) mit Zweikolben-Bremssattel, hinten eine Scheibe (260 mm) mit Einkolben-Bremssattel

RADSTAND: 1.524 mm

SITZHÖHE: 71 cm

KRAFTSTOFFTANK: 8 Liter ◆ **ÖLTANK:** 3,4 Liter

GEWICHT: 252 kg ◆ **PREIS:** 10.499 US-$ (10.995 EUR)

Glitterlack. Custombikes der 1970er waren völlig anders als das, was man heute sieht: schön, aber oft grobschlächtig – also alles andere als serientauglich.

Die Sportster 72 von 2012 war ein echtes Werks-Custombike. Vieles hat sich in den letzten 50 Jahren geändert: kein Kickstarter mehr, Benzineinspritzung statt Vergaser, verlässliche Elektrik und Elektronik – einfach gesagt: Evolution (Wortspiel beabsichtigt). Mit der Sportster 72 lieferte Harley-Davidson ein Custombike für alle, die wissen wollten, wie es ist, etwas Cooles zu fahren, das nach modernen Standards gebaut wurde. Schon damals wurden viele Sportster umgebaut und individualisiert. Sie waren schnell, leicht und boten eine billigere Grundlage als die Big Twins. Also gab es keine bessere Plattform für die neue »72« als die XL 1200. Der Motor galt als leistungsstark und äußerst zuverlässig, und durch seine elastische Aufhängung machte er das Fahren noch angenehmer.

Was die 72 von der Standard-Sportster abhob, waren Details wie das verchromte 21-Zoll-Drahtspeichen-Vorderrad mit Weißwandreifen. Der »Bullet«-Scheinwerfer war auf der unteren Brücke der 39-mm-Showa-Gabel montiert. In der Mitte des relativ milden Apehanger-Lenkers saß ein Tachometer mit Chromgehäuse – aber kein Drehzahlmesser. Dieses Bike war anders als andere Maschinen aus der »Dark Custom«-Reihe mit reichlich Chrom verziert (Motordeckel, Kipphebeldeckel, Luftfilterdeckel). Auch das gekürzte hintere Schutzblech wurde mit verchromten Haltern fixiert. Wie bei der Nightster und der Forty-Eight war der Kennzeichenträger an der Schwinge befestigt. Die ebenfalls verchromten Stoßdämpfer boten immerhin 53 mm Federweg – was als guter Kompromiss zwischen cool und bequem angesehen werden konnte. Der Weißwand-Hinterreifen in Sportster-Standardgröße 150/80-16 war ebenfalls auf einem verchromten Drahtspeichenrad aufgezogen. Vorverlegte Fußrasten unterstrichen ein Custom-typisches Fahrgefühl.

Der knapp acht Liter fassende Tank war bereits 2010 für bestimmte Modelle wieder ins Sportster-Programm zurückgekehrt. Es war die Lackierung, die dieses Motorrad zu etwas ganz Besonderem machte, und drei Farben standen zur Auswahl: Black Denim, Big Blue Pearl und Hard Candy Big Red Flake. Wenn der Name »Big Flake« beinhaltet, war es auch so gemeint! Die verwendeten Metallflocken waren reinstes Retro.

LINKS: Auch ihr aggressives Styling half der XL 1200 Roadster von 2017 nicht, den Abgesang der Sportster-Reihe aufzuhalten. Mit ihren von den XR-Modellen abgeleiteten sportlichen Fahrwerkskomponenten samt ungewöhnlichem 18-Zoll-Hinterrad darf sie als sportlichste XL-Evo-Sportster aller Zeiten bezeichnet werden.

Mit der 72 bot Harley-Davidson wieder einmal ein Serienmotorrad mit allen Custom-Extras an, die sein Besitzer sowieso gern hinzugefügt hätte. Dies ließ ihm mehr Zeit für wichtige Dinge – beispielsweise das Cruisen auf dem eigenen Highway 72, wo er mit Sicherheit viele Blicke auf sich ziehen würde.

Sportster ab 2012

Das Sportster-Kapitel endet hier nicht, weil es keine interessanten Motorräder mehr gab, sondern nur, weil in der Sportster-Reihe keine größeren Änderungen mehr stattfanden. Die meisten Modifikationen betrafen lediglich das Aussehen, das Anbringen verschiedener Zubehörteile oder Änderungen der Farbschemen.

Bereits die Sportster des Modelljahrs 2021 wurden in Europa nicht mehr angeboten, weil sie nicht die Euro-5-Norm erfüllten. Komplett eingestellt wurde die Baureihe dann Ende 2021. Dies geschah sicherlich nicht, weil die

Harley-Davidson
1200

Verkaufszahlen des immer noch großartigen Motorrads zu gering waren, sondern weil Umweltauflagen immer strikter wurden. Vor allem luftgekühlte Motoren lassen sich sowohl in der Geräuschdämmung (kein Wassermantel) als auch bei den Abgaswerten (mehr Spiel zwischen Motorkomponenten aufgrund größerer Temperaturunterschiede lässt Gase leichter entweichen) immer schwieriger über Emissions-Hürden hieven. Und wie bereits in der Einleitung dieses Buches erwähnt, haben Emissionen bei der Entwicklung aller Modelle vor allem seit Anfang der 1970er-Jahre eine große Rolle gespielt.

Seit dem Modelljahr 2022 steht die neue Sportster S bereit – weiterhin mit V2-Motor und vier Nockenwellen. Der Rest ist neu: Die Nockenwellen liegen in den Zylinderköpfen und öffnen direkt jeweils vier Ventile. Die jetzt um 60° gespreizten Zylinder sind wassergekühlt, und aus 1.250 cm^3 Hubraum schöpft das kurzhubige Triebwerk (Bohrung x Hub: 105 x 72,3 mm) gewaltige 122 PS bei 7.500/min. Das maximale Drehmoment von 125 Nm bei 6.000/min weist darauf hin, dass die Tradition der durchzugsstarken Sportster nicht aufgegeben wurde. Die neue Sportster wird ihre Fans finden.

Wir befinden uns in einer Phase der Verkehrsgeschichte, in der Fahrzeughersteller sich anpassen müssen, um zu überleben. Harley-Davidson hat immer die richtigen Änderungen zur rechten Zeit vorgenommen. Ob die neue Sportster wieder 64 Jahre alt wird?

GEGENÜBER: Dieses Motorrad hat sogar den Autor getäuscht! Beim ersten Anblick der XL 1200 NS Iron von 2019 vermutete er, jemand hätte einen sehr guten individuellen Umbau abgeliefert. Doch dieser »jemand« war Harley-Davidson selbst. Die Designer der Motor Company wissen eindeutig, was sie tun.

HARLEY-DAVIDSON

Kapitel 7

Die Shovelhead-Ära

Harleys Flaggschiff, die Duo-Glide, hatte 1965 einen elektrischen Anlasser erhalten, um das Panhead-Triebwerk mit seinen 74 ci Hubraum leichter starten zu können. Hierdurch wurde die FLH in Electra-Glide umgetauft. Mit allem Zubehör (Batterie, Magnetschalter, zusätzliche Verkabelung) war die Maschine inzwischen 355 kg schwer geworden (die erste Duo-Glide von 1958 brachte noch 294 kg auf die Waage). Und auch wenn die 122 (metrischen) Zusatzpfunde nicht nur dem Anlassersystem angelastet werden konnten, war kaum zu bezweifeln, dass der Big Twin aus Milwaukee immer gewichtiger wurde. Die Lösung war, dem 17 Jahre alten Panhead-Motor einen Leistungsschub zu verpassen.

1966 – Pan-Shovel

Ein Jahr nach dem E-Starter gab Harley-Davidson seinem Big Twin ein paar Zusatz-PS mit auf den Weg, indem neue Zylinderköpfe (abgeleitet von den Sportster-Köpfen) samt optimierten Brennräumen auf die Zylinder gesteckt wurden. Offiziell hießen diese neuen Köpfe »Power Pac«, doch weil es sich inzwischen um die dritte Generation der OHV-Zylinderköpfe handelte, begannen die Fans langsam damit, sie mithilfe inoffizieller Bezeichnungen zu unterscheiden – diese wurden die »Shovelheads« (Schaufel-Köpfe).

Die neuen Köpfe wiesen verbesserte Ein- und Auslasskanäle auf, und ihre weiterhin halbkugelförmigen Brennräume waren weniger tief ausgeformt. Die Ventile standen flacher (79,5 statt 90°) zueinander, sodass die Kolbenböden weniger Wölbung aufweisen mussten. So konnten gleichzeitig die Verdichtung erhöht und die Verbrennung verbessert werden, was am Ende die Leistung um zehn Prozent steigerte.

Die FLHB Electra-Glide von 1966 - dem ersten Jahr mit dem Pan-Shovel-Motor, wie er später genannt wurde. Diese Konfiguration wurde bis 1969 gebaut, sodass diese Motorräder als Raritäten bezeichnet werden können.

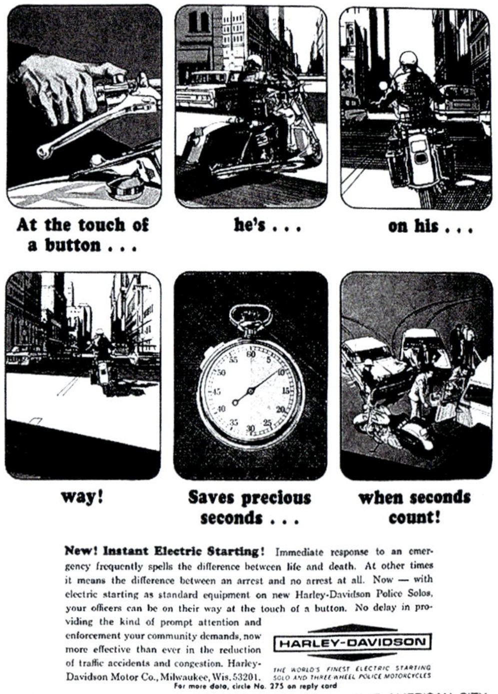

RECHTS: Weil die »High Compression« der FLHB nicht von außen erkennbar ist, wurde das »H« am Öltank angebracht. Das »B« steht für Batterie (und elektrischen Anlasser).

Nun zum Spitznamen »Shovelhead«: Es stellte sich heraus, dass die aus Aluminiumguss gefertigten Kipphebelgehäuse auf den Kopf gestellten Kohleschaufeln ähnelten. Daran lässt sich auch erkennen, dass zu dieser Zeit noch viele Arbeiter zum Kundenkreis der Motor Company gehörten, die überhaupt solche Assoziationen herstellen konnten.

Während also im oberen Stockwerk praktisch alles erneuert wurde, blieben die darunterliegenden Stahlguss-Zylinder unverändert. Auch am Motorgehäuse der 1966er FLB wurde gegenüber der Panhead so gut wie nichts modifiziert. Lediglich die zuvor zwischen den Stößelblöcken liegende interne Ölleitung wurde hinter den hinteren Block verlegt. Zu den äußeren Neuerungen gehörten ein geglätteter rechter Motordeckel, der die verrippte Version der Panhead ersetzte.

Die erste Shovelhead-Baureihe mit der alten Generator-Zündanlage wurde bis 1969 ca. 30.000-mal gebaut. Nach lediglich drei Jahren war also mit der »Generator-Shovelhead« oder eben »Pan-Shovel« die Ära einer der schönsten Big Twins schon wieder zu Ende.

OBEN: Diese in Kristallblau und Weiß lackierte FLFB von 1966 trug erstmals den bis in die 2000er-Jahre eingesetzten »Fleischdosen«-Luftfilter.

RECHTS: Die FLHF von 1971 erhielt das neue AMF-Harley-Davidson-Logo. Gut erkennbar ist der ein Jahr zuvor eingeführte konusförmige Motordeckel. Auch der Kickstarter war bereits 1970 verschwunden.

OBEN: Viele Polizeibehörden schworen auf Motorräder von Harley-Davidson. Diese FLPF von 1970 war mit einer Fußschaltung ausgerüstet, doch viele Polizeimaschinen wurden mit der bis 1972 erhältlichen Handschaltung bestellt.

TECHNISCHE DATEN: »PAN-SHOVEL« (1966–1969)

MOTOR: OHV-V2-MOTOR, 45° ZYLINDERWINKEL

HUBRAUM: 73,33 ci (1.208 cm³)

BOHRUNG X HUB: $3\,^{7}/_{16}$ x $3\,^{31}/_{32}$" (87,4 x 100,8 mm)

VERDICHTUNGSVERHÄLTNIS: FL: 7,25:1; FLH: 8,0:1

GEMISCHAUFBEREITUNG: Linkert DC (1966), Tillotson 1 ½" Gleichdruckvergaser (1967–1969)

ELEKTRIK: 12 Volt, elektrischer Anlasser, Verteilerzündung

1970 – »CONE-SHOVEL«

Die nächste größere Änderung an den Big Twins fand 1970 statt: Der etwas eigenwillig geformte Deckel für das Nockenwellengehäuse und die Generator-Lichtmaschine – »Nieren«-Deckel genannt – war seit der Knucklehead ein durchgehendes Merkmal aller OHV-Harleys gewesen. Doch jetzt wurde vom (Gleichstrom-)Generator zum (Wechselstrom-) Alternator gewechselt, der direkt auf dem linken Kurbelwellenstumpf saß und mit dem hinter dem Primärtrieb-Ritzel sitzenden Regler verbunden war. Somit war der schwere, vor dem Motorgehäuse aufgehängte Generator Geschichte. Die Kontaktzündung wurde auf den rechten Nockenwellenstumpf verlegt, sodass hier entsprechend Platz geschaffen werden musste – das Ergebnis war der neue konusförmige rechte Motordeckel. Insgesamt war der Motorrumpf durch neue Primärtrieb-Deckel und den rechten Motordeckel etwas breiter geworden – aber insgesamt auch leichter.

Auch am rechten Getriebedeckel hatte sich etwas getan: Der Kickstarter war verschwunden. Für eine einfachere Kontrolle wurde 1970 der Öltankdeckel von unter dem Sitz nach außen verlegt. In diesem Jahr begann die Motor Company erstmals damit, Motoren und Rahmen mit den gleichen Seriennummern zu versehen. Die Fahrzeug-Identifikationsnummer (FIN) wurde zugleich auf einen neunstelligen Code umgestellt: Die ersten beiden Ziffern standen für den Modellcode, die nächsten fünf für die fortlaufende Produktionsnummer (immer ab 10.000), und die letzten zwei Ziffern zeigten das Baujahr an. Hiermit folgten die Seriennummern den vorherigen Rahmennummern, nicht den Motornummern.

1971 – FX Super Glide, Night Train

Spätestens nach dem Film *Easy Rider* bemerkte auch der letzte Mitarbeiter bei Harley-Davidson, dass viele Besitzer ihre Maschinen teilweise stark modifizierten, um sie leichter und schnittiger zu machen. Mit diesem Gedanken im Hinterkopf entwarf Willie G. Davidson das, was als erstes Werks-Custombike der Welt bekannt werden sollte und als FX Super Glide vorgestellt wurde. Interessanterweise wurde das neue Motorrad später als Night Train vermarktet, doch Harley-Fans hielten an Super Glide fest, sodass die FX seither mit diesem Namen verbunden wird.

Die Super Glide war eigentlich kaum mehr als eine Trickkiste. Ihr Fahrgestell samt Motor basierte auf der FL, die Gabel mit allen Anbauteilen stammte aus dem Sportster-Regal. Dies erklärt auch die Zusammensetzung der Modellbezeichnung: Hinten F (L), vorn X (L).

Auch die einzigartige Sitzbank-Heckverkleidungs-Kombination – bekannt als »Boat-Tail« – war von der ein Jahr zuvor mit einem ähnlichen Heck ausgerüsteten Sportster abgeleitet (siehe Seite 126). Bei der Kundschaft lösten beide scheinbar vom Bootsbau inspirierten Konstruktionen gemischte Gefühle aus.

Die einzigartige Konstruktion der FX platzierte sie in mancherlei Hinsicht zwischen den FL- und XL-Modellen. So wog sie mit 246 kg etwa 90 kg weniger als eine Electra-Glide (was vor allem auf den fehlenden Anlasser samt entsprechend dimensionierter Batterie zurückzuführen war) und nur rund 27 kg mehr als eine Sportster.

Mit 4.700 verkauften Maschinen (im Vergleich zu 6.675 FL- und FLH-Modellen) im ersten Baujahr erzielte die FX einen beeindruckenden Erfolg. Es gab zunächst zwei Standardlackierungen: Schwarz und Birkenweiß. Harley bot die FX gegen Aufpreis auch in den Metallicfarben Burgunderrot, Blau, Grün, Türkis, Rot, Kupfer und dem kultigen rot-weiß-blauen »Sparkling America« an, das bei Sammlern inzwischen zur begehrtesten Lackierung geworden ist.

LINKS: 1971 gab es bei Harley-Davidson nicht nur hinsichtlich der Besitzverhältnisse große Veränderungen, sondern auch im Styling der Motorräder. Die FX Super Glide feierte ihr Debüt mit dem geliebten oder gehassten Bootsheck aus GFK. Der Rest der Kombination aus FL und XL wirkte dagegen stimmig.

RECHTS: Diese 1971er FX trägt die berühmte »Sparkling America«-Lackierung.

OBEN: Die 1971er FX Super Glide in Sparkling Red. Trotz ihres radikalen Designs und des fehlenden E-Starters verkaufte sich die Maschine im ersten Jahr 4.700-mal. Offensichtlich war Willie G. Davidson auf der richtigen Spur.

Willie G. und sein Designteam schwächten das Styling der FX für 1972 etwas ab, indem sie das Bootsheck durch ein konventionelles Schutzblech samt Stufensitzbank ersetzten. Die Verkaufszahlen stiegen auf 6.500 Einheiten an. Dank ihrer unverzüglichen Verkaufserfolge begründeten die Super Glides ab 1971 ein völlig neues Motorrad-Genre – das Factory-Custombike. Und obwohl viele Mitbewerber sich ebenfalls an diesem einzigartigen Stil versucht haben, blieb Harley-Davidson bis heute die dominierende Kraft auf diesem Markt. All dies haben wir Willie G. Davidson und seiner FX Super Glide zu verdanken.

1977 – FXS Low Rider

Ab 1974 wurde die FX Super Glide von der FXE begleitet, die sich bequem per elektrischem Anlasser starten ließ. Mit 3.034 verkauften FX und sogar 6.199 FXE übertraf die neue Baureihe inzwischen deutlich die Electra-Glide-Modelle (5.166 FLH und 1.310 FLHF). Doch Harley-Davidson hatte ein noch interessanteres Modell in Planung: die 1977 auf einer Händlermesse vorgestellte FXS Low Rider, mit der das Werks-Custom-Konzept auf ein neues Niveau angehoben werden sollte.

TECHNISCHE DATEN: FX SUPER GLIDE / NIGHT TRAIN (1971)

MOTOR: OHV-V2-MOTOR, 45° ZYLINDERWINKEL (»SHOVELHEAD«)

HUBRAUM: 73,33 ci (1.208 cm³)

BOHRUNG X HUB: $3\,^{7}/_{16}$ x $3\,^{31}/_{32}$" (87,4 x 100,8 mm)

VERDICHTUNGSVERHÄLTNIS: 8,0:1

GEMISCHAUFBEREITUNG: Bendix-Vergaser

GETRIEBE: 4 Gänge in konstantem Eingriff, Fußschaltung

ELEKTRIK: 12 Volt, Kontaktzündung

BREMSEN: vorn und hinten 8"-Trommel (203 mm)

RADSTAND: 1.586 mm

SITZHÖHE: 75 cm

REIFEN: vorn 3.50-19, hinten 5.00-16

KRAFTSTOFFTANK: 13,25 Liter

ÖLTANK: 3,8 Liter

GEWICHT: 246 kg

PREIS: 2.190 US-$ (12.671 DM - 1972)

Die FXS Low Rider besaß praktisch alle Custombike-Komponenten, die man sich für ein Serienmotorrad wünschen konnte. Die hinteren Federbeine waren kürzer, um das Heck abzusenken, während die gegenüber der FX um 25 mm verlängerte Gabel in einem flacheren Winkel von 32° stand, um dem Motorrad den gestreckten Look eines Choppers zu verleihen.

Ein spezieller Zwei-in-Eins-Auspuff mit schräg abgeschnittenem Schalldämpfer spiegelte genauso wie der flache Drag-Bar-Lenker mit zurückgezogenen Risern die Styling-Trends der damaligen Zeit wider. Die konturierte und verrippte Sitzbank war auch deshalb so beliebt, weil sie nicht wie ein Seriensitz aussah, sondern wirklich individuell wirkte. Und es war tatsächlich die niedrige Sitzhöhe, die zusammen mit der insgesamt flachen Gestaltung der Low Rider ihren Namen gab. Die Maschine verfügte über Neunspeichen-Gussräder von Morris in 19 und 16 Zoll, die mit weiß beschrifteten Goodyear-Eagle-Reifen bezogen waren. Insgesamt bot die Low Rider eine Optik, die nie zuvor bei irgendeinem Serienmotorrad zu sehen war.

RECHTS: Harley war wieder im Gespräch. Die 1972er Super Glide mit der Zusatzbezeichnung Midnight Express traf mit ihrem schlichten Design und dem unverfälschten Stil den Nagel auf den Kopf. Wer hätte gedacht, dass eine Kombination aus Electra-Glide und Sportster so gut aussehen würde? Es war Willie G.!

GEGENÜBER: Das neue Design der FXS zeigte, wie Motorradfahrer ihre Maschinen zu dieser Zeit umgestalten würden. Für 1977 und 1978 war »Holzkohlesilber« die einzige verfügbare Farbe, aber das tat den Verkäufen keinen Abbruch: Insgesamt verließen 13.529 Maschinen dieses Typs die Montagehallen der Motor Company.

Der 13,25-Liter-Tank mit zwei Einfüllstutzen war mit einer Konsole ausgerüstet, die mit einem Tachometer und einem Drehzahlmesser versehen und mit schwarzem Kräusellack überzogen war, was wiederum den Custom-Look verstärkte. Auch der 74-ci-Motor war teilweise mit dieser Farbe sowie einem Ölkühler ausgerüstet.

Die FXS trug die gleiche Fußrastenanlage wie die ursprüngliche FX, doch die zusätzlichen Highway-Rasten unten an den vorderen Rahmenunterzügen deuteten erneut darauf hin, dass es sich bei diesem Motorrad eher um ein Custombike als um ein Serienmotorrad handeln würde.

Das vielleicht auffälligste Merkmal der Low Rider war ihre Lackierung. Zwar war sie nur in einer Farbe – »Holzkohlesilber« – erhältlich, doch diese Metallic-Lackierung wurde durch den orangefarbenen Schriftzug im alten Stil am Tank verblüffend konterkariert.

Anfangs hatte man bei Harley-Davidson deutlich unterschätzt, wie gut die Low Rider von der Kundschaft angenommen wurde. Die Produktions- und damit auch die Verkaufszahlen lagen 1977 bei 3.742 Einheiten, doch im folgenden Jahr fanden 9.787 Maschinen dieses Typs ihren Weg in die Garagen der Kunden! Die FX-Baureihe (FX, FXE und FXS) wurde 1978 zur meistverkauften Harley-Plattform.

HARLEY-DAVIDSON
QUALIFIER

HARLEY-DAVIDSON
Heritage Edition
FLH

Technische Daten: 1977 FXS Low Rider

Engine: 74ci/73.66ci (1,200cc/1,207.7cc)

Hubraum: 73,33 ci (1.208 cm^3)

Bohrung x Hub: $3\,^{7}/_{16}$ x $3\,^{31}/_{32}$" (87,4 x 100,8 mm)

Verdichtungsverhältnis: 8,0:1

Gemischaufbereitung: Keihin-Vergaser

Getriebe: 4 Gänge in konstantem Eingriff

Kupplung: Mehrscheiben-Trockenkupplung

Räder: Neunspeichen-Leichtmetallgussräder von Morris

Reifen: vorn 3.50-19, hinten 5.00-16

Gabel: Showa, 35 mm Standrohr-Durchmesser

Bremsen: vorn Doppelscheibenbremse (254 mm), hinten Scheibenbremse (254 mm), Einkolben-Schwimmsättel

Radstand: 1.607 mm

Sitzhöhe: 69 cm

Kraftstofftank: 13,25 Liter

Öltank: 4,3 Liter - inkl. Ölkühler

Gewicht: 275 kg

Preis: 3.475 US-$ (13.350 DM - 1978)

1980 – FXB 80 Sturgis

Weil 1978 das 75. Firmenjubiläum anstand, leitete die Motor Company dieses Jahr mit einer großen Neuigkeit ein: Der bewährte Big-Twin-Motor wurde von 74 auf 80 Kubikzoll aufgestockt. Dabei wurden die Zylinder um nur 1,5 mm aufgebohrt, aber der Hub um 6,4 mm verlängert. Insgesamt wuchs der Hubraum auf 1.339 cm^3, also tatsächlich 81,7 ci, an – die Zahl 80 auf dem Luftfilterdeckel war also reinstes Understatement.

Der neue 80-ci-Motor wurde anfangs nur in die FLH-80 Electra-Glide eingebaut, erst ab 1980 wurden drei der vier weiteren FL-Touringmodelle hiermit ausgestattet. Außerdem war das Triebwerk für die Polizei in der FLHP-80 erhältlich. Auch vier der fünf FX-Modelle wurden aufgerüstet. Der 1200er-Motor verschwand 1981 komplett aus dem Angebot.

GEGENÜBER: Die FLH Heritage Edition wurde 1981 genauso gebaut wie hier abgebildet. Das limitiert aufgelegte Modell erinnerte mit seiner in Oliv und Orange gehaltenen Lackierung an Harleys der 1930er-Jahre und trug am Instrumententräger eine Plakette, auf der angegeben war, für wen das Motorrad gebaut worden war.

RECHTS: Die FXB Sturgis blieb drei Jahre im Programm. Das nur in Schwarz erhältliche Modell mit »Twin-Belt-Drive« war kein Bestseller, hinterließ aber mit seinem Styling bleibende Erinnerungen.

Doch die Hubraumerweiterung war nur ein Teil der Neuigkeiten. Harley-Davidson brachte auch ein neues Modell auf FX-Basis heraus: die FXB Sturgis. Das in mehrfacher Hinsicht einzigartige Motorrad war von Willie G. entworfen worden, und sein Name war eine Hommage an das jährliche Motorradtreffen in der Stadt Sturgis in South Dakota. Neben dem 80-ci-Triebwerk fand sich daran auch das »Twin-Belt-Drive« genannte Antriebssystem, bei dem sowohl der Primärtrieb als auch der Endantrieb von einem Zahnriemen erledigt wurden. Das B in der Typenbezeichnung stand für Belt-Drive (Riemenantrieb).

Im Herzen eine echte Super Glide, war die Sturgis tatsächlich ein Langstrecken-Cruiser und mit einer Getriebe-Endübersetzung von 3,27:1 eindeutig für den Highway-Einsatz ausgelegt. Sie kam serienmäßig mit zusätzlichen vorverlegten »Highway-Rasten« sowie einem Ölkühler. Die meisten Bauteile waren schwarz lackiert. Die bequeme Doppelsitzbank war mit einer gepolsterten Sissybar samt Halterung für eine Ledertasche ausgerüstet. Die optionalen, aber populären Neunspeichen-Gussräder waren ebenfalls schwarz, ihre geschliffenen Felgen trugen einen roten Streifen.

Zweifellos das wichtigste Merkmal der Sturgis blieb ihr Riemenantrieb. Zu einer Zeit, als entweder eine Kette (O-Ring-Ketten waren noch relativ neu) oder ein Kardan die Kraft zum Hinterrad übertrug, war Harley-Davidson einer der ersten Hersteller, die einen Riemenantrieb anboten. Viele potenzielle Kunden betrachteten die neue Technik mit Skepsis, aber die Geschichte hat bewiesen, dass der Zahnriemen als Endantrieb zuverlässig und wirkungsvoll war. Für den Primärtrieb funktionierte er allerdings weniger gut, sodass bei frühen Sturgis-Modellen Probleme auftraten und Harley-Davidson bald zur Primärkette zurückkehrte.

TECHNISCHE DATEN: FXB STURGIS (1980)

MOTOR: OHV-V2-MOTOR, 45° ZYLINDERWINKEL (»SHOVELHEAD«)

HUBRAUM: 81,7 ci (1.339 cm³)

BOHRUNG X HUB: 3,498 x 4,25" (88,8 x 108 mm)

VERDICHTUNGSVERHÄLTNIS: 8,0:1

GEMISCHAUFBEREITUNG: Keihin-Vergaser 38 mm

ZÜNDUNG: kontaktlose Elektronikzündung V-Fire II von Motorola

GETRIEBE: 4 Gänge, letzter Gang 3,27:1

KUPPLUNG: Mehrscheiben-Trockenkupplung

PRIMÄRTRIEB: Gates-Zahnriemen, 28,6 mm breit, 78 Zähne

ENDANTRIEB: Gates-Zahnriemen, 38,1 mm breit, 126 Zähne

RÄDER: Neunspeichen-Leichtmetallgussräder, vorn 2,15 x 19", hinten 3 x 16"

BREMSEN: vorn Doppelscheibenbremse (254 mm), hinten Scheibenbremse (292 mm), Einkolben-Schwimmsättel ◆ **RADSTAND:** 1.613 mm ◆ **SITZHÖHE:** 69 cm ◆ **KRAFTSTOFFTANK:** 13,25 Liter ◆ **ÖLTANK:** 3,8 Liter

GEWICHT: 277 kg ◆ **PREIS:** 5.426 US-$ (15.500 DM)

LINKS: Sauber, wartungsarm und langlebig: Der Zahnriemen von Gates war gegenüber der Kette eine deutliche Verbesserung – und definitiv nicht mit den Lederriemen aus der Frühzeit des Motorrads vergleichbar.

1980 – FLT-80 Tour Glide

Neben neuen Werks-Custombikes auf FX-Basis kam 1980 auch das völlig neue Touringmodell FLT ins Programm. Es war keine modifizierte FL, sondern unterschied sich hinsichtlich des Fahrwerks und des Antriebs deutlich von der Electra-Glide.

Zur Reduzierung des Gesamtgewichts wurden für Rohrverbindungen keine schweren Gussteile wie bei der FL, sondern leichte Stanzteile verwendet. Der Lenkkopfwinkel wurde auf 25° verringert, um die Maschine handlicher zu machen. Dabei sorgten versetzt angeordnete Gabelbrücken dafür, dass die Gabel selbst in einem Winkel von 28° stand. Die Standrohre waren im Gegensatz zu den meisten anderen Gabeln hinter dem Lenkkopf positioniert, sodass es den Harley-Konstrukteuren möglich war, einen Nachlauf von 149 mm einzurichten. Das Ergebnis war, dass sich das knapp 330 kg wiegende Motorrad bei niedrigem Tempo leicht manövrieren

Harley-Davidson
FLT

ließ, aber dennoch bei hoher Geschwindigkeit eine stabile Straßenlage aufwies.

Darüber hinaus erhielt der neue Dreieckrahmen der FLT einen überarbeiteten Antriebsstrang, bei dem Gummielemente Vibrationen dämpfen sollten. Ein ebenfalls neues Fünfganggetriebe, das kompakter als das alte Vierganggetriebe war, wurde direkt mit dem Motorgehäuse verschraubt, sodass die Getriebe-Hauptwelle dichter an der Kurbelwelle lag und ein kürzerer und stabilerer Primärtrieb möglich war. Weil das Kurbelgehäuse, das Getriebe und der Primärtrieb eine Einheit bildeten, verbesserte dies auch die Steifigkeit des gesamten Fahrwerks.

Die Schwinge war jetzt hinten im Getriebegehäuse gelagert, und zwischen dem Getriebe und dem Rahmen waren die Gummielemente untergebracht. Eine weitere Isolierung weiter vorn verhinderte, dass Vibrationen vom Motor in den Rahmen übertragen wurden, und zwei Stabilisatoren zentrierten die gesamte Antriebseinheit.

Das stabilere und straffere Chassis der FLT Tour Glide ermöglichte die Montage einer einzigartig geformten Verkleidung direkt am Rahmen. Diese Verkleidung war mit zwei Scheinwerfern, Blinkern und verschließbaren Fächern ausgerüstet. Hinten waren die Blinker in die Koffer integriert, und für zusätzlichen Komfort wurde der Beifahrersitz mit einer ergonomischen und gepolsterten Rückenlehne ausgestattet.

Die Tour Glide erhielt natürlich den seit zwei Jahren bewährten 80-ci-Motor, bei dem der Ölfiltereinsatz durch eine Schraubpatrone ersetzt wurde. Wahrscheinlich wollte man den Kunden nicht auch noch den neuen Zahnriemen zumuten, sodass bei der FXT ein Ölbad-Kettenkasten sicherstellen sollte, dass die Antriebskette eine lange Lebensdauer erreichte.

GEGENÜBER: Die FLT zeichnete sich 1980 durch viele bahnbrechende Innovationen aus, die auch heute noch bei Tourenmaschinen verwendet werden. Bei der Dame handelt es sich um Kim Jones, die einst mit der Gruppe Harley D and The Kick Starts das Lied *When You're A Jammer* sang.

LINKS: Die Frontansicht der rahmenfesten Verkleidung an der FLT zeigt, dass dies definitiv die Vorgängerin der modernen Road-Glide-Verkleidung war.

GEGENÜBER HAUPTBILD: Die FXWG Wide Glide war nach ihrer Einführung 1980 ein sofortiger Erfolg. Die Gabel war lang und breit, die Lackierung war einzigartig, und das ganze Paket war einfach nur »Custom«.

GEGENÜBER OBEN: Die Front war nicht einfach nur ein angeschraubtes Zubehör. Die Gabel der Wide Glide war ganze 25 mm breiter als die der FL, was durch das schmale 21-Zoll-Vorderrad und den kleinen Scheinwerfer noch unterstrichen wurde. Auch die Doppelscheibenbremse passte gut zu dieser Optik.

TECHNISCHE DATEN: FLT TOUR GLIDE (1980)

MOTOR: OHV-V2-Motor, 45° Zylinderwinkel (»Shovelhead«)

HUBRAUM: 81,7 ci (1.339 cm³)

BOHRUNG X HUB: 3,498 x 4,25" (88,8 x 108 mm)

VERDICHTUNGSVERHÄLTNIS: 8,0:1

GEMISCHAUFBEREITUNG: Keihin-Vergaser 38 mm

ZÜNDUNG: kontaktlose Elektronikzündung V-Fire II von Motorola

GETRIEBE: 5 Gänge

KUPPLUNG: Mehrscheiben-Trockenkupplung

ENDANTRIEB: Kette in Ölbad-Kettenkasten

RÄDER: Leichtmetallgussräder, vorn und hinten 3 x 16"

BREMSEN: vorn Doppelscheibenbremse (254 mm), hinten Scheibenbremse (292 mm), Einkolben-Schwimmsättel

RADSTAND: 1.540 mm

SITZHÖHE: 81 cm

GESAMTLÄNGE: 2.388 mm

KRAFTSTOFFTANK: 18,9 Liter

ÖLTANK: 3,8 Liter

GEWICHT: 329 kg

PREIS: 6.013 US-$ (16.850 DM)

1980 – FXWG-80 Wide Glide

Wer bis zum Ende der 1970er-Jahre ein Motorrad haben wollte, das aussah wie die Wide Glide, musste es sich selbst bauen oder bauen lassen. Die in der Werbung »das aufrichtige Motorrad« genannte Maschine war eine Reminiszenz und Vertreterin der Art von Maschinen, die sich Hardcore-Chopperfahrer in den 1970erJahren zusammengeschraubt haben. Harley-Davidson wurde zugeschrieben, Anfang der Siebziger das erste Werks-Custombike produziert zu haben, und so war es keine Überraschung, als man neun Jahre später der Welt den ersten Werks-Chopper vorstellte. Und weil es eine Serien-Harley war, musste es auch richtig gemacht werden.

Die Basis für die FXWG war die FXEF-80 Fat Bob, bei der ein 80-ci-Triebwerk in den Rahmen einer FX Low Rider transplantiert worden war. Was der Wide Glide nicht nur ihren Namen gab, sondern sie wirklich besonders machte, war die lange und gereckte Gabel mit 251 mm auseinanderstehenden Holmen – einen ganzen Zoll mehr als bei den Standardgabeln der FL-Modelle. Doch das »Wide« war noch nicht alles, denn die 41 mm starken Standrohre waren auch 89 mm länger als bei den anderen FX-Modellen und verliehen der Maschine den typischen Chopper-Look. Weil die Gabelbrücken die Standrohre nicht parallel zum Lenkkopf führten, betrug der Nachlauf zivile 127 mm. Die angepassten Tauchrohre aus der Electra-Glide trugen Einkolben-Schwimmsättel, die 254 mm große Bremsscheiben umgriffen.

76 mm lange Riser nahmen den Buckhorn-Lenker auf. Für das entspannte Chopper-Feeling sorgten erstmals bei Harley-Davidson vorverlegte Fußrasten. Die abgesteppte Stufensitzbank war zweiteilig, und der Rücksitz mit einer integrierten Rückenlehne samt Tasche ausgestattet – typisch für die bei Custombikes aus dieser Zeit beliebten King-and-Queen-Sitze. Das weit oben gekappte Hinterrad-Schutzblech erinnerte an einen nach vorn gekippten E-Glide-Kotflügel, in den man innen das Rücklicht montiert hatte. Der knapp 19 Liter fassende Tank war in verschiedenen Farboptionen lieferbar: in Schwarz, Rot, Braun und Hellblau. Jede Farbe war entweder mit Linierungen oder dem berühmten Flammen-Design samt kräftiger Kontrastlinien erhältlich.

80

RECHTS: Die Designabteilung von Harley-Davidson hatte bei der Wide Glide von vorn bis hinten einen großartigen Job gemacht. Die gepolsterte Rückenlehne und das »Bobber«-Schutzblech sorgten auch am Heck für eine coole Optik.

Die Wide Glide wurde wie die Sturgis vom neuen großen Motor angetrieben, der sich bereits seit zwei Jahren in der Electra-Glide bewährt hatte. Motor und Getriebe waren mit schwarzem Kräusellack versehen, wogegen die Zylinder und -köpfe in Silber gehalten wurden. Der Motordeckel und der Getriebedeckel rechts waren zusammen mit dem links sitzenden Primärtriebdeckel glänzend schwarz lackiert.

LINKS: Die silberfarbenen Zylinder, der glänzend schwarze Primärtrieb-Deckel und das mit Kräusellack überzogene Motorgehäuse hoben alles Wichtige hervor. Die vorverlegte Fußrastenanlage war im Serienbau neu.

RECHTS: Auch die rechte Seite der Wide Glide war absolut stimmig. Kein Wunder, dass die FXWG 1980 die meistverkaufte Harley-Davidson war.

Die Auspuffanlage bestand aus versetzt sitzenden kurzen Schalldämpfern mit einem unter dem großen Luftfilterdeckel verlaufenden in Schwarz gehaltenen Interferenzrohr. Das mit Öl benetzte Luftfilterelement aus Schaumstoff war auswaschbar.

Dieses Motorrad hat sich definitiv seinen Platz unter den denkwürdigsten Harleys aller Zeiten verdient – vor allem die Version mit der Flammen-Lackierung am Tank. Die Wide Glide war eine Verbeugung vor den Hardcore-Fans der Marke, die dabei geholfen hatten, das Evangelium der Motor Company mit lautem Auspuffkrach und »aufrichtigen Motorrädern« nicht in Vergessenheit geraten zu lassen.

TECHNISCHE DATEN: FXWG WIDE GLIDE (1980)

MOTOR: OHV-V2-MOTOR, 45° ZYLINDERWINKEL (»SHOVELHEAD«)

HUBRAUM: 81,7 ci (1.339 cm³)

BOHRUNG X HUB: 3,498 x 4,25" (88,8 x 108 mm)

VERDICHTUNGSVERHÄLTNIS: 8,0:1

GEMISCHAUFBEREITUNG: Keihin-Vergaser 38 mm

ZÜNDUNG: kontaktlose Elektronikzündung V-Fire II von Motorola

GETRIEBE: 4 Gänge ◆ **KUPPLUNG:** Mehrscheiben-Trockenkupplung

ENDANTRIEB: Kette ◆ **RÄDER:** verchromte Drahtspeichenräder, vorn 2,15 x 21", hinten 3 x 16" ◆ **GABEL:** 41 mm Standrohr-Durchmesser

BREMSEN: vorn Doppelscheibenbremse (254 mm), hinten Scheibenbremse (292 mm), Einkolben-Schwimmsättel ◆ **RADSTAND:** 1.651 mm

SITZHÖHE: 71 cm ◆ **GESAMTLÄNGE:** 2.362 mm ◆ **KRAFTSTOFFTANK:** 18,9 Liter ◆ **ÖLTANK:** 4,26 Liter - mit Ölkühler ◆ **GEWICHT:** 265 kg ◆

PREIS: 5.683 US-$ (15.300 DM) ◆ **STÜCKZAHL:** 6.085

GEGENÜBER: Die Super Glide musste bis 1981 warten, um auch mit dem großen Motor unterwegs sein zu dürfen. Dieser wurde zwar durch den kleinen 12,5-Liter-Tank hervorgehoben, versteckte sich jedoch hinter dem großen Luftfilter.

1982 – FXR Super Glide

So, wie die FLT Tour Glide 1980 die Welt der Reisemaschinen schockierte, beeinflussten die FXR und die FXRS zwei Jahre später die gesamte Motorradindustrie – also zu einer Zeit, als die führenden japanischen Hersteller den Markt mit eigenen Cruisern überfluteten (in den USA »Metric Cruiser« genannt). Maschinen wie die FXB Sturgis und die FXWG Wide Glide hatten einen enormen Einfluss darauf, welche Art von Motorrädern sich in Amerika am besten verkauften – und dies waren Cruiser.

1982 brachte die Motor Company einen völlig neuen Cruiser auf den Markt. Eigentlich waren es zwei Modelle, die beide auf der gleichen Plattform basierten: die FXR und die FXRS. Wie ihr Name andeutete, waren sie Mitglieder der Super-Glide-Familie, aber die neue FXR war technisch deutlich fortschrittlicher als die elf Jahre alte Ur-FX.

Unter den Motorradfahrern wurde die neue FXR als »Ingenieurs-Bike« bekannt, weil sie von einer Gruppe Männer vom Konzept zur Realität gebracht wurde, die als Team FXR bekannt war. Zu den Mitgliedern dieses Teams gehörte der junge Eric Buell, der zufällig auch ein ehrgeiziger Rennfahrer und Sportmotorrad-Enthusiast war. Sein Beitrag spielte – zusammen mit den Ideen der anderen Teammitglieder – eine wichtige Rolle bei der Entwicklung der FXR als ein in jeder Hinsicht fähiges Motorrad – vom Styling bis hin zum agilen Handling.

Die neue FXR trug in ihrem stabilen Rahmen die von der FLT Road Glide abgeleitete verkürzte und stabile Antriebseinheit samt 80-ci-Motor und Fünfganggetriebe. Wie bei der FLT, war die Antriebseinheit in Gummis gelagert, um Vibrationen zu dämpfen. Der Rahmen war leicht, aber teuer in der Herstellung, da er von Hand zusammengeschweißt werden musste. Dennoch war er ein großer Erfolg, weil er unter allen Bedingungen ein gutes Fahrverhalten bot.

Trotz der fortschrittlichen Technik wurde die FXR von Harley-Puristen nicht gut angenommen, da sie der Meinung waren, sie sähe zu sehr wie ein japanisches Motorrad aus. Stattdessen wurden die FXR und die FXRS von neuen Leuten begeistert aufgenommen, die bereit waren, den einzigen Motorradhersteller der USA zu unterstützen. Diese Kunden wussten es zu schätzen, dass die FXR bei Standgas zwar immer noch rumpelte und sich schüttelte, sich jedoch mehr und mehr beruhigte, sobald sie auf der Straße fuhr. Bei Reisetempo ließ sie sich sanft und kontrolliert bewegen. Diese Art der Leistungsentfaltung öffnete die Tür zu neuen Ideen und einer neuen Denkweise für alte Harley-Fans und Neukunden, die die Motor Company so dringend benötigte.

Vier Jahrzehnte später hat sich die frühe FXR bei Fans, die ihre Leistung und das Styling schätzen, zu einem Kult-Motorrad entwickelt. Die FXR-Modelle wurden bis 1994 gebaut. Fünf Jahre später führte Harley-Davidson seine »Custom Vehicle Operations«(CVO)-Reihe mit zwei Varianten der FXR ein. Diese Motorräder wurden 1999 und erneut im Jahr darauf in limitierten Stückzahlen gebaut.

Die 1980er-Jahre waren für das Unternehmen Harley-Davidson eindeutig eine Zeit des Wandels. Neue Modelle wie die FLT Road Glide, die FXB Sturgis und die FXWG Wide Glide gaben die Richtung für das vor, was noch kommen sollte. Doch was die Motorradwelt vielleicht am meisten überraschte, fand am 16. Juni 1981 statt, als eine Gruppe von 13 mutigen Harley-Davidson-Managern die Firma der AMF-Unternehmensgruppe abkaufte, die Harley seit 1969 besaß. Dieser Rückkauf öffnete für die Motor Company ein neues Kapitel. Ein Kapitel, wie kein anderes in der Firmengeschichte, eines, das weit über ein Jahrhundert Motorradbau hinausreichen sollte.

TECHNISCHE DATEN: FXR/FXRS SUPER GLIDE (1982)

MOTOR: OHV-V2-MOTOR, 45° ZYLINDERWINKEL (»SHOVELHEAD«)

HUBRAUM: 81,7 ci (1.339 cm³)

BOHRUNG X HUB: 3,498 x 4,25" (88,8 x 108 mm)

VERDICHTUNGSVERHÄLTNIS: 8,0:1

GEMISCHAUFBEREITUNG: Keihin-Vergaser 38 mm

ZÜNDUNG: kontaktlose Elektronikzündung V-Fire II von Motorola

GETRIEBE: 5 Gänge

KUPPLUNG: Mehrscheiben-Trockenkupplung

ENDANTRIEB: Kette

RÄDER: vorn 2,15 x 19", hinten 3 x 16"

GABEL: 35 mm Standrohr-Durchmesser

BREMSEN: vorn Doppelscheibenbremse (254 mm), hinten Scheibenbremse (292 mm), Einkolben-Schwimmsättel

RADSTAND: 1.643 mm

SITZHÖHE: 74 cm

GESAMTLÄNGE: 2.393 mm

KRAFTSTOFFTANK: 14,4 Liter

ÖLTANK: 3,3 Liter

GEWICHT: 277 kg

PREIS: 6.990 US-$ (FXRS) (18.095 DM)

Kapitel 8

DIE EVOLUTION-ÄRA

Das neue Big-Twin-Triebwerk erschien zu einer Zeit, in der Veränderungen für das Überleben von Harley-Davidson unerlässlich waren. Der erstmals offiziell mit einem Namen (»Evolution«) versehene Motor sollte von 1984 bis 1999 die großen Harley-Modelle antreiben.

Die sogenannten »AMF-Jahre« von 1969 bis 1981 waren für Harley-Davidson eine schwierige Zeit, weil die Muttergesellschaft American Machine and Foundry zeitweise eine sehr diktatorische Kontrolle über die Entscheidungen des Harley-Managements ausübte. Dies änderte sich am 16. Juni 1981, als eine kleine Gruppe von Führungskräften der Motor Company das Unternehmen der AMF-Unternehmensgruppe abkaufte. Der Slogan dazu lautete: »The Eagle Soars Alone« (Der Adler erhebt sich allein).

Für diesen geplanten Aufstieg musste der Umsatz gesteigert werden. Im neuen Unternehmen musste man feststellen, dass Autonomie keine Garantie für Erfolg war. In den 1980er-Jahren waren japanische Motorräder schneller und zuverlässiger als je zuvor – und im Gegensatz zu Shovelhead-Triebwerken waren ihre Motoren auch öldicht. Undichte Motoren, die unzuverlässige Motorräder antrieben, waren eine weitere schlechte Eigenschaft der AMF-Ära.

Allerdings hatte man dies auch bei AMF seit Längerem erkannt und Harley mit der Entwicklung eines völlig neuen Motors aus Leichtmetall beauftragt, der nicht mehr mit Ölflecken sein Revier markieren durfte. Die Ingenieure brauchten dafür mehr als sieben Jahre. Passenderweise wurde das neue Triebwerk »Evolution V2« genannt (später als »Evo« abgekürzt) und 1984 auf den Markt

Die limitierte Auflage der FLSTN Heritage Softail Nostalgia von 1993 wurde dank der Fell-Einlagen von Holsteiner Kühen in den Sitzen spöttisch »Cow-Glide« oder »Muh-Glide« genannt. Zusammen mit Weißwandreifen und einem schwarz-weißen Farbschema wurde sie dennoch zu einem Klassiker mit Sammelwert. Das Styling der Heritage Softail Nostalgia war eine Mischung aus Heritage und Fat Boy.

im Lauf der 1960er-Jahre ging Harley-Davidson langsam das Geld aus, und 1965 beschloss das Familienunternehmen, an die Börse zu gehen. Weil japanische Motorräder sich als zuverlässig und erschwinglich erwiesen hatten und oft sogar schneller als die Maschinen aus Milwaukee waren, gingen die Verkaufszahlen immer weiter runter – und damit auch die Unternehmensgewinne.

Also begab man sich auf die Suche nach einem Käufer – und »fusionierte« mit dem Mischkonzern AMF. Diese Fusion wurde nicht als feindliche Übernahme betrachtet, aber AMF gewann die Oberhand über die Entscheidungen bei Harley-Davidson, die den Motorradmarkt betrafen. Immerhin rettete der Zusammenschluss die Motor Company vor dem Bankrott.

Die Motorradproduktion wurde heruntergefahren und viele Arbeiter entlassen, was wiederum beim Rest der Belegschaft Unzufriedenheit hervorrief und manche Fans dazu verleitete, über »Hardley Ableson« (abgewandelt: kaum in der Lage) zu lästern.

Es wurden weiterhin Big Twins gebaut, doch Mitte der 1970er-Jahre begann das AMF-Management, die Motorradfirma als eine weitere Abteilung zu betrachten, die lediglich das Freizeit-Fahrzeugprogramm (bereits bestehend aus Golfwagen, Schneemobilen und Mopeds) erweiterte.

1981 befanden sich die USA in einer Rezession, und bei AMF gab es Hinweise, dass die Motorradsparte komplett geschlossen werden könnte. Also taten sich 13 Harley-Davidson-Führungskräfte zusammen, um herauszufinden, ob sie das Unternehmen zurückkaufen könnten.

Geführt von Vaughn L. Beals Jr. brachte das sogenannte Baker's Dutzend (zu dem auch Willie G. Davidson gehörte) die notwendigen Mittel für den Kauf der Firma auf. Berichten zufolge lieh man sich 100 Millionen US-$, von denen 81,5 Millionen direkt in den Rückkauf flossen. Am 16. Juni 1981 wurde der Deal abgeschlossen, und das neue unabhängige Unternehmen verkündete: »Der Adler steigt allein auf.«

Harley-Fans blicken noch heute mit Zweifeln und Abneigung auf die AMF-Ära zurück, doch tatsächlich entstanden in dieser Zeit einige der denkwürdigsten Motorräder, darunter Meilensteine wie die Sturgis, die Wide Glide, die Tour Glide, die XLCR, die Super Glide und die Low Rider.

Vom Mischkonzern AMF blieb ab 1985 nur die Abteilung für Bowling-Anlagen – AMF Bowling – übrig, die selbst mehrmals pleite ging und immer wieder verkauft und umbenannt wurde.

gebracht. Der neue Big Twin erfüllte alle Erwartungen und übertraf sie sogar.

Zuallererst einmal behielt der Evo-Motor den traditionellen Harley-Aufbau mit 45° Zylinderwinkel, unten liegender Nockenwelle und 80 ci Hubraum. Was ihn vom Shovelhead unterschied, war seine Konstruktion. Seit der Panhead bestanden die Big-Twin-Motoren aus einem Leichtmetall-Motorgehäuse, Stahlguss-Zylindern und Aluminium-Zylinderköpfen. Dieser Aufbau brachte ein großes Problem mit sich, da sich Alu und Eisen thermisch unterschiedlich stark ausdehnen. Mit der Zeit wirkt sich dies auf Dichtungen und Befestigungen verheerend aus, sodass unweigerlich Undichtigkeiten entstehen. Die komplett aus Aluminium bestehende Evo-Konstruktion besaß nur noch Zylinder-Laufbuchsen aus Stahl, die in den eigentlichen Alu-Zylinder eingegossen waren. Darüber hinaus wurden die Zylinderköpfe, Zylinder und das Gehäuse mit Passhülsen zusammengesetzt, um diese wichtigen Komponenten bei allen Betriebszuständen korrekt zueinander auszurichten und das Risiko eines Ölaustritts weiter zu minimieren.

Natürlich waren weitere Maßnahmen getroffen worden, um den Motor dicht zu halten. So wurden die Zylinderköpfe mit durchgehenden Stehbolzen gegen das Motorgehäuse gezogen, die eine ähnliche Ausdehnung hatten, sodass die Toleranzen zu allen Betriebstemperaturen gleich blieben. Frühere Motoren hatte kurze starre Bolzen, die sich mit der Zeit lockerten.

Die Entwicklung des Evo-Motors führte bei Harley-Davidson zu einer weiteren Premiere: Erstmals wurden die Kolben nicht selbst hergestellt, sondern von der Firma Mahle aus Stuttgart bezogen. Das Spiel zwischen ihnen und den Zylindern war geringer, da ihr hoher Silizium-Anteil dazu führte, dass sich die Kolben ähnlich wie die Zylinder ausdehnten.

Auch die Zylinderköpfe wurden überarbeitet. Umgestaltete und verkürzte Kanäle erlaubten einen Ventilwinkel von nur noch 58°. Ein flacherer Brennraum samt Quetschkante und ebenem Kolbenboden sorgte für eine schnelle und saubere Verbrennung und erlaubte dadurch ein höheres Verdichtungsverhältnis von 8,8:1, was wiederum der Motorleistung zugutekam.

Die Kipphebelgehäuse waren für eine leichte Demontage dreiteilig gestaltet. Aufgrund seiner Quaderform versuchten einige, den Spitznamen »Blockhead« zu etablieren, doch am Ende setzte sich die verkürzte Werks-Bezeichnung »Evo« durch.

Am neuen Triebwerk gab es keine außen liegenden Ölleitungen mehr. Das Öl für die Zylinderköpfe wurde durch die Hydrostößel und hohl gebohrten Stößelstangen zu den Kipphebeln gefördert, von wo aus die Ventilschäfte geschmiert wurden. Das ganze System erinnerte stark an die äußerst erfolgreichen Small-Block-Motoren von Chevrolet.

Diese und andere Verbesserungen sorgten dafür, dass der Motor sich weniger stark erwärmte und kein Öl ausschwitzte. Die Harley-Ingenieure hatten bei der Modernisierung des altehrwürdigen luftgekühlten V-Twins einen tollen Job geleistet. Dies war der Motor, der Harley-Davidson wieder ins Spiel brachte und schließlich an die Spitze der Cruiser-Bewegung setzte. Aber der Evo-Motor war nur der Anfang. Harley hatte weitere attraktive Konstruktionen im Köcher, die den Cruiser-Markt nicht langweilig werden lassen sollten.

HARLEY-DAVIDSON
MOTOR CO. INC.

1984 – FXST Softail

Harley-Davidson ist bekannt für seine Hardcore-Cruiser – knallharte, großvolumige Motorräder, sehr mechanisch und nichts für Sanftmütige. Dieser Ruf reicht zurück bis in die Zeit der Starrrahmen und spotzenden Tillotson-Vergaser. Trotz dieser technischen Unzulänglichkeiten wurden Harleys immer mit einem gewissen Respekt betrachtet. Knucklehead- und Panhead-Modelle passten sicherlich in dieses Schema, und auch wenn Shovelheads nie einen Starrrahmen hatten, schienen auch diese Big Twins die gleiche unbekümmerte Rolle zu genießen, die ihnen zugeschrieben wurde.

Dann kam 1984 die FXST Softail, und alles änderte sich. Aus der Ferne betrachtet schien die Maschine die gleiche grobschlächtige Härte zu haben wie diese alten Knochenschüttler mit starren Rahmen. Ein Hauptgrund für dieses Missverständnis war die innovative Hinterradaufhängung der FXST: Die als Dreieckverbindung ausgeführte Schwinge war unter dem Fahrersitz gelagert, und zwei auf Zug belastete Stoßdämpfer versteckten sich unter dem Getriebe. Etwas fehlte noch: der verräterische Öltropfen unter dem geparkten Motorrad. Dies war dem Evo-Motor der FXST zu verdanken.

GEGENÜBER: 1985 war das zweite Jahr für die FXST Softail. Unschwer ist zu erkennen, warum sie stets ein Verkaufsschlager war: Das Vollscheiben-Hinterrad, eine lange Gabel, ein dünnes 21-Zoll-Vorderrad und der scheinbar starre Rahmen gaben ihr eine völlig neue individuelle Ausstrahlung.

Es war der einzigartige Rahmen der Softail, gepaart mit dem Evo-Leichtmetallmotor, der sie für Harley zu einem Meilenstein-Modell machte. Der Softail-Rahmen definierte völlig neu, wie ein Boulevard-Cruiser aussehen konnte. Ehrlicherweise war es nicht die Motor Company, die dieses Fahrgestellkonzept erdacht hat, aber sie brachte es erstmals in Großserie.

Das besondere Rahmen-Design war Willie G. auf einem Motorradtreffen in Black River Falls, Wisconsin, aufgefallen. Customizer Jim Schmig hatte gerade ein Bike fertiggestellt, dessen Rahmen von Bill Davis und dessen kleiner Firma Road Worx gebaut worden war. Kurz nach dieser Entdeckung trafen sich Willie G. und sein Assistent Lou Netz mit Davis, um mehr über den Rahmen zu erfahren. Die Motor Company erwarb schließlich die Rechte an diesem »Sub Shock«-Rahmen, und der Rest der Geschichte ist bekannt.

Die FXST wurde mit einer 41er-Gabel und einem dünnen 21-Zoll-Drahtspeichen-Vorderrad bestückt, was an die Wide Glide von 1980 erinnerte, das Gleiche galt für die Heckansicht. Das Davis-Patent war vor allem eins: unsichtbar.

Seltsamerweise wurde die FXST anfangs mit einem Vierganggetriebe samt Kickstarter ausgerüstet. Dadurch konnte der Fahrer entweder die Rolle des Hardcore-Bikers überneh-

LINKS: Die FXSTS Softail Springer von 1998 zog mit ihrer verchromten Springergabel überall die Aufmerksamkeit auf sich. Mit ihrem 21-Zoll-Vorderrad war diese Maschine ein Rückgriff auf das goldene Zeitalter des Customizings. Das letzte Mal hatte Harley-Davidson eine solche Gabel mit geschobener Kurzschwinge im Jahr 1948 angeboten.

men und die Maschine ankicken – oder er drückte einfach auf den Startknopf und fuhr los. Das Getriebe wurde im zweiten Jahr durch eine Schaltbox mit fünf Gängen ersetzt.

Nicht zuletzt dank der FXST blieb der klassische Boulevard-Cruiser-Look erhalten. Die Softail erwies sich als eine gelungene Kombination aus historischem Aussehen und modernen Annehmlichkeiten – und die jährlich steigenden Verkaufszahlen waren ein Beweis für ihre Popularität. Vorverlegte Fußrasten, ein Buckhorn-Lenker, stark abgestufte King-and-Queen-Sitzmöbel und sogar eine Sissybar wurden auch bei anderen Marken zum Standard, wenn es darum ging, einen Cruiser für den US-Markt zu bauen.

Der Absatz des Modelljahres 1984 war um 31 Prozent angewachsen, was zum großen Teil auf den Erfolg der FXST zurückzuführen war. Die Softail war mit 5.413 Exemplaren die meistverkaufte Harley. Als Farboptionen waren Schwarz und Rot erhältlich. Zweifellos bleibt dieses Motorrad in Sachen Technik und Design ein echter Klassiker.

HARLEY-DAVIDSON

TECHNISCHE DATEN: FXST SOFTAIL (1984)

MOTOR: OHV-V2-MOTOR,

45° ZYLINDERWINKEL (»EVO«)

HUBRAUM: 81,7 ci (1.339 cm³)

BOHRUNG X HUB: 3,5 x 4,25" (88,8 x 108 mm)

VERDICHTUNGSVERHÄLTNIS: 8,5:1

GEMISCHAUFBEREITUNG: Keihin-Vergaser 38 mm

ZÜNDUNG: kontaktlose Elektronikzündung V-Fire III

GETRIEBE: 4 Gänge

KUPPLUNG: Mehrscheiben-Nasskupplung mit Tellerfeder

ENDANTRIEB: Kette

RÄDER: verchromte Drahtspeichenräder, vorn 2,15 x 21", hinten 3 x 16"

REIFEN: vorn MH90-21, hinten MT90-16

GABEL: 41 mm Standrohr-Durchmesser

BREMSEN: vorn und hinten Scheibenbremse (292 mm), Einkolben-Schwimmsättel

RADSTAND: 1.684 mm

SITZHÖHE: 64 cm

KRAFTSTOFFTANK: 18,9 Liter

ÖLTANK: 2,8 Liter

GEWICHT: 280 kg

PREIS: 8.399 US-$ (ca. 24.000 DM)

1986 – FLST HERITAGE SOFTAIL

Die 1986 vorgestellte Heritage Softail war eine echte Zeitmaschine. Das im Retrostil gehaltene Motorrad fasste all das zusammen, was die Fans an einer klassischen Harley-Davidson Hydra-Glide liebten. Tatsächlich hatte die FLST viele Stilelemente der von 1949 bis 1957 gebauten Modelle übernommen. Doch das neue Bike besaß etwas, das keine Hydra-Glide vorweisen konnte: eine Hinterradfederung.

Die Heritage Softail zeigte einige Designmerkmale früherer Big Twins. Sie stand vorn und hinten auf 16-Zoll-Speichenrädern mit fetten Reifen. Ein markanter 7-Zoll-Scheinwerfer thronte vor einer mit dicken Hülsen verkleideten Gabel, und ein breites Schutzblech mit drei Streifen und dem traditionellen Modellnamen-Schriftzug – Heritage Softail statt Duo-Glide – hing dazwischen, vorn mit einer Positionsleuchte versehen. Sogar die Fußhebel der FLST einschließlich der Trittbretter waren den frühen Duo-Glides nachempfunden.

Die Neuauflage von 1986 bot neben dem gefederten Fahrwerk weitere Merkmale, die bei keiner der früheren Duo-Glides zu finden waren: Neben dem 1339er Evo-Motor mit 71

GEGENÜBER: Die FXSTB mit dem Beinamen Bad Boy wurde nur drei Jahre lang angeboten. Der serienmäßige Custom-Look wurde durch reichlich schwarze Farbe mit einer speziellen Linierung sowie ein Scheiben-Hinterrad erreicht.

PS bei 5.000/min (Panhead: 55 PS bei 4.800/min) verfügte die FLST über Scheibenbremsen vorn und hinten sowie eine zuverlässige 12-Volt-Elektrik. Abgerundet wurde das Technikpaket von einem Fünfganggetriebe und einem wartungsarmen Zahnriemen-Endantrieb.

Im ersten Jahr wurde die FLST ausschließlich im Farbschema aus Signalrot und Beige angeboten. Harley-Davidson baute 2.510 dieser Retrostil-Maschinen.

Wie bereits erwähnt, neigt Harley-Davidson dazu, seine Modelle schrittweise immer weiterzuentwickeln – vielleicht, um jedes Jahr das Kundeninteresse neu zu wecken. Die limitierte Sonderedition der 1987er FLST-S (Special) war eine Standard-FLST mit einer Sitzbank samt Rückenlehne und Satteltaschen aus Leder, jeweils dekoriert mit Knöpfen und Ziernieten. Der Motor war weitgehend geschwärzt, und viele Teile des Gesamtpakets waren verchromt. 1.545 Exemplare der Special wurden 1987 gebaut.

Die Nostalgie hatte in Milwaukee ein Zuhause gefunden, und für 1988 wurde ein weiteres Modell auf Heritage-Basis angeboten: die FLSTC Special (das C stand für Classic). Hierbei handelte es sich im Grunde um das limitierte S-Modell des Vorjahres plus Nietenleder-Satteltaschen mit Fransen

LINKS: 1989 stellte Harley-Davidson 102 Exemplare der Softail-Sonderserie »Bowl 23« her. Hierunter waren 100 schwarze Springer-Softails und zwei Heritage Softails mit Taschen und Sitzen aus weißem Leder. Diese Motorräder waren Bestandteil der Halbzeit-Show in der Football-Super-Bowl.

und natürlich dem passenden Doppelsitz samt Rückenlehne und einem Ledereinsatz zwischen Tacho-Konsole und Sitz. Die Gabel entsprach dem Vorjahresmodell, doch sie trug jetzt Zusatzscheinwerfer mit darunter montierten Blinkern sowie eine abnehmbare Windschutzscheibe im FL-Stil. Auch die Auspuffanlage war für dieses Modell mit Fishtail-Endrohren ausgerüstet worden.

Die Heritage Softail war ein Motorrad, das sowohl Harley-Davidsons Vergangenheit widerspiegelte als auch in der Gegenwart beheimatet war. Diese Maschinen trugen ihre Besatzung problemlos über ganze Kontinente. Ihre Fahrer konnten sorglos mit ihnen überall hinfahren – ein großer Fortschritt gegenüber älteren Modellen, mit denen man niemals ohne Werkzeug losfahren durfte. Die FLST hat den Harley-Fans gezeigt, dass es gut ist, sich weiterzuentwickeln, man sich aber auch gern daran erinnern darf, woher man kommt. Die Fahrt der Heritage geht bis heute weiter, auch wenn die Bezeichnung Softail verschwunden ist. Es ist eine Reise, die ihren Ursprung 1949 mit der Hydra-Glide hatte.

JAHR	MODELL
1984	FXRDG Disc Glide FXRS Low Glide (4-Ganggetriebe)
1985	FXRC Low Glide Custom FXRS Low Glide
1986	FXR Super Glide FXRS Low Rider, FXRS Low Rider Sport Edition
1987	FXR Super Glide FXLR Low Rider Custom FXRS Low Rider FXRS Low Rider Sport Edition
1988	FXR Super Glide FXLR Low Rider Custom FXRS Low Rider, FXRS-SP Low Rider Sport Edition
1989	FXR Super Glide FXLR Low Rider Custom FXRS Low Ride FXRS Low Rider Convertible FXRS-SP Low Rider Sport FXRT Sport Glide

JAHR	MODELL
1990	FXR Super Glide FXLR Low Rider Custom FXRS Low Rider FXRS-CONV Low Rider Convertible FXRS-SP Low Rider Sport Edition
1991	FXR Super Glide FXLR Low Rider Custom FXRS Low Rider FXRS-CONV Low Rider Convertible FXRS-SP Low Rider Sport
1992	FXR Super Glide FXLR Low Rider Custom FXRS Low Rider FXRS Low Rider Convertible FXRS-SP Low Rider Sport
1993	FXLR Low Rider Custom FXR Super Glide FXRS Low Rider Convertible FXRS-SP Low Rider Sport
1994	FXLR Low Rider Custom FXR Super Glide
1999	FXR2 CVO FXR3 CVO
2000	FXR4 CVO

GEGENÜBER: Die FLSTS Heritage Springer von 1997 war in zwei Farbvarianten erhältlich. Die Grundfarbe war stets Birkenweiß, die Zierlinien konnten in Blau oder Rot geordert werden. Diese Springer-Modelle trugen reichlich Chrom und rollten auf breiten 16-Zoll-Drahtspeichenrädern, auf die Weißwandreifen aufgezogen waren. In Korbgeflecht geprägte Satteltaschen und Sitz-Komponenten samt Fransen, ein Tombstone-Rücklicht, Fischtail-Schalldämpfer und eine Positionsleuchte im wuchtigen Vorderrad-Schutzblech rundeten das Paket ab. Die Heritage Springer war eine Reminiszenz an das erste F-Modell mit Panhead-Motor von 1948.

RECHTS: Die FXRT war dank vieler Innovationen eine exzellente Sport-Reisemaschine geworden. Eine zweistufig einstellbare und luftunterstützte Gabel mit Anti-Dive-Funktion sowie ebenfalls einstellbare Federbeine sorgten zusammen mit einer im Windkanal erprobten Verkleidung sowie Hartschalenkoffern für den nötigen Komfort.

GEGENÜBER: Die auf der FXR-Plattform basierende FXRT Sport Glide von 1984 wurde zwar bis 1989 gebaut, aber nie richtig gewürdigt.

TECHNISCHE DATEN: FLST HERITAGE SOFTAIL (1986)

MOTOR: OHV-V2-Motor, 45° Zylinderwinkel (»Evo«)

HUBRAUM: 81,7 ci (1.339 cm³)

BOHRUNG X HUB: 3,5 x 4,25" (88,8 x 108 mm)

VERDICHTUNGSVERHÄLTNIS: 8,5:1

GEMISCHAUFBEREITUNG: Keihin-Vergaser 38 mm

ZÜNDUNG: kontaktlose Elektronikzündung V-Fire III

GETRIEBE: 5 Gänge ◆ **KUPPLUNG:** Mehrscheiben-Nasskupplung mit Tellerfeder ◆ **ENDANTRIEB:** Zahnriemen ◆ **RÄDER:** vorn und hinten 3 x 16" **REIFEN:** vorn und hinten MT90-16 ◆ **GABEL:** 41 mm Standrohr-Durchmesser **BREMSEN:** vorn und hinten Scheibenbremse (292 mm), Einkolben-Schwimmsättel ◆ **RADSTAND:** 1.588 mm ◆ **SITZHÖHE:** 67 cm ◆ Kraftstofftank: 13,25 Liter ◆ **ÖLTANK:** 2,8 Liter ◆ **GEWICHT:** 295 kg

1988 – FXRS-SP

Obwohl die FXR bereits 1982 mit Shovelhead-Motoren startete, ist sie heute vor allem als Motorrad mit Evolution-Motor bekannt. Informationen zum FXR-Chassis finden sich im Shovelhead-Kapitel. Die zahlreichen Variationen der FXR-Baureihe mit Evo-Motor (ab 1984) sind in der Tabelle auf Seite 199 aufgeführt.

Die ab 1988 gebaute FXRS-SP gehörte wahrscheinlich zu den handlichsten Evo-Big-Twins, die jemals von der Motor Company gebaut wurden. Es gab einige Varianten mit jeweils großartigen Eigenschaften und Funktionen, darunter die FXRT Sport Glide mit ihrer großen rahmenfesten Halbscha-

RECHTS: Die Verkleidung der FXRT zieht noch heute Blicke auf sich. Sie wird auf dem Zubehörmarkt weiterhin angeboten und hat ein echtes Comeback erlebt. Die FXRT wurde von 1984 bis 1989 gebaut, die Polizeiversion FXRP sogar bis 1994.

GEGENÜBER: Motorradpolizisten liebten die FXRP! Sie war solide, relativ leicht und schnell, und sie bot einen guten Windschutz. Dieses wunderschöne Modell ist Eigentum der Polizei von Elmhurst in Illinois.

lenverkleidung. Diese stammte aus dem 1976 unter AMF-Regie gestarteten Nova-Projekt, bei dem eine Tourenmaschine mit einem zusammen mit Porsche entwickelten V4-Triebwerk ausgestattet werden sollte. Nach fast 15 Millionen US-$ Entwicklungskosten und etwa einem Dutzend funktionsfähiger Prototypen wurde das Projekt nach dem Management-Buyout von 1981 begraben.

Nur die Nova-Verkleidung blieb in mehreren FXR-Modellen erhalten, darunter in der FXRT Sport Glide und in verschiedenen Spezialmodellen für Polizeibehörten (darunter die FXRP Pursuit Glide Police und die Pursuit Glide CHP).

Die FXRP-SP war zu dieser Zeit diejenige Harley-Davidson, die sogar mit japanischen Sportmaschinen mithalten konnte. Sie hatte vorn und hinten mehr Federweg, und die 39-mm-Gabel war mit einer Doppelscheibenbremse sowie einem luftunterstütztem Anti-Dive-System ausgerüstet, bei dem der abgedichtete Lenker als Ausgleichsbehälter fungierte und über ein Ventil angepasst werden konnte. Eine spezielle Sport-Sitzbank und ein schwarz gehaltener flacher Lenker sowie an der oberen Gabelbrücke sitzende Instrumente samt Drehzahlmesser verstärkten zusammen mit mittig angebrachten Fußrasten die sportliche Note.

Auch wenn die FXR-Reihe aus großartigen Motorrädern bestand, wurde sie vom Publikum nie richtig gewürdigt. Sie sahen nicht traditionell genug aus und waren gleichzeitig keine echten Sportmaschinen. Aber diejenigen, die an Harley-Davidson glaubten und eine FXR fuhren – oder auch nur ausprobierten – verstanden, welche Richtung die Motor Company mit diesen Modellen anstrebte. Nein, sie waren keine Cruiser und auch keine Sportmotorräder, sie waren einfach exzellente Alltagsmaschinen, die sich großartig fuhren, geschmeidig und komfortabel waren und mit etwas Tuning eine beeindruckende Leistungsentfaltung boten. Es ist keine Überraschung, dass viele Mitglieder von 1% Clubs Gefallen an ihnen fanden.

PULL
PULL
POLICE

GEGENÜBER OBEN: Die FLSTF Fat Boy von 1990 war eines der wenigen Motorräder, die perfekt gestylt vom Fließband rollten. Die Monochrom-Lackierung mit gelben Details, die Sitzbank, die beiden 16-Zoll-Scheibenräder, die meisten Anbauteile, der Lenker, der Scheinwerfer und die Auspuffanlage waren Spezialanfertigungen und passten perfekt zueinander. Im ersten Jahr gab es die Fat Boy ausschließlich in Silbermetallic.

TECHNISCHE DATEN: FXRS-SP LOW RIDER SPORT EDITION (1988)

MOTOR: OHV-V2-MOTOR, 45° ZYLINDERWINKEL (»EVO«)

BOHRUNG X HUB: Hubraum: 81,7 ci (1.339 cm^3)

BOHRUNG X HUB: 3,5 x 4,25" (88,8 x 108 mm)

VERDICHTUNGSVERHÄLTNIS: 8,5:1

GEMISCHAUFBEREITUNG: Keihin-Vergaser 38 mm

ZÜNDUNG: kontaktlose Elektronikzündung V-Fire III

GETRIEBE: 5 Gänge

KUPPLUNG: Mehrscheiben-Nasskupplung mit Tellerfeder

ENDANTRIEB: Zahnriemen

RÄDER: vorn 19", hinten 16"

REIFEN: vorn MJ90-19, hinten MT90-16

GABEL: 39 mm Standrohr-Durchmesser, luftunterstütztes Anti-Dive

BREMSEN: vorn und hinten Scheibenbremse (292 mm), Einkolben-Schwimmsättel

RADSTAND: 1.643 mm

SITZHÖHE: 70 cm

KRAFTSTOFFTANK: 16 Liter

ÖLTANK: 2,8 Liter

GEWICHT: 265 kg

STÜCKZAHL: FXR-SP: 818, alle FRX-Modelle (1988): 5.974

1990 – FLSTF FAT BOY

Der »Dicke Junge« stammt direkt von Willie G.'s Zeichenbrett. Zusammen mit Louis Netz hatte Willie mit diesem Motorrad dem Softail-Thema eine neue Richtung gegeben. Angeblich fuhr er zwei Jahre mit einem Prototypen der Fat Boy herum, bevor er sie der Öffentlichkeit vorstellte. Der Zweck war natürlich, ein Feedback von aktiven Motorradfahrern zu bekommen, damit entsprechende Verbesserungen und Anpassungen in den Entwicklungsprozess einfließen konnten.

Was unter den einzigartigen Styling-Merkmalen der Fat Boy am meisten auffällt, sind die massiven 16-Zoll-Räder aus Aluminiumguss. Die »Karosserie«-Teile ähneln denen der Heritage Softail, erscheinen hier allerdings auf Steroid zu sein. Jede Komponente scheint etwas größer zu sein als bei den anderen Softail-Modellen.

Die Auspuffanlage aus versetzt übereinander angeordneten Shotgun-Schalldämpfern war eine Premiere bei Harley-Davidson. Die Fat Boy war in ihrem ersten Baujahr in nur einer Farbe lieferbar: »Fine Silver Metallic«. Anders als bei anderen Modellen erstreckte sich diese Farbe nicht nur über den Tank und die Schutzbleche, sondern auch auf den Rahmen und den hufeisenförmigen Öltank. In einem subtilen Kontrast dazu waren ein paar Teile – die Mittelstücke der Kipphebelgehäuse und die um den äußeren Kupplungsdeckel, den Zündungsdeckel und das Zündschloss angebrachten Ringe – gelb gehalten. Die hinteren Blinker waren an den (ebenfalls silber lackierten) Schutzblech-Streben verschraubt, um dem Heck ein sauberes und seriöses Aussehen zu verleihen.

Der Benzintank fasste knapp 16 Liter, und das vereinfachte Tank-Logo erinnerte an ein Wappen an einem Kampfflugzeug der US-Air Force. Das Logo wird seit 1990 unverändert verwendet.

Wenn ein Fahrzeug – in diesem Fall ein Motorrad – simpel und sauber gestaltet ist, sind es die kleinen Dinge, die es wirklich auszeichnen. Bei der Fat Boy war es der Sitz. Man

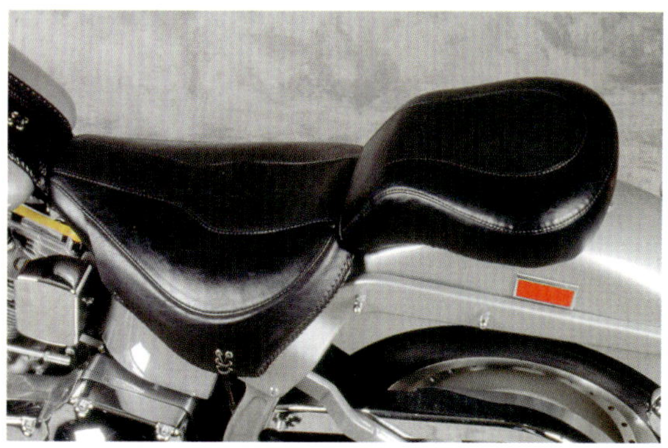

UNTEN – VON LINKS NACH RECHTS: Die Frontpartie der Fat Boy wich deutlich von der Norm ab. Das 16-Zoll-Vorderrad wirkte massiv und solide. Der einzige Nachteil war, dass die große Angriffsfläche bei starkem Seitenwind Unruhe ins Fahrwerk brachte.
Auch am Heck war die Fat Boy einzigartig. Die lackierten Schutzblech-Streben und der ebenfalls in Silber gehaltene Öltank halfen, alles miteinander zu verschmelzen und groß aussehen zu lassen. Der doppelstöckige Shotgun-Auspuff war ebenfalls einmalig.
Der Legende nach hatte die Fat Boy ihren Namen aus der Kombination der beiden im Zweiten Weltkrieg über Nagasaki und Hiroshima abgeworfenen Atombomben »Fat Man« und »Little Boy« erhalten. In Japan war man darüber nicht sonderlich amüsiert. Der breite Tank kann aber ebenfalls einen Anteil an der Namensgebung gehabt haben.
Der mit Schweinsleder bezogene Fahrersitz und die Tankabdeckung sind mit Schnüren verziert.

RECHTS: Bis 1997 war die Fat Boy ein fester Bestandteil des Harley-Programms und in vielen Farben und Kombinationen erhältlich. Die Modifikationen an diesem Modell folgten der Softail-Produktpalette und machten aus einem großartigen Motorrad ein noch besseres.

sieht kaum eine Fat Boy, die nicht mit dem originalen Sitz ausgerüstet ist. Das sagt eine Menge über seine Qualität und das Design. Die obere Sitzfläche besteht aus Schweinsleder, und die Ränder sowie der Längsstreifen über dem Tank sind mit Schnüren versehen.

Harley verkaufte im ersten Jahr 4.440 Fat Boys, 1991 waren es sogar 5.581 Exemplare. Das Modell blieb für viele Jahre ein Verkaufsschlager der Motor Company.

TECHNISCHE DATEN: FLSTF FAT BOY (1990)

MOTOR: OHV-V2-MOTOR, 45° ZYLINDERWINKEL (»EVO«)

HUBRAUM: 81,7 ci (1.339 cm³) ◆ **BOHRUNG X HUB:** 3,5 x 4,25" (88,8 x 108 mm) ◆ **VERDICHTUNGSVERHÄLTNIS:** 8,5:1 **GEMISCHAUFBEREITUNG:** Keihin-Vergaser 40 mm **ZÜNDUNG:** kontaktlose Elektronikzündung V-Fire III **GETRIEBE:** 5 Gänge ◆ **KUPPLUNG:** Mehrscheiben-Nasskupplung mit Tellerfeder ◆ **ENDANTRIEB:** Zahnriemen ◆ **RÄDER:** vorn und hinten 16" **REIFEN:** vorn und hinten MT90-16 ◆ **GABEL:** 41 mm Standrohr-Durchmesser ◆ **BREMSEN:** vorn und hinten Scheibenbremse (292 mm), Einkolben-Schwimmsättel ◆ **RADSTAND:** 1.588 mm **SITZHÖHE:** 67 cm ◆ **KRAFTSTOFFTANK:** 16 Liter **ÖLTANK:** 2,8 Liter ◆ **GEWICHT:** 295 kg ◆ **PREIS:** 10.995 US-$ (26.950 DM)

LINKS: Die Sturgis Motorcycle Rally feierte 1991 ihren 50. Geburtstag, also gab es keine bessere Art, dies zu feiern, als mit dem Bau einer daran erinnernden Maschine auf Basis der neuen Dyna-Glide-Plattform. Die FXDB hatte zwar keinen Zahnriemen im Primärtrieb wie die FXB von 1981, war aber mit allen anderen Verbesserungen der Dyna ausgestattet.

1991 – FXDB Dyna Glide Sturgis
1992 – FXDB Dyna Glide Daytona

Ende der 1980er-Jahre war es unübersehbar, dass die FXR-Plattform bei Hardcore-Harley-Fans nicht gut ankam. Es musste etwas geschehen, und das Ergebnis war ein verfeinertes und »Harley-ähnlicheres« FX-Konzept namens Dyna Glide. Das erste Motorrad auf dieser neuen Plattform war 1991 die FXDB Dyna Glide Sturgis. Diese »neue« Sturgis war eine limitierte Sonderedition, die sowohl den zehnten Jahrestag der FXB Sturgis aus den frühen 1980er-Jahren als auch das 50. Jubiläum der Sturgis Black Hills Rally selbst feierte.

Die Pressemitteilung von Harley-Davidson zur neuen Dyna aus dem Jahr 1991 brachte es auf den Punkt:

»Auf den ersten Blick sieht die 1991er-Sturgis wie eine Reinkarnation ihrer Namensschwester von 1981 aus. Eine tough aussehende Low Rider komplett in Schwarz mit orangefarbenen Akzenten. Es gibt jedoch große Unterschiede zwischen den beiden Motorrädern, die erst auf den zweiten Blick bemerkt werden.«

Kurzum wollte Harley mitteilen, dass diese neue Maschine den Geist der alten und von allen geliebten Sturgis hatte, aber

RECHTS: Bis auf ein paar orangefarbene Akzente war die Sturgis komplett in Schwarz gehalten. Die Sitzbank trug eine Prägung der Motor Company.

in einer neuen Verpackung auftrat, die viel besser war und dem entsprach, was viele Harley-Fahrer inzwischen erwarteten. Der Clou kam an einer anderen Stelle der Pressemitteilung: »Die Absicht war, Kunden-Nachfragen nach einem Motorrad zu erfüllen, das die Optik eines ursprünglichen Low Riders mit fest verschraubtem Motor aus den Siebzigern mit dem Handling und der Laufruhe eines heutigen Low Riders verbindet.«

Harley warb mit zwei wichtigen Punkten: Das neue Modell auf Dyna-Basis wies viele Styling-Merkmale der originalen Sturgis mit Shovelhead-Motor auf, fuhr sich aber wie eine FRX,

LINKS: Auch der Motor erhielt einige schöne Details – in diesem Fall kontrastierende glatte und gekräuselte schwarze Oberflächen.

RECHTS: Mittig montierte Fußrasten boten zusammen mit vorverlegten »Highway-Pegs« das Beste aus beiden Welten. Die orangefarbenen Details waren echte Blickfänger.

die sie ersetzte. Bis zum Jahresende wurden 1.546 Exemplare der FXDB Dyna Glide Sturgis gebaut und verkauft.
1991 stand die FXR, also die zur Low-Rider-Serie umfirmierte FXR-Reihe – in der engeren Auswahl für die Abschussliste. Die FXD Dyna war der neue Star, die Erbin der FX-Reihe, und innerhalb weniger Jahre ersetzte sie die FXR vollständig.

Die Dyna Glide markierte die Rückkehr zum traditionell aussehenden Rahmen. Das Fahrwerk-Design der FXR mit dem Dreieck unter dem Fahrersitz sah für die meisten Fans der Motor Company nicht wie eine Harley aus. Der neue Dyna-Rahmen zeichnete sich durch vertraute Linien aus, die das wahre Wesen einer echten Harley-Davidson widerspiegelten.

Das Fahrgestell der Dyna Glide war jedoch mehr als eine Neuauflage des alten Rahmens. Es war komplett neu und erstmals bei Harley-Davidson von Grund auf per CAD entworfen. Diese neue Computertechnik ermöglichte es, den Rahmen einfacher und kostengünstiger zusammenzubauen, weil seine Struktur von Robotern geschweißt wurde. Das aus 1,25 Zoll (31,75 mm) starken Rohren und (wie bei der ersten FX) Schmiedeteilen bestehende Fahrgestell war schwer und stabil. Zwei Isoliergummis saßen vorn und hinten, im Gegensatz zu den Puck-förmigen Gummis der FXR und FLT waren sie jetzt rechteckig. Und wie bei der FXR dienten die Stoßdämpferaufnahmen gleichzeitig als Zentrierpunkt für die Antriebseinheit. Dieser neue Aufbau gab der FXD das traditionelle Aussehen, das sich die Fans wünschten – und gleichzeitig den Luxus der entkoppelten Motorvibrationen.

RECHTS: Die Daytona Bike Week feierte 1992 ihr 50. Jubiläum. Harley-Davidson schloss sich mit der FXDB Dyna Glide Daytona den Feierlichkeiten an. Ähnlich wie die Sturgis, war auch die Daytona eine echte Fahrmaschine.

UNTEN: Das Tankemblem der Daytona erinnerte an das 50. Jubiläum der Daytona Bike Week. Die FXDB war nur in der Farbkombination aus Indigoblau-Metallic und Gold-Perlmutt erhältlich.

Der Motor und das Getriebe waren fest miteinander verschraubt, und das Öl der Trockensumpf-Motorschmierung befand sich unterhalb des Getriebes in einer angegossenen Wanne; der Peilstab wurde durch ein Rohr im Getriebe geführt. Das Primärtrieb-Gehäuse war länger als bei der FXR, etwa so lang wie bei der Softail.

LINKS: Die FXDWG Dyna Wide Glide von 1998 war eines von zahlreichen Modellen der fast drei Jahrzehnte währenden Dyna-Reihe. Der Evo-Motor wurde 1999 durch das Twin-Cam-Triebwerk ersetzt, und das Dyna-Erbe konnte bis 2017 fortgeführt werden.

Oberhalb des Getriebes waren links die Zündspule, die Zündbox und Relais untergebracht, während rechts die Batterie saß. Das Zündschloss befand sich hinter dem Getriebe. Das Gesamtbild entsprach einer klassischen Harley-Davidson.

Ab 1995 diente die Dyna Glide als Grundlage für das gesamte FX-Programm. Sie blieb bis 2018 ein Bestandteil der Harley-Davidson-Familie.

Nachdem 1991 mit der FXDB Sturgis die neue Dyna-Glide-Plattform vorgestellt worden war, präsentierte Harley-Davidson 1992 zum 50. Jubiläum der Daytona Bike Week die ebenfalls limitiert aufgelegte FXDB Dyna Glide Daytona. Sie ähnelte stark der Sturgis aus dem Vorjahr, und alle 1.500 Exemplare wurden in einer Perlmutt-Zweifarblackierung aus Indigoblau und Gold ausgeliefert. Die Neunspeichen-Gussräder waren genauso goldfarben lackiert wie die Riemenscheibe am Hinterrad. Die Gabel mit 39 mm starken Standrohren nahm oben den »Augenbrauen«-Scheinwerfer der Sportster und unten eine Doppelscheibenbremse auf. Der gut gepolsterte Sitz mit eingeprägtem Daytona-Logo wurde von der gleichen kurzen Rückenlehne wie bei der Sturgis abgeschlossen. Jedes dieser Daytona-Jubiläumsmodelle trug am Tank eine entsprechende Grafik. Die erstmals bei Harley eingeführten selbstständig zurückstellenden Blinker kamen natürlich auch bei der Dyna Daytona zum Einsatz.

TECHNISCHE DATEN: FXDB DYNA GLIDE STURGIS UND DAYTONA (1992)

MOTOR: OHV-V2-MOTOR, 45° ZYLINDERWINKEL (»EVO«)

HUBRAUM: 81,7 ci (1.339 cm³)

BOHRUNG X HUB: 3,5 x 4,25" (88,8 x 108 mm)

VERDICHTUNGSVERHÄLTNIS: 8,5:1

GEMISCHAUFBEREITUNG: Keihin-Vergaser 40 mm

ZÜNDUNG: kontaktlose Elektronikzündung V-Fire III

GETRIEBE: 5 Gänge ◆ **KUPPLUNG:** Mehrscheiben-Nasskupplung mit Tellerfeder

ENDANTRIEB: Zahnriemen ◆ **RÄDER:** vorn 19", hinten 16"

REIFEN: vorn 100/90-19, hinten 130/90-16 ◆ **GABEL:** 39 mm Standrohr-Durchmesser ◆ **BREMSEN:** vorn Doppelscheibenbremse (292 mm), hinten Scheibenbremse (292 mm), Einkolben-Schwimmsättel

RADSTAND: 1.664 mm ◆ **SITZHÖHE:** 67 cm

KRAFTSTOFFTANK: 18,5 Liter ◆ **ÖLTANK:** 2,8 Liter ◆ **GEWICHT:** 271 kg

1994 – FLHR ROAD KING

Gegen Ende der 1980er-Jahre hatte sich die Harley-Davidson Motor Company wieder als einer der wichtigsten Akteure auf dem Motorradmarkt etabliert. Der Evo-Motor, das Softail-Chassis und die neu konfigurierten Sportster-Modelle waren sehr erfolgreich gewesen und wurden entsprechend gut verkauft. Diesem Erfolgsrezept folgend, begann Harley damit, Variationen bestehender Modelle anzubieten, darunter auch die FLHS Electra-Glide Sport von 1987, die im Grunde eine abgespeckte Electra-Glide war. Sie war leichter und erschwinglicher als alle anderen Fulldresser-FLH-Modelle, hatte aber nur mäßigen Erfolg. Innerhalb weniger Jahre beschloss das Harley-Management, sie durch ein neues Modell zu ersetzen: die FLHR Road King. Wie viele Harley-Modelle der späten 80er- und frühen 90er-Jahre, war die Road King von 1994 eine Hommage an die FL-Modelle der späten 50er- und frühen 60er-Jahre; am meisten erinnerte sie an die Duo-Glide von 1958. Doch die Road King war mit einer einfach abzunehmenden Windschutzscheibe sowie abschließbaren und wetterfesten Satteltaschen eine durchaus moderne Maschine.

Der im FLH-Fahrgestell elastisch aufgehängte Motor wurde wie bei der FXD-Reihe von einem unter dem Getriebe sitzenden Öltank mit Schmierstoff versorgt, sodass die schwere Batterie jetzt in der Mitte des Rahmens ihren Platz fand – und nicht mehr an der Seite, wie seit 1965 bei der ersten Electra-Glide. Dies sorgte für Symmetrie und ermöglichte eine stromlinienförmige Seitendeckel-Gestaltung.

Der Benzintank war ebenfalls geändert worden und der Tachometer in einer verchromten Konsole zentral untergebracht. Auch dies trug zur klassischen Optik der Road King bei.

LINKS: Die FLHR Road King (hier ein Modell von 1998) debütierte 1994 und war genau das: ein König der Straße. Vor allem war sie ein sehr vielseitiges Motorrad. Sie war als Reisemotorrad gebaut, konnte aber genauso gut als Alltagsmaschine eingesetzt oder individualisiert werden.

Luftunterstützte Hydraulik-Federbeine halfen, das zulässige Gesamtgewicht der Road King zu erhöhen und sie zu einem ernsthaften Reisemotorrad zu machen. Der Fahrersitz war mit Nieten besetzt, und der mit Schnellverschlüssen versehene Rücksitz konnte rasch entfernt werden, um mehr Gepäck für Solisten unterzubringen.

Die Road King wurde aus der Einfachheit geboren, sie war ein Retromodell in einer Zeit, als Motorräder in ihrem Design, ihrer Funktion und ihrem Charakter sehr direkt waren. Die Motor Company erkannte diese Bedürfnisse und lieferte wieder einmal das richtige Produkt. Die Road King war – und ist immer noch – ein Motorrad, das im gleichen Maß individualisiert und personalisiert werden kann wie jeder andere Big Twin, aber immer ein ernsthaftes Reisemotorrad blieb. Sie war ein schöner Kompromiss zwischen einem Fulldresser und einer FX – und ein sehr beliebtes Modell.

TECHNISCHE DATEN: FLHR ROAD KING (1994)

MOTOR: OHV-V2-MOTOR, 45° ZYLINDERWINKEL (»EVO«)

HUBRAUM: 81,7 ci (1.339 cm³)

BOHRUNG X HUB: 3,5 x 4,25" (88,8 x 108 mm)

VERDICHTUNGSVERHÄLTNIS: 8,5:1

GEMISCHAUFBEREITUNG: Keihin-Vergaser 40 mm

ZÜNDUNG: kontaktlose Elektronikzündung V-Fire III

GETRIEBE: 5 Gänge

KUPPLUNG: Mehrscheiben-Nasskupplung mit Tellerfeder

ENDANTRIEB: Zahnriemen

RÄDER: vorn und hinten 3 x 16"

REIFEN: vorn und hinten MT90-16

GABEL: 41 mm Standrohr-Durchmesser

BREMSEN: vorn Doppelscheibenbremse (292 mm), hinten Scheibenbremse (292 mm), Einkolben-Schwimmsättel

RADSTAND: 1.599 mm

SITZHÖHE: 72 cm

KRAFTSTOFFTANK: 19 Liter

ÖLTANK: 3,8 Liter

GEWICHT: 314 kg

GEGENÜBER: Die 1998 neu ins Touring-Programm aufgenommene FLTR Road Glide konnte sich rasch eine Fangemeinde aufbauen. Mit klaren Linien und ohne Schnörkel sah die Maschine mit ihrer gekappten Windschutzscheibe, dem verlängerten vorderen Schutzblech und der relativ niedrigen Sitzhöhe sehr ernsthaft aus. Es war auch eine Version mit Einspritzanlage – FLTRI genannt – erhältlich.

LINKS: Die Ultra Classic Electra-Glide gehörte seit jeher zu den Schwergewichten im Harley-Davidson-Stall. Mit ihrem elastisch aufgehängten Evo-Triebwerk, dem guten Windschutz, der bequemen Möblierung und dem gewaltigen Stauraum war sie eine perfekte Langstreckenmaschine. Gezeigt ist ein Modell aus dem Jahr 1994.

HARLEY-DAVIDSON
Road King

Kapitel 9

DIE TWIN-CAM-ÄRA

Die Evolution-Motoren waren für Harley-Davidson ein echter Fortschritt gewesen und hatten ihre Fans 15 Jahre lang mit ihrer Zuverlässigkeit und Leistungsfähigkeit begeistert. 1999 kam das Ende für die Evo-Big-Twins, denn Harley-Davidson wollte neue Maßstäbe setzen und die Baureihen FLH, FLT und Dyna mit neuen 88-ci-Motoren (1.450 cm^3) ausrüsten.

Weil bei diesen Triebwerken – erstmals bei OHV-Big-Twins – zwei unten liegende Nockenwellen den Ventiltrieb übernahmen, führte Harley-Davidson den naheliegenden Namen Twin Cam ein. Es wurde ein völlig neuer Motor, doch wie seine Vorgänger blieb er dem treu, was seine Fans von ihm erwarteten. Harley-Davidson erklärte dies in der Pressemitteilung vom Juli 1998 so: »Wie seine Vorgänger Knucklehead, Panhead, Shovelhead und Evolution bleibt auch der Twin Cam 88 ein klassischer luftgekühlter V2-Motor mit 45° Zylinderwinkel, wie ihn Harley-Davidson seit 1909 verwendet.«

Bei der offiziellen Enthüllung im Jahr 1998 erklärte Willie G. Davidson selbst, dass ein 45°-V2 der einzige Weg sei, den die Motor Company wählen konnte. Er sagte: »Wenn wir etwas anderes als einen luftgekühlten 45°-V2-Motor bauen würden, wären wir verrückt.«

Verrückt oder nicht verrückt – nur 18 der 450 für das neue Triebwerk (Kurzbezeichnung: TC-88) verwendeten Komponenten stammten vom Evo-Motor. Der Twin Cam war also in jeder Hinsicht ein völlig neuer Motor.

Das erste Modelljahr für den Twin Cam 88 war 1999. Das neue Triebwerk war anfangs nur in der elastisch aufgehängten Version für die FLH- (hier die FLHRI) und die Dyna-Baureihe erhältlich; Softail-Modelle mussten noch ein weiteres Jahr mit dem Evo-Motor auskommen.

Der Evo 80-Motor wurde noch ein Jahr in den Softail-Modellen eingesetzt, sodass diese erst ab dem Modelljahr 2000 den Doppelnocken-Motor bekamen.

Die Entwicklung des Twin Cam begann in den frühen 1990er-Jahren unter dem Codenamen P-22. Das neue Triebwerk sollte noch robuster und zuverlässiger als der Evo-Motor werden, zugleich musste es groß und stark genug sein, um auf dem expandierenden Markt für Touringmotorräder konkurrenzfähig zu sein. Natürlich musste der neue Motor auch die strengen Emissions- und Geräuschvorschriften der EPA (Environmental Protection Agency) erfüllen oder übertreffen. Der erste P-22-Prototyp hatte Berichten zufolge einen neuen Rumpf mit zwei Nockenwellen erhalten, auf dem Zylinderköpfe im Evo-Stil und Zylinder mit 3,75 Zoll Bohrung (92,25 mm) steckten. Zusammen mit 4 Zoll Hub (101,6 mm) ergaben sich 88 ci (1.450 cm³) Hubraum – zehn Prozent mehr als beim Evo. Der erste P-22 wurde am 02. Dezember 1993 gezündet.

Das größte Problem bei luftgekühlten Motoren ist die Abfuhr der Hitze – und je mehr Leistung ein Motor produziert, desto stärker ist die Wärmeentwicklung. Motorwärme diktiert eine Reihe von Zielen: Sie bestimmt das Schmiersystem und die Ölmenge, sie beeinflusst die Brennraumform und die Konstruktion der Kolben, und sie wirkt sich sogar auf das Gesamtdesign des Motors aus. So waren zum Beispiel die

Kühlrippen des P-22-Prototyps denen des Evo-Motors nachempfunden, aber bald stellten die Ingenieure fest, dass dies nicht reichte, um den Twin Cam ausreichend kühl zu halten.

Die Brennräume in Form umgestülpter Badewannen erwiesen sich als sehr effektiv, und die Ingenieure konnten die von den Kolben aufgenommene Wärme nach Wunsch abstimmen. Die Wärmeableitung von den Kolbenböden erfordert generell eine große Kontaktfläche zur Zylinderwandung, damit der dünne Ölfilm die Hitze übertragen kann, sodass sie ihren Weg zu den Kühlrippen findet. Die 92,25 mm Zylinderbohrung des TC-88 war für einen luftgekühlten Motor ziemlich groß. Ein entsprechend dimensionierter Kolben bringt Gewicht, das wiederum die Motorvibrationen verstärken kann. Also entschloss man sich bei Harley, das Kolbengewicht gering zu halten und die Wärmeentwicklung im Brennraum auf eine andere Weise zu reduzieren. Statt sich darauf zu verlassen, dass allein der Ölfilm und der Fahrtwind die Wärme ableiten, nutzte man einen Trick, der bei Rennmotoren und Diesel-Triebwerken seit Langem zum Einsatz kam: Unterhalb der Kolben wurden im Kurbelgehäuse Düsen angebracht, die einen Ölstrahl direkt unter die Kolbenböden richteten, damit das Öl die Wärme ableitet und im gesamten Motor verteilt. Dies sorgte allerdings dafür, dass die Öltemperatur auf über 130 °C steigen konnte. Irgendwo einen externen Ölkühler anzubringen, wäre eine einfache Lösung gewesen, doch die Styling-Abteilung lehnte dies kategorisch ab, weil ein solcher Klotz die klassische Linie des gesamten Motorrades beeinträchtigt hätte. Also mussten sich die Designer und Konstrukteure daranmachen, die Kühlrippenfläche um 50 Prozent zu vergrößern. Das Problem war gelöst, und es entstand ein sowohl thermisch als auch optisch »cooler« Motor.

Weitere Probleme bei der Entwicklung des TC-88 traten beim Abpumpen des Motoröls aus dem Kurbelgehäuse auf, sodass sogar der Serienbau um ein Jahr verschoben werden musste. Letztlich löste man mithilfe eines jungen Ingenieurs namens Paul Troxler die Problematik. Dieser hatte erkannt, dass die Ursache in der Luftströmungsdynamik innerhalb des Motors lag. Während sich die Kolben in den Zylindern nur leicht versetzt abwärts bewegten, wurde das Öl in alle Richtungen gedrückt. Troxler empfahl, die Nockenwellengehäuse vom Kurbelgehäuse zu isolieren und das Motoröl mithilfe eines dualen Absaugsystems in den Öltank zurückzufördern. Alle vorherigen OHV-Big-Twins hatten außen liegende Ölpumpen, die das Motoröl zunächst über die Entlüftungssteuerung ins Nockenwellengehäuse förderten und dann in den Öltank absaugten, wo es abkühlen konnte, bevor es erneut zum Schmieren und Kühlen im Motor verteilt wurde. Ein Nebeneffekt von Troxlers Lösung war ein geringerer hydraulischer Widerstand an der Kurbelwelle (bei früheren Motoren wurde das zurücklaufende Öl direkt ins Kurbelgehäuse geleitet, wo es die drehende Kurbelwelle behinderte).

LINKS: Die Road King Classic von 1999 wurde per Einspritzanlage beatmet, wogegen bei der Standardversion noch ein Keihin-Vergaser seine Dienste tat. Der in diesem Jahr erstmals eingesetzte Twin Cam schöpfte aus 110 cm³ zusätzlichem Hubraum 12 PS mehr Leistung als der Evo-Motor – unerlässlich für einen König der Straße.

GEGENÜBER UND FOLGENDE SEITE: Für das Modelljahr 2000 erhielt die Softail den TC-88B-Motor in einem komplett neu gestalteten Rahmen. Diese FXSTD Softail Deuce (»Teufel«) war ein neues Modell. Weitere Neuerungen waren die geglättete Gabel, der verlängerte Tank und das hintere Schutzblech samt neuem Rücklicht.

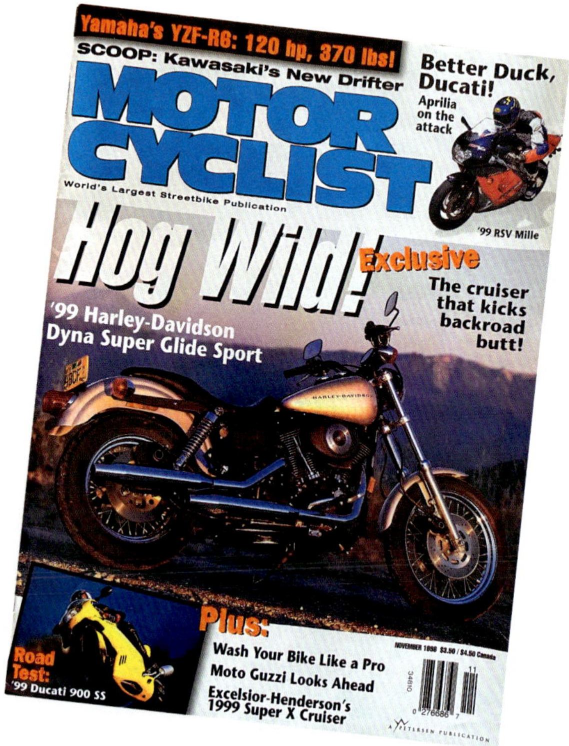

Warum überhaupt zwei Nockenwellen? Dafür gibt es viele Gründe. Zuerst gab es seit den 1990er-Jahren immer schärfere Lärmschutz-Vorschriften. Bei Harley hatte man schon früh festgestellt, dass der Nockenwellenantrieb der Evo-Motoren eine Lärmquelle war, weil die Nockenwelle über Zahnräder angetrieben wurde. Im Automobilbau wurden schon seit Jahren relativ leise Steuerketten eingesetzt, sodass auch bei der Motor Company beschlossen wurde, die beiden Nockenwellen – jeweils eine pro Zylinder – mit Ketten anzutreiben (eine zwischen der Kurbelwelle und der hinteren Nockenwelle, die zweite zwischen der hinteren und der vorderen Nockenwelle).

Das Motorgehäuse wurde mithilfe moderner Druckguss-Fertigungstechniken verbessert, um die Zuverlässigkeit zu erhöhen und die Geräuschentwicklung zu dämmen, ohne das Gehäuse schwerer zu machen. Anders als beim Evo, der an der Rückseite des Kurbelgehäuses eine Standardlasche für zwei Schrauben besaß, verfügte der Twin Cam über eine flache und senkrechte Vierpunkt-Aufnahme für das ebenfalls neu gestaltete Getriebegehäuse. Die Zylinder-Stehbolzen wurden weit auseinander platziert, um einerseits die Festigkeit zu erhöhen und andererseits zukünftige Hubraum-Erweiterungen zu ermöglichen. Die aus drei Teilen bestehende Schmiede-Kurbelwelle war mit den bewährten »Messer-und-Gabel«-Pleuelstangen verpresst, sodass die Zylinder weiterhin ohne Versatz hintereinander standen.

Der neue Twin Cam verfügte über viele weitere Eingenschaften, die ihn tatsächlich zu einem deutlich besseren Ersatz für den Evo machten. Dieser kurze Überblick vermittelt nur eine kleine Vorstellung darüber, wie der TC-88 entstanden ist und wie er funktioniert. Für detailliertere Betrachtungen gibt es ausgezeichnete Bücher und Artikel – wenn auch meistens in englischer Sprache. Ein Autor, der sich bestens mit der Funktionsweise dieses und anderer Harley-Motoren auskennt, ist Donny Peterson, dessen Technikbücher ich wärmstens empfehlen kann.

2000 – Twin Cam 88B Softail

Vibrationen waren bei einem V-Motor mit nur 45° Zylinderwinkel schon immer ein kritischer Faktor. Die einzigartige Konstruktion und Zündfolge sorgten perfekt dafür, dass Schwingungen aller Art über die Motoraufnahmen in den Rahmen eingeleitet wurden, um die Besatzung durchzuschütteln. Die Softail-Modelle waren klassische Beispiele dafür, wie sich bei einem starr montierten Motor die Vibrationen ins gesamte Motorrad übertrugen.

Dies änderte sich im Jahr 2000, als Harley-Davidson den Twin Cam B vorstellte. Das B stand dabei für »Balanced« und wies darauf hin, dass Ausgleichswellen die Vibrationen absorbierten. Das Ergebnis war ein sanft laufender V-Twin, der fest im Softail-Rahmen verschraubt werden konnte. Die zwei Ausgleichswellen ließen den TC-88B kaum anders aussehen als den Standard-Twin-Cam, auch wenn natürlich ein völlig neues Motorgehäuse benötigt wurde. Eine Anmerkung zum Namen TC-88B: Auch wenn man bei Harley darauf bestand, den offiziellen Namen beizubehalten, begannen die Fans der Marke bald damit, den zweiten Twin Cam als »Beta« zu bezeichnen – obwohl überall zu lesen war, dass das B für »Balanced« stand.

Die Entwicklung des TC-88B-Motors für die Softail begann kurz nach dem Start des P-22-Projekts. Der Twin Cam »B« sollte von Anfang an mit Ausgleichswellen ausgestattet werden. Das Entwicklungs- und Technikteam wurde vom Motorenprojektleiter Ben Vandenhoeven angeführt und ein wichtiges Kriterium war, das ursprüngliche Softail-System mit fest verschraubtem Motor und entsprechend geringen Abständen zum Rahmen beizubehalten. Obwohl die ersten Softail-Modelle einen – fest verschraubten – Evo-Motor trugen, war es auch möglich, einen Knucklehead, Panhead Shovelhead oder sogar Flathead in den Rahmen einzubauen. Fünf Triebwerkgenerationen nutzten also die gleiche Motoraufnahmen-Konfiguration. Statt die elastische Aufhängung der anderen Modelle zu verwenden, musste hier also ein völlig neues Projekt entwickelt werden, um das Ausgleichswellen-Triebwerk starr montieren zu können. Auf diese Weise konnte ein Großteil der Softail-Tradition gerettet werden.

Die Lösung zur Beruhigung der Motorvibrationen lag also in einem System aus mit Ausgleichsgewichten bestückten Wellen. Wie der Evo, war auch der Prototyp P-22 vorn mit zwei großen Laschen fest am Rahmen verschraubt, während das Getriebe die Schwingenachse aufnahm. Der Motor und das Getriebe waren miteinander verschraubt und erzeugten so eine solide Struktur im Rahmen. Bei der Evo-Softail trug die Antriebseinheit zehn Prozent zur Versteifung des Fahrwerks bei, beim Twin Cam 88B waren es jedoch 50 Prozent!

Zylinder und Köpfe der beiden Twin Cams unterschieden sich nicht, doch beim Motorgehäuse gab es viele Komponenten, die nicht austauschbar waren – vor allem die Ausgleichswellen selbst.

Die Grundkonstruktion bestand aus zwei in Gegenrichtung zur Kurbelwelle drehenden Ausgleichswellen, die vor und hinter der Kurbelwelle im vergrößerten Kurbelgehäuse steckten. Eine Kette verband die drei korrekt zueinander ausgerichteten Wellen. Damit die relativ lange Kette nicht durchhing oder schlug, benötigte sie einen Spanner. Anfangs wurde ein Federspanner verwendet, doch um diesen einzustellen, musste der komplette Motor zerlegt werden. Die Lösung für dieses Problem fand sich in einem doppelten hydraulischen Spannersystem, das den Öldruck nutzte und keine regelmäßige Einstellung erforderlich machte.

Wie beim originalen Twin Cam, war auch beim »Beta« ein neues Getriebe mit vier Schrauben und Passhülsen mit dem Motor verblockt. Das neue Getriebe lief jedoch nicht ganz

2003 feierte Harley-Davidson seinen 100. Geburtstag. Dieses Jubiläumsmodell Softail Deuce trägt am Tank ein entsprechendes Logo. Auch der Twin Cam 88B war mit Vergaser oder Einspritzung erhältlich.

RECHTS: Eine Heritage Softail von 2002, wie immer mit reichlich Chrom und Leder. Seit ihrer Einführung 1988 konnte die Heritage ihre klassische Optik auch nach der Herztransplantation erhalten.

problemlos: Der Schaltmechanismus sorgte für ein hakeliges Gefühl oder klemmte manchmal. Bald erkannte man, dass bei früheren Getrieben, die Schwingungen und Vibrationen unterworfen waren, die Schaltkomponenten entsprechend angepasst worden waren, um beim Fahrer ein harmonisches Gefühl zu erzeugen. Diese symbiotische Beziehung existierte zwischen dem TC-88B und seinem Getriebe nicht, weil in der Gleichung keine Vibrationen vorkamen. Nach Aussage von Getriebe-Projektleiter John Schanz führte »das Fehlen von [Motor-]Vibrationen zu mehr Reibung im Schaltgestänge, sodass die Teile nicht >schwammen<. Das Gleiche erkannten wir bei der Kupplung. Daraus ergab sich die Notwendigkeit für einen neuen Schaltmechanismus.« Es folgte ein komplett überarbeiteter Schaltmechanismus. Die Lösung war die Konstruktion einer leichten hohl gebohrten Schaltwalze aus Stahlguss in Rollenlagern, und auch der Arretierhebel lief reibungsarm mit einer Rolle im Schaltstern, statt wie früher mit einem Kolben. Das neue System enthielt außerdem einen mechanischen Anschlag, damit keine Gänge »überschaltet« werden konnten.

So weit die wichtigsten Mitwirkenden im neuen Twin-Cam-88B-Antriebsstrang. Auch wenn sich die beiden Twin Cams sehr ähnlich sahen, gab es doch zahlreiche Unterschiede zwischen ihnen.

LINKS: Ästhetisch hatte sich die FLSTF Fat Boy in den letzten Jahren kaum verändert. 2004 war sie mit Einspritzung oder Vergaser sowie in elf unterschiedlichen Farben erhältlich.

Auch das Softail-Fahrwerk war modernisiert worden. Die mit dem TC-88B angetriebenen Modelle waren vorn und hinten mit Vierkolben-Bremssätteln ausgerüstet. Dafür mussten natürlich die Tauchrohre und Bremssattelträger angepasst werden. Die neuen Bremsscheiben hatten Ausdehnungsfugen, und die Räder waren mit abgedichteten Radlagern ausgerüstet, die das Nachstellen des Lagerspiels überflüssig machten und die Wartungsintervalle auf 160.000 km vergrößerten. Der 19-Liter-Kraftstofftank war jetzt einteilig, und in der linken Tankdeckelattrappe war eine Tankanzeige untergebracht. Der Rest der Maschine entsprach jedoch ziemlich genau der Standard-Softail, wie sie ursprünglich in den 1980er-Jahren entwickelt worden war.

LINKS OBEN: Die FLSTN Softail Deluxe wurde 2005 als Retro-Cruiser mit Niveau vorgestellt. Dicke Weißwandreifen auf verchromten Drahtspeichenrädern und gut geschützt von ausladenden Kotflügeln sorgten für eine zeitlose Optik. Eingebettet in das nostalgische Styling war natürlich der sanft laufende Twin Cam 88B.

RECHTS OBEN: Auch die verchromten Bullet-Zusatzscheinwerfer trugen zum Retrolook bei.

Das neue Motorrad erhielt in zahlreichen Zeitschriften positive Kritiken. *Cycle World* bezeichnete seine Testmaschine, eine 2000er Fat Boy, als »Smooth Operator« und eröffnete den Testbericht mit folgenden Worten: »Sie sieht aus wie eine Harley, aber du weißt nach dem ersten Start, dass irgendetwas seltsam ist. Sie steht einfach da und läuft sanft im Standgas – wirklich smooth.«

Eine sanftere Kraftentfaltung, ein besseres Handling, bessere Bremsen. Wenn sie es nicht schon vorher war, dann war die Softail spätestens jetzt zum ultimativen Cruiser geworden. Angetrieben vom neuen TC-88B-Motor übertraf sie sämtliche Konkurrenz um Längen.

Im Jahr 2000 gab es sieben verschiedene Softail-Modelle – alle mit dem Twin Cam 88B und dem neuen Fünfganggetriebe:

- FLSTC Heritage Softail Classic
- FLSTF Fat Boy
- FLSTS Heritage Springer
- FXST Softail Standard
- FXSTB Night Train
- FXSTD Softail Deuce
- FXSTS Springer Softail

ANMERKUNG: Wenn von den zwei verschiedenen Twin-Cam-Motoren die Rede ist, wird die Variante mit Ausgleichswellen für die Softails als »Twin Cam B« bezeichnet. Die Standard-Variante ohne Ausgleichswellen ist als »Twin Cam A« bekannt.

LINKS: Was die FLHRSE 12 SE Road King abgesehen von der gut sichtbaren Vollausstattung wirklich speziell machte, war der 103-ci-Motor, der sowohl mehr Bohrung (98,4 mm) als auch mehr Hub (111,1 mm) sowie Nockenwellen mit mehr Ventilhub plus spezielle Zylinderköpfe von Screamin' Eagle aufwies. Obwohl das Verdichtungsverhältnis von 9,0:1 unverändert blieb, war dies ein sehr respektables Triebwerk.

TECHNISCHE DATEN: 2000- FXST SOFTAIL STANDARD

MOTOR: OHV-V2-MOTOR, 45° ZYLINDERWINKEL (»TWIN CAM 88B«)

HUBRAUM: 88 ci (1.450 cm³) ◆ **BOHRUNG X HUB:** 3,75 x 4" (92,25 x 101,6 mm) ◆ **VERDICHTUNGSVERHÄLTNIS:** 9,0:1
GEMISCHAUFBEREITUNG: Keihin-Vergaser 40 mm
ZÜNDUNG: kontaktlose Elektronikzündung ◆ **GETRIEBE:** 5 Gänge
KUPPLUNG: Mehrscheiben-Nasskupplung mit Tellerfeder
ENDANTRIEB: Zahnriemen ◆ **RÄDER:** vorn 21", hinten 16" ◆ **REIFEN:** vorn MJ90-19, hinten MT90-16 ◆ **GABEL:** Wide Glide, 41 mm Standrohr-Durchmesser
BREMSEN: vorn und hinten Scheibenbremse (292 mm), Vierkolben-Schwimmsättel ◆ **RADSTAND:** 1.641 mm ◆ **SITZHÖHE:** 70 cm
KRAFTSTOFFTANK: 19 Liter ◆ **ÖLTANK:** 3,3 Liter
GEWICHT: 304 kg ◆ **PREIS:** 12.355 US-$ (27.450 DM)

2003 – TWIN CAM FLHRSE 12 CVO SCREAMIN' EAGLE ROAD KING

Auch Harley-Davidson konnte sich dem alten Spruch »There is no Replacement for Displacement« (Hubraum ist durch nichts zu ersetzen) nicht widersetzen. Aber größer und schneller zu werden, wird oft durch stärkeren Verschleiß erkauft. Deswegen dauerte es bei der Motor Company oft sehr lange, bis der Hubraum vergrößert wurde – schließlich musste sichergestellt werden, dass die Motoren lange zuverlässig arbeiten und nicht auseinanderfallen.

Natürlich war Harley-Davidson das Interesse der Kundschaft an hubraumstarken Motoren nicht entgangen, und den

RECHTS: Alles, was an diesem Motorrad verchromt werden konnte, war es auch. Die SE Road King war mit allen von der Motor Company angebotenen Extras ausgerüstet – und das waren nicht wenige. Nur das farblich passende »Tour-Pack«-Topcase musste zusätzlich bestellt werden.

Beweis dafür lieferte die Abteilung für High-Performance-Teile und Zubehör – besser bekannt als Screamin' Eagle.

Obwohl Screamin'-Eagle-Teile als Zubehör an Harley-Kunden verkauft wurden, begann die Motor Company 2001 damit, genau diese High-Performance-Komponenten an limitiert aufgelegten CVO-Modellen (Custom Vehicle Operations) zu verbauen. Die ersten CVO-Modelle erschienen 1999 als FXR2 und FXR3, doch diese Maschinen waren kaum mehr als leicht individualisierte FXR Low Rider ohne irgendwelche Screamin'-Eagle-Motorkomponenten. 2001 schloss das CVO-Programm die Screamin' Eagle Road Glide ein und ebnete den Weg für zukünftige Maschinen, die ein noch reizvolleres Fahrvergnügen bieten sollten.

Es war jedoch erst die CVO Screamin' Eagle Road King von 2003, die für Harley-Stylisten schließlich den Ausschlag gab, für alle zukünftigen CVO-Modelle Teile aus dem Screamin'-Eagle-Sortiment zu nutzen.

Wie alle CVO-Maschinen, war auch die CVO Road King von 2003 ein limitiertes Modell. Ihren Antrieb übernahm der Twin Cam 103 – Harleys größter Motor, dessen 1.688 cm³ Hubraum durch die werksmäßig montierten Big-Bore-Kits von Screamin' Eagle ermöglicht wurden.

LINKS: Ein Motorrad, dem wirklich kaum noch etwas hinzuzufügen ist. Bis auf das Topcase ist bei der CVO Screamin' Eagle Road King von 2003 alles serienmäßig. Um die abgedrehten und polierten 16-Zoll-Alu-Räder zu erkennen, muss schon genauer hingeschaut werden.

Die CVO Road King war eindeutig mehr als nur eine aufgemotzte Serien-FLHR. Wie bei allen CVO-Maschinen, wurden der Rahmen und die Schwinge farblich an die in »Centennial Gold« (Jahrhundertfeier-Gold) lackierten Anbauteile angepasst. Die Lackierung umfasste weiterhin schwarze »Riss«-Streifen mit Burgunderrot sowie 23-karätigem Blattgold auf dem Tank, den Schutzblechen und den Koffern.

Alles, was verchromt werden konnte, war verchromt. Die Lenker-Verkabelung war innerhalb des 1 ¼ Zoll (32 mm) starken Lenkers verlegt, und dank einer Hydraulik-Kupplung konnte der lästige schwarze Kupplungszug entfallen, wie er sonst bei FL-Modellen üblich war. An seiner Stelle trat ein mit Stahldrahtgeflecht ummantelter Kupplungsschlauch, der sich nahtlos in die übrige Ausstattung der Maschine einfügte. Die abgedrehten und polierten Aluräder trugen beidseitig schwimmend gelagerte Bremsscheiben mit 292 mm Durchmesser.

Die CVO Screamin' Eagle Road King von 2003 war mit knapp 2.000 US-$ nicht billig, dennoch wurden etwa 3.600 Stück davon verkauft – mit Screamin'-Eagle-Tuning bei voller Werksgarantie.

TECHNISCHE DATEN: FLHRSE 12 CVO SCREAMIN' EAGLE ROAD KING (2003)

MOTOR: OHV-V2-Motor, 45° Zylinderwinkel (»Twin Cam 103«)

HUBRAUM: 103 ci (1.688 cm³)

BOHRUNG X HUB: 3,875 x 4,375" (98,4 x 111,1 mm)

VERDICHTUNGSVERHÄLTNIS: 9,0:1

GEMISCHAUFBEREITUNG: sequenzielle Saugrohr-Einspritzung

ZÜNDUNG: kontaktlose Elektronikzündung

GETRIEBE: 5 Gänge

KUPPLUNG: hydraulisch betätigte Neunscheiben-Kupplung

RÄDER: vorn und hinten 16"

REIFEN: vorn und hinten MT90-16

GABEL: 41 mm Standrohr-Durchmesser

BREMSEN: 3 schwimmend gelagerte Bremsscheiben (292 mm), Vierkolben-Schwimmsättel

RADSTAND: 1.613 mm

SITZHÖHE: 69 cm

KRAFTSTOFFTANK: 19 Liter

ÖLTANK: 3,8 Liter

GEWICHT: 338 kg

PREIS: 27.995 US-$

2007 – Twin Cam 96

Mit Ausnahme der frühen F-Head-Twins unterlag kein Harley-Triebwerk mehr Hubraum-Änderungen als der Twin Cam (siehe Hubraum-Tabelle). Die originalen Twin Cams 88 und 88B hatten 1.450 cm³ Hubraum. Mit optionalen Big-Bore-Kits von Harley-Davidson und anderen Anbietern konnten dank 98,4 mm großer Kolben 95 Kubikzoll (1.557 cm³) erreicht werden. Dies war ein äußerst beliebter und einigermaßen erschwinglicher Umbau, der Harley-Davidson dazu veranlasste, ab 2007 den Hubraum des Twin Cams auf 96 ci (1.584 cm³) zu vergrößern. Viele Leute glauben, dies sei ein modifizierter 95-ci-Motor gewesen, aber das stimmt nicht. Beim TC 96 (B) beließ man die Bohrung wie beim TC 88 bei 92,25 mm. Die Vergrößerung des Hubraums wurde also allein durch einen verlängerten Hub (von 101,6 auf 111,1 mm) erreicht. Hierdurch blieb Platz für eine größere Zylinderbohrung, was alle glücklich machte. Die Besitzer von Serienmotoren genossen die Zusatzleistung ihrer TC-96-Motoren gegenüber einem TC-88 (ca. acht Prozent) und hatten gleichzeitig die Möglichkeit, den Hubraum ihrer Triebwerke noch zu erweitern, indem sie Zylinder aufsetzten, die das Maß der 95-ci-Motoren hatten.

Die Vergrößerung des Hubs war 2007 nur ein Teil der Umstellung auf den TC 96. Es gab weitere Verbesserungen am Antriebsstrang. Die Kolben und Pleuel waren leichter als die Komponenten des TC 88; das Verdichtungsverhältnis wurde von 8,9:1 auf 9,2:1 erhöht. Zuallerletzt steigerte der längere Hub etwas die Motorleistung – und verringerte gleichzeitig die Motorvibrationen.

Auch der verschleißanfällige Steuerkettenspanner wurde durch einen hydraulischen Spanner ersetzt, was die Wartungsintervalle von 15.000 (24.000 km) auf 50.000 Meilen (80.000 km) verlängerte.

Die Ein- und Auslasskanäle der Zylinderköpfe wurden für die neue sequenzielle Saugrohr-Einspritzung optimiert. Diese Einspritzanlage sorgte nicht nur für die Einhaltung strenger Abgasnormen, sondern auch für einen geringeren Verbrauch und eine sanfte Gasannahme.

DER HUBRAUM DER GROSSEN V-TWINS ÜBER 115 JAHRE				
MOTOR	**BAUJAHR**	**HUBRAUM**		**BOHRUNG X HUB**
F-HEAD	1907-1929	48ci	785,5 cm³	3,125 x 3,125" (79,4 x 79,4 mm)
		53ci	875 cm³	3,125 x 3,5" (79,4 x 88,9 mm)
		50ci	811 cm³	3 x 3,5" (76,2 x 88,9 mm)
		61ci	989 cm³	3,312 x 3,5" (84,1 x 88,9 mm)
		74ci	1.207 cm³	3,424 x 4" (87 x 101,6 mm)
FLATHEAD	1930-1948	45ci	746 cm³	2,75 x 3,81" (69,9 x 96,8 mm)
		74ci	1.207 cm³	3,424 x 4" (87 x 101,6 mm)
		80ci	1.283 cm³	3,424 x 4,25" (87 x 108 mm)
KNUCKLEHEAD	1936-1947	60ci	989 cm³	3,312 x 3,5" (84,1 x 88,9 mm)
		74ci	1.208 cm³	3,424 x 4" (87 x 101,6 mm)
PANHEAD	1948-1965	61ci	989 cm³	3,312 x 3,5" (84,1 x 88,9 mm)
		74ci	1.208 cm³	3,424 x 4" (87 x 101,6 mm)
SHOVELHEAD	1966-1984	74ci	1.208 cm³	3,424 x 4" (87 x 101,6 mm)
		80ci	1.339 cm³	3,424 x 4,25" (87 x 108 mm)
EVOLUTION	1984-1999	80ci	1.339 cm³	3,424 x 4,25" (87 x 108 mm)
TWIN CAM	1999-2017	88ci	1.450 cm³	3,75 x 4" (95,25 x 101,6 mm)
		95ci	1.557 cm³	3,875 x 4" (98,4 x 101,6 mm)
		96ci	1.584 cm³	3,75 x 4,375" (95,25 x 111,1 mm)
		103ci	1.688 cm³	3,87 x 4,374" (98,3 x 111,1 mm)
		110ci	1.801 cm³	4 x 4,374" (101,6 x 111,1 mm)
MILWAUKEE 8	seit 2017	107ci	1.745 cm³	4,016 x 4,5" (102 x 114,3 mm)
		114ci	1.868 cm³	4,075 x 4,5" (103,5 x 114,3 mm)

RECHTS: Nicht nur bei der Super Glide wuchs 2006 der Hubraum des Twin Cams von 88 auf 96 ci (1.584 cm³) an. Dies wurde allein durch 9,5 mm mehr Hub erreicht.

Alle Big Twins wurden jetzt mit dem »Cruise-Drive«-Sechsganggetriebe ausgerüstet, das es 2006 nur bei den Dyna-Modellen gegeben hatte. Statt einen Overdrive in das System zu integrieren, bot das Cruise-Drive-Getriebe ähnlich wie das Fünfganggetriebe eine Direktübertragung, aber eben mit einem Gang mehr, um die Drehzahlsprünge zu verringern. Ein Overdrive hätte einen Teil der Motorleistung geschluckt, um angetrieben zu werden. Das Cruise-Drive-Getriebe überträgt dagegen (wie schon das Fünfganggetriebe) die Motorleistung im letzten Gang direkt von der Hauptwelle auf das Antriebsrad, sodass kein weiterer Energieverlust auftritt. Die Harley-Ingenieure nutzten stattdessen die engere Abstufung der Gänge 1 bis 5, um die Primäruntersetzung von 1,440:1 auf 1,353:1 zu reduzieren. Der Wechsel erlaubte zusammen mit einer weiteren Getriebeabstufung sowohl eine gute Beschleunigung als auch einen gemächlich laufenden Motor bei Reisetempo. Laut Harley sollte das neue Sechsganggetriebe im letzten Gang mit um elf Prozent reduzierter Motordrehzahl gegenüber dem Fünfganggetriebe laufen. Bei 120 km/h wurde demnach die Drehzahl von 3.225 auf 2.855/min reduziert.

OBEN: Ab 2006 waren Dyna-Modelle sowohl mit dem neuen Sechsganggetriebe als auch mit einer neuen Gabel mit 49 mm Standrohr-Durchmesser ausgerüstet. Der Blick der Kunden richtete sich aber vor allem auf den neuen Twin Cam 96.

LINKS OBEN: Die Super Glide galt seit Langem als simples und durchkonstruiertes Motorrad.

OBEN: Die Designabteilung von Harley-Davidson schien keine Hemmungen mehr zu kennen. Die FLSTSB Cross Bones von 2008 gehörte zur Dark-Custom-Baureihe und verschob die Softail in die Bobber-Ära. Neben der schwarzen Springer-Gabel stach vor allem der Solo-Federsattel ins Auge – die Blechpfanne dafür trug tatsächlich eine Teilenummer aus den 1930er-Jahren! Die Cross Bones war von 2008 bis 2013 erhältlich.

UNTEN: Die Springer-Gabel erforderte auch bei einem äußerst knappen Schutzblech relativ komplizierte Aufnahmen. Vorn und hinten rollte die Cross Bones auf 16-Zoll-Drahtspeichenrädern. Eine Old-Style-Optik sorgte nicht unbedingt für Gewichtserleichterung: Die Cross Bones wog 335 kg.

GETRIEBE-UNTERSETZUNGEN-VERGLEICH

6-GANGGETRIEBE		5-GANGGETRIEBE	
1. Gang	3,337:1	1. Gang	3,21:1
2. Gang	2,313: 1	2. Gang	2,21:1
3. Gang	1,718:1	3. Gang	1,57:1
4. Gang	1,391:1	4. Gang	1,23:1
5. Gang	1,175:1	5. Gang	1,00:1
6. Gang	1:1		

OBEN: 2011 entschied man bei Harley-Davidson, beim Breitreifen-Spiel mitzumachen, das zu dieser Zeit bei Custombikes in Mode war. Die FXCWC Rocker C wies einige Custom-Merkmale auf, darunter einen farblich passenden Rahmen, einen 240er-Hinterreifen mit passendem Schutzblech, einen speziellen Solositz und eine um 37° gereckte Gabel.

UNTEN: Am Solositz sind Aufnahmen für einen Soziusplatz angebracht. In die LED-Blinker sind Rück- und Bremslichter integriert, sodass das Heck sehr aufgeräumt wirkt.

GEGENÜBER: Die FLSTN Softail Deluxe von 2011 war eine nostalgisch inspirierte Maschine mit einem klaren Erscheinungsbild und akzentuiert von verchromten 16-Zoll-Rädern mit breiten Weißwandreifen sowie geschwungenen Schutzblechen. Andere Old-School-Merkmale waren das Tombstone-Rücklicht und die Scheinwerfer-Batterie.

LINKS: Die FLSTC Softail Heritage Classic von 2013 zeigt deutlich, dass der einzigartige Look der Heritage-Modelle stets die klassische Harley-Optik beibehielt. Bis 2012 war der Standard-Twin-Cam auf 103 ci (1.688 cm^3) Hubraum angewachsen.

Auch der Primärtrieb war überarbeitet worden. Der Anlasser war jetzt direkt im inneren Primärtrieb-Gehäuse verschraubt (statt wie zuvor am Getriebe). Diese Änderung eliminierte die Zwischenwelle, und die neue Ruckdämpfer-Baugruppe sowie der Kupplungskorb samt Anlasserring konnten weiter innen sitzen. Eine weitere erwähnenswerte Änderung betraf die Mutter der Getriebe-Ausgangswelle: Diese hatte seit jeher ein Linksgewinde, doch jetzt kam eine normale Rechtsgewinde-Mutter zum Einsatz, sodass gerade mancher routinierte Schrauber eine Überraschung erleben konnte.

Es mussten zahlreiche weitere Änderungen vorgenommen werden, um den Hubraum des Twin Cams von 1.450 auf 1.584 cm^3 zu vergrößern. Skip Metz, Programmleiter beim Big-Twin-Antrieb, wies darauf hin, dass der neue TC 96 über 700 neue Teilenummern bekommen hatte. Er sagte: »Der Twin Cam 96 war das größte Motorenprogramm in der Geschichte von Harley-Davidson!«

RECHTS: Frische Twin-Cam-Triebwerke werden entweder direkt auf dem Weg zum Montageband vorbereitet oder in Kisten verpackt, um als Ersatzmotoren an die Händler verschickt zu werden.

GEGENÜBER OBEN: Die FLHX Street Glide mit ihren klassischen Linien und einem exakt austarierten Werks-Customzing war ein großartiges Allzweckmotorrad, mit dem es auch auf große Tour gehen durfte. 2014 erhielt die Bat-Wing-Verkleidung die neue Splitstream-Belüftung, mit der Turbulenzen fast vollständig eliminiert werden konnten.

GEGENÜBER UNTEN: Die FLHTKSE CVO Ultra war das Ergebnis mehrjähriger Forschung bei Harley-Davidson unter dem Codewort »Project Rushmore«. Die Arbeit brachte neben praktischen Innovationen wie der Splitstream-Belüftung auch einen »Twin-Cooled« Motor mit 110 ci (1.801 cm^3) Hubraum, bei dem die Zylinderköpfe wassergekühlt waren, hervor. Project-Rushmore-Innovationen sollten den Weg der Motor Company in die Zukunft weisen.

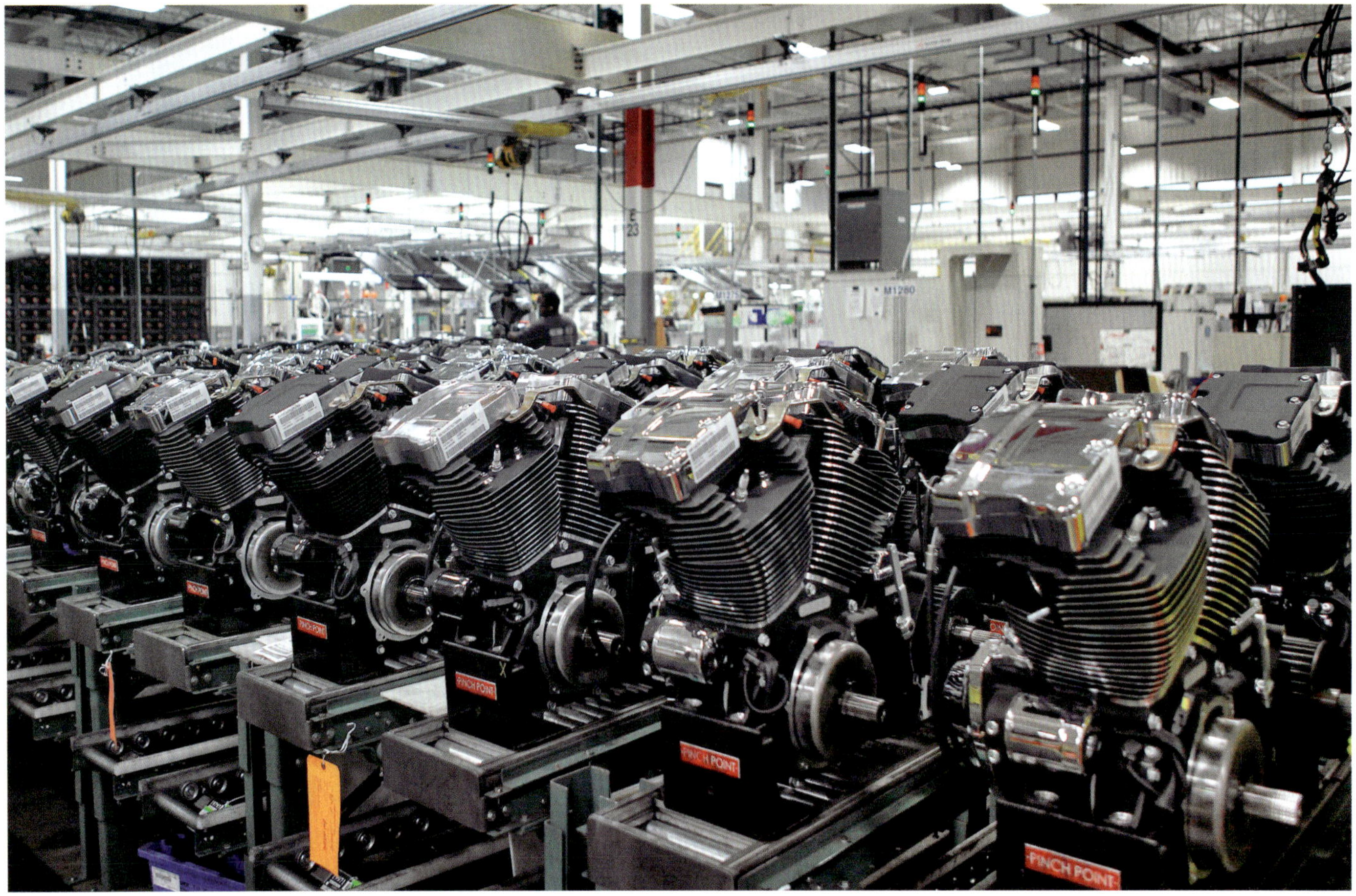

2014 – FLHTKSE CVO Limited 110

Nach dem 100. Firmenjubiläum 2003 wurde es auch bei Harley-Davidson offensichtlich, dass der amerikanische Reisemaschinen-Markt immer populärer wurde. Praktisch jeder Motorradhersteller hatte mindestens ein Reisemotorrad im Programm, und in Milwaukee bemühte man sich, mit den FLH- und FLT-Modellen in diesem Segment die Führungsrolle zu verteidigen.

Und um sicherzustellen, dass die Motor Company weiterhin Marktführer bleiben würde, hatte man sich verpflichtet, seine Touring-Modelle noch besser zu machen. Das in Angriff genommene Projekt Rushmore begann mit einer umfangreichen Untersuchung, bei der herauskommen sollte, was Harley-Tourenfahrer von einem Motorrad erwarteten – und was nicht.

Harleys Bestreben, seine Produkte zu verbessern, führte die Rushmore-Gruppe zu den verschiedensten Harley-Besitzern. Am meisten lernten sie jedoch bei Motorradtreffen, wo sich die Teammitglieder persönlich mit Fahrern unterhalten konnten. Bis die Forschungsergebnisse in die Serie umgesetzt wurden, dauerte es bis Ende 2013, als das Modellprogramm 2014 vorgestellt wurde.

In typischer Harley-Manier sahen die neuen Motorräder nicht viel anders aus als ihre Vorgänger. Ebenfalls typisch für

die Motor Company, waren die neuen Maschinen natürlich in vielerlei Hinsicht verbessert worden. Dabei lässt sich schwer sagen, welche der vielen Modifikationen die größte und wichtigste war, doch mit Sicherheit gehörten einige bahnbrechende Motoren dazu.

Die Triebwerke wurden in zwei Hubräumen angeboten: mit 103 ci (1.688 cm³) und 110 ci (1.801 cm³). Erstmals waren die neuen Big Twins teilweise wassergekühlt. Hier die ersten Rushmore-Modelle von 2014:

MODELL	HUBRAUM	KÜHLUNG
Road King	103ci	Luft
Street Glide	103ci	Luft
Street Glide Special	103ci	Luft
Electra Glide Ultra Classic	103ci	Luft
Electra Glide Ultra Limited	103ci	Luft/Wasser
CVO Ultra Limited	110ci	Luft/Wasser
CVO Road King	110ci	Luft
Tri Glide Ultra Trike	103ci	Luft/Wasser

LINKS: Für ernsthafte Tourenfahrer: Die FLHTKSE CVO Limited (ja, die Modellbezeichnungen werden langsam länger) mit ihrem luft-/wassergekühlten 110-ci-Triebwerk war das Nonplusultra in Sachen Luxus und Komfort.

RECHTS: Die Liste des elektronischen Zubehörs bei der CVO Ultra Limited war beeindruckend. Und sie wird jedes Jahr länger.

Um zu verstehen, was das Rushmore-Projekt bot, sollte man ganz oben mit der FLHTKSE CVO Limited beginnen – einem Motorrad, das immerhin 38.999 US-$ (39.985 €) kostete. Abgesehen von ihrem hohen Preis bot die CVO Limited so ziemlich alles, was auf der Rushmore-Liste stand: Infotainment-Center, One-Touch-Bedienelemente, ergonomische Schalter, eine verstärkte Gabel, auf Hochglanz polierte Räder, eine neu gestaltete Bat-Wing-Verkleidung, neue Koffer, einen geräumigen Soziussitz und natürlich den leistungsstarken Twin-Cooled 110-Motor.

Halt, stopp, einen leistungsstarken Twin-Cooled 110-Motor? Was heißt »Twin Cooled«? Harley-Motoren sind luftgekühlt!

Gute Frage. Dieser Twin-Cooled-Motor stellte ein völlig neues Kapitel in der Geschichte der Motor Company dar. »Twin Cooled« ist Harley-Sprech für »flüssigkeitsgekühlt«. Harley-Motoren waren (mit Ausnahme der V-ROD und der Street) seit 1903 luftgekühlt. Doch seit 2014 gibt's auch einen Big Twin mit Wasserkühlung. So sieht's aus.

Harley nahm seine TC103- und 110-Motoren und rüstete sie mit neuen Zylinderköpfen aus, die im Bereich der Auslassventilsitze mit Kühlmittelkanälen versehen waren. Eine kleine elektrische Pumpe fördert ein Gemisch aus Wasser und Glykol durch die Zylinderköpfe, von wo aus es in die zwei Wasserkühler in den Verkleidungsunterteilen gelangt. Das System fasst einen Liter Kühlflüssigkeit, und ein Thermostat sorgt dafür, dass die Temperatur ungeachtet der Umgebungstemperatur möglichst konstant bleibt. Es handelt sich also nicht unbedingt um einen wassergekühlten Motor, sondern um einen Motor mit flüssigkeitsgekühlten Köpfen. Und die Zylinderköpfe sind diejenigen Stellen, wo die Motortemperatur am stärksten schwanken kann. Diese Konstruktion war offensichtlich ein Fuß in der Tür für zu-

LINKS: Neben der gesamten üblichen CVO-Ausrüstung hatten die Harley-Designer 2016 der CVO Street Glide auch gestreckte Hartschalenkoffer verpasst, um die Linie der Maschine weiter zu glätten. Dies war das Abschiedsjahr für den Twin-Cam-Motor.

künftige Entwicklungen – was von daher in Ordnung war, da das Thema Wasserkühlung für eingefleischte Harley-Fans ein heikles Thema ist. Wenn es der Motor Company erlaubt, große und zuverlässige Motorräder zu bauen, die einem nicht die Oberschenkel versengen, kann dies eine großartige Sache sein. Diejenigen, die solche Motorräder besitzen, scheinen das System zu mögen. Es funktioniert nur nicht ohne die entsprechenden Verkleidungsunterteile.

Zufällig war der 110-ci-Motor auch das größte von Harley im Jahr 2014 angebotene Triebwerk. Aus 101,6 mm Bohrung und 111,1 mm Hub waren exakt 1.801 cm^3 Hubraum entstanden, mit dem 156 Nm bei 3.750/min entwickelt werden konnten – was selbst mit Passagier und Gepäck für einen gewaltigen Durchzug sorgen sollte. Das CVO-Spitzenmodell bot trotz seiner fast 430 kg Leergewicht ein gutes Handling und eine komfortable Straßenlage. Wie bei allen Rushmore-Modellen üblich, trug auch die CVO Limited eine Gabel mit 49 mm Standrohr-Durchmesser (zuvor: 43 mm). Auch die Gabelbrücken und Lenkkopflager waren entsprechend verstärkt worden.

Ebenso wurde das Bremssystem für die Rushmore-Bikes komplett umgestaltet. Die schwimmend gelagerten 300 mm großen Bremsscheiben wurden von Vierkolben-Bremssätteln in die Zange genommen und durch die »Reflex Linked« genannten lastabhängigen Kombibremsen wurde beim Betätigen der Fußbremse auch die linke Vorderradbremse aktiviert, während die rechte Vorderradbremse vom Handbremshebel angesteuert wurde. ABS war natürlich serienmäßig.

GEGENÜBER: Die FXSB Softail Breakout hatte ihre Karriere 2013 und 2014 als CVO-Motorrad begonnen und wurde bis 2017 als reguläre Serienmaschine (hier gezeigt) weitergeführt. Angetrieben wurde sie vom TC-103-Motor.

LINKS: Ein niedriger Drag-Bar-Lenker und ein an den Risern montierter Tacho verliehen der Softail Breakout eine flache Silhouette, Niederquerschnittsreifen auf neuen »Gasser«-Räder ergänzten zusammen mit einem seitlichen Kennzeichenhalter die verwegene Optik.

Zu den Touring-Merkmalen gehörten völlig neue, leicht zu öffnende Koffer samt »Tour-Pak«-Topcase. Die Bat-Wing-Verkleidung samt Windschutzscheibe war aerodynamisch optimiert worden, um den Luftstrom über und um den Fahrer und den Beifahrer mit möglichst geringen Turbulenzen herumzuleiten. Das System beinhaltete oben an der Verkleidung eine einstellbare Luftklappe – »Splitstream« genannt – sowie optional einstellbare Klappen an den Seiten.

Zu den Bedienelementen gehörten die von Harley »intuitiv« genannten Schalter, die leicht zu erreichen und zu bedienen waren. Eine weitere große Neuerung saß in der Innenverkleidung: Ein »Boom! Box«-Infotainmentsystem mit 6,5-Zoll-Touchscreen, auf dem das Navigationssystem, die Bordkommunikation mit Bluetooth sowie die Musikanlage (mit Radio, Smartphone-Anschluss und SD-Kartenschlitz) gesteuert werden konnte.

HARLEY-DAVIDSON

GEGENÜBER: Auf den ersten Blick könnte man meinen, es handele sich um eine FLH – was diese FLD Dyna Switchback von 2015 in gewisser Weise auch war: ein leichtes Touring-Bike auf Dyna-Plattform. Ob zum Reisen oder zum Cruisen, mit oder ohne die leicht demontierbaren Koffer und Windschutzscheibe – der leistungsstarke TC-103-Motor samt Sechsganggetriebe ließ keine Wünsche offen.

LINKS: Die Touring-Ausrüstung machte diese Dyna für viele attraktiv, durch die klassische Optik war sie zeitlos.

GEGENÜBER: Harley-Davidson überraschte 2015 wieder einmal seine Kunden, indem man die FLS Softail Slim vorstellte. Mit ihren 16-Zoll-Rädern, dem gekürzten Vorderrad-Schutzblech, der DuoGlide-Gabel, dem »Hollywood«-Lenker, der Instrumentenkonsole im Cat-Eye-Stil und halbkreisförmigen Trittbrettern sah das Motorrad aus, als käme es direkt aus der Rockerära der 1950er-Jahre.

Wie erwähnt, fanden sich an der CVO Limited zahllose Verbesserungen und Neuerungen. Und wie alle CVO-Motorräder, war sie in speziellen Farbschemen lackiert, damit auch der Rest der Welt erkennen konnte, das dies eines der Topmodelle aus dem Hause Harley-Davidson war. Folgende Farboptionen waren lieferbar:

- Stardust Silver und Autumn Sunset (Sternenstaubsilber und herbstlicher Sonnenuntergang) mit Drachenschwanz-Linierung
- Burgundy Blaze und Typhoon Maroon (Burgunder rote Flammen und Taifun-Kastanienbraun) mit Drachenschwanz-Linierung
- Jupiter Blue und Wicked Sapphire (Jupiterblau und Saphirblau) mit Drachenschwanz-Linierung

TECHNISCHE DATEN: FLHTKSE CVO LIMITED 110 (2014)

MOTOR: OHV-V2-MOTOR, 45° ZYLINDERWINKEL (»TWIN CAM 110«)

HUBRAUM: 110 ci (1.801 cm³)

BOHRUNG X HUB: 4 x 4,374" (101,6 x 111,1 mm)

VERDICHTUNGSVERHÄLTNIS: 9,2:1

MAX. DREHMOMENT: 156 Nm bei 3.750/min

GEMISCHAUFBEREITUNG: sequenzielle Saugrohr-Einspritzung

GETRIEBE: 6 Gänge (»Cruise Drive«)

ENDANTRIEB: Zahnriemen, Riemenräder mit vorn 32 und hinten 68 Zähnen

RÄDER: vorn 17", hinten 16"

REIFEN: vorn 130/80-17, hinten 180/65-16

GABEL: 49 mm Standrohr-Durchmesser

BREMSEN: vorn und hinten schwimmend gelagerte Scheibenbremse (300 mm), Vierkolben-Schwimmsättel, »Reflex-Linked«-Kombibremse, ABS

RADSTAND: 1.626 mm

SITZHÖHE: 74 cm

KRAFTSTOFFTANK: 23 Liter

GEWICHT: 428 kg

PREIS: 38.999 US-$ (39.985 Euro)

MOTOR
HARLEY-DAVIDSON
CYCLES

Kapitel 10

DIE MILWAUKEE-EIGHT-ÄRA

2014 hatte der Twin-Cooled-Motor aus dem Rushmore-Projekt den Harley-Fans Hinweise auf die zukünftige Ausrichtung des Unternehmens gegeben. Es war nur eine Frage der Zeit, bis alle Big Twins eine Zusatzkühlung bekamen, weil die durch die immer größer und stärker werdenden Motoren entstehende Hitze nicht allein vom Fahrtwind abgeführt werden konnte. Und die Kundschaft wollte immer mehr Hubraum und mehr Leistung. Indem man also behutsam eine Zusatzkühlung einführte, konnte der traditionelle V2 weiterentwickelt werden, ohne von der Kundschaft abgelehnt zu werden. Diese Entwicklung führte zum Milwaukee-Eight (kurz: M-8). Die 8 stand natürlich für die Anzahl der Ventile.

Ein kurzer Rückblick in die Geschichte: Harleys erster Vorstoß in die Welt des Achtventilers fand bereits ein Jahrhundert zuvor statt! 1916 hatte der Ingenieur Bill Ottoway eine Achtventil-Rennmaschine mit 998 cm^3 Hubraum (Model 17) entwickelt, um gegen die ebenfalls mit einem Achtventilmotor ausgerüstete Indian anzutreten. Die Maschine erwies sich als recht erfolgreich und gewann auf Anhieb viele Rennen. Bei der noch jungen Motor Company wusste man, dass dies der richtige Weg war, um Leistung zu erzielen, doch die Metallurgie war noch nicht so weit. Die frühen Achtventiler waren Rennmotoren, die nicht auf Langlebigkeit ausgelegt waren und nach jedem Rennen überholt werden mussten. Selbst auf den ersten OHV-Motor (mit nur zwei Ventilen je Zylinder) mussten die Kunden noch 20 Jahre waren, erst 1936 ging die Knucklehead in Produktion.

Die FLHR Road King von 2017 wurde vom neuen Milwaukee-Eight angetrieben. Zusammen mit der stabilen 49-mm-Gabel und optimierten Federelementen sowie Brembo-Bremsen war die klassische Maschine immer besser geworden.

OBEN: Die erste Milwaukee-Eight? Die Achtventil-Rennmaschine von 1916 war Harley-Davidsons später, wenn auch sehr erfolgreicher Einstieg in den Bau von OHV-Rennmaschinen, um gegen die einheimischen Rivalen Indian, Excelsior und Henderson anzutreten. Die wunderschönen Maschinen mit Doppelport-Zylinderköpfen waren auf den Renn-Ovalen ihrer Zeit mit über 160 km/h unterwegs. Sie wurden zwar auch Privatfahrern angeboten, kosteten jedoch fünfmal so viel wie ein serienmäßiges Model J!

Zum Modelljahr 2017 erhielten alle Touring-Modelle den neuen M-8-Motor, wogegen die Dyna Glides und Softails weiterhin mit dem Twin-Cam-Triebwerk unterwegs waren. Den M-8 gab es in zwei Hubraum-Größen: 107 und 114 ci (1.745 und 1.868 cm³). Der Umstieg zum Achtventiler war nur die Überschrift – und nur der Anfang. Weil die Motor Company durch ihre engen Kontakte zur Fahrergemeinschaft erfahren hatte, dass die Kundschaft mehr Leistung für das Fahren zu zweit, weniger Wärmeentwicklung und noch weniger Vibrationen auf dem Wunschzettel hatte, wurde der gesamte Big Twin neu konstruiert.

Ein Weg zu mehr Leistung geht über die Erhöhung der Verdichtung. Ohne einen modifizierten Brennraum entsteht dabei jedoch auch mehr Hitze. Eine Lösung: Vierventilköpfe mit flacheren Brennräumen. Harleys altmodische »Hemi«-Köpfe hatten halbkugelförmige Brennräume, deren große Oberflächen gut Wärme aufnehmen konnten. Zwar waren die Halbkugeln im Lauf der Jahre immer flacher geworden, doch erst mit dem M-8-Kopf konnten sie so gestaltet werden, dass die Oberfläche weniger Wärme aufnahm. Man könnte meinen, dass dies zu kleineren Brennraumgrößen führen würde, doch tatsächlich wuchsen diese um einige Kubikzentimeter. Twin-Cam-Köpfe hatten ca. 85 bis 87 cm³ große Brennräume, während die neuen Vierventilköpfe 89 bis 90 cm³ aufwiesen; weil sie im Vergleich zu Zweiventil-Köpfen 50 Prozent mehr Durchfluss ermöglichen, konnte mehr Gas einströmen und entsprechend höher verdichtet werden. Hinzu kommt, dass durch den Einsatz von vier Ventilen jedes einzelne Ventil

kleiner wurde und weniger wog. Daher durften die Ventilfedern weniger straff sein und konnten so den Verschleiß im gesamten Ventiltrieb verringern. In den 1990er-Jahren boten einige Hersteller Vierventil-Zylinderköpfe für Evo-Motoren an, die allesamt mehr Durchsatz als die serienmäßigen Zweiventil-Köpfe ermöglichten, allerdings konnten sie nicht einfach ausgetauscht werden, und der Umbau wurde entsprechend teuer.

Mehr Gasdurchsatz bedeutet generell eine bessere Zylinderfüllung. Um sicherzustellen, dass sich das Luft-Benzin-Gemisch sicher und effizient entzündet, wurden je Kopf zwei Zündkerzen seitlich eingeschraubt. So wurde dafür gesorgt, dass die Verbrennung zentraler und unmittelbarer erfolgte und dadurch weniger Zeit bleibt, Wärme in den Brennraum einzuleiten. Diese Verbesserungen erlaubten unter anderem eine beträchtliche Erhöhung der Verdichtung (10,0:1 beim 107er- und 10,5:1 beim 114er-Motor gegen maximal 9,7:1 beim Twin-Cam). Aus diesem Grund wurde auch der Anspruch an den Kraftstoff größer, weil Benzin mit geringer Oktanzahl zum Klingeln und Klopfen führte. Harley-Davidson setzte in beiden Zylinderköpfen Klopfsensoren ein, die nötigenfalls Signale ans Motorsteuergerät sendeten, das die Zündung zurücknahm. Die M-8-Motoren verfügten außerdem über einen elektrischen Dekompressionsmechanismus, der den Anlasser entlastete.

LINKS: Mit einem Leergewicht (vollgetankt) von 375 kg profitierte die FLHR Road King von 2017 definitiv vom stärkeren Motor und den Verbesserungen am Fahrwerk. Dieses Exemplar ist in »Hard Candy Hot Rod Red Flake« lackiert, was gegenüber der glänzend schwarzen Standardfarbe einen Aufpreis von 2.400 US-$ kostete.

RECHTS: Das Cockpit der Road King war weiterhin klassisch und aufgeräumt. Die Standardversion wurde in Deutschland ab 24.300 Euro angeboten.

LINKS: Der Milwaukee-Eight mit 107 ci (1.745 cm³) Hubraum war weiterhin ein Langhuber mit 45° Zylinderwinkel und Gabelpleuel. Die acht Ventile wurden jetzt wieder von einer unten liegenden Nockenwelle gesteuert.

RECHTS: Der 22,7 Liter fassende Tank der Road King erlaubte lange Etappen zwischen den Tankstopps.

Trotz all dieser Verbesserungen blieben die durch die großen Hubräume erzeugten heißen Abgase ein Problem. Hier kam die Entwicklungsarbeit am CVO-Motor von 2014 ins Spiel, und die beiden Motorgrößen erhielten unterschiedliche Kühlsysteme. Beim Standardmotor mit 107 ci, der in den Modellen Street Glide, Road Glide, Electra-Glide und Tri Glide eingesetzt wurde, kamen die »Präzisionszylinderköpfe« mit Ölkühlung zum Einsatz, wogegen bei der Ultra Limited, der Road Glide Ultra und der Tri Glide Ultra das bereits aus den Twin-Cams bekannte Twin-Cooled-System verwendet wurde. Der ebenfalls teilweise wassergekühlte Milwaukee-Eight 114 war bei den CVO-Modellen Limited und Street Glide der Motor der Wahl.

Wie bei den Rushmore-Motoren, durchströmte das Kühlmittel um die Auslassventilsitze liegende Kanäle, weil hier die größte Hitze entsteht. Die Wärme wurde wieder durch zwei in die unteren Verkleidungen integrierte Kühler abgeleitet. Anders als bei den CVO-Modellen von 2014, wo die elektrische Wasserpumpe dauerhaft lief und ein Thermostat die Temperatur regelte, wurde jetzt eine ebenfalls elektrische Pumpe mit variabler Drehzahl vom Motorsteuergerät überwacht und geregelt.

Die Ölkühlung der »Präzisionszylinderköpfe« bei den 1745er-Motoren funktionierte etwas anders: Motoröl strömte zunächst durch einen unten vor dem Motor sitzenden Ölkühler und wurde dann zwischen den Auslassventilsitzen in die Zylinderköpfe geleitet (strömte also nicht wie das Kühlmittel beim M-8-114 um die Sitze herum). Anschließend floss das Öl in den unter dem Getriebe in dessen Gehäuse integrierten

Öltank und gelangte erst von dort in das Kurbelgehäuse, um die Kurbelwelle und die Nockenwelle samt Stößel zu schmieren. Von hier aus ging es wieder in den Ölkühler, und der Kreislauf begann von vorn.

Bislang ging es vor allem um das »Top End« des neuen Motors. Doch auch untenrum war wie beim Übergang vom Evo zum Twin Cam einiges überarbeitet worden. So wurde beschlossen, den M-8 wieder mit einer einzigen Nockenwelle zu steuern. Dies bedeutete weniger rotierende Teile und weniger Geräusche. Das Design der Nockenwelle erinnerte an Knucklehead- bis Evo-Motoren, nur wurde sie jetzt (wie beim Twin Cam) über eine geräuscharme Kette samt wartungsfreiem hydraulischem Spanner angetrieben. Der Ventilhub und die Öffnungsdauer konnten dank der Vierventiltechnik verringert werden.

Auch das Motorgehäuse wurde grundlegend verändert. Bei gegenüber dem TC-Gehäuse gleichbleibendem Gewicht wurde es 20 Prozent stabiler. Die Gehäuseform wurde an die Motorkomponenten angepasst und diese stark modifiziert. Die Kurbelwelle wies einen größeren Hubzapfen auf, um die höhere Belastung auszuhalten.

Eine der wichtigsten Neuerungen kam in Form einer gegenläufigen Ausgleichswelle – trotz des in Gummi gelagerten Motors. Immer weniger Harley-Kunden legten Wert auf »Good Vibrations«. Sie sollten aber nicht ganz eliminiert werden, denn immerhin gehören sie zu einer echten Harley dazu. Im Standgas durfte die Maschine daher ruhig Lebenszeichen zeigen. Mit einer per Zahnrad angetriebenen Ausgleichswelle (nicht zwei wie beim Twin Cam 88B), deren Gegengewicht zwischen den Schwungscheiben hindurch drehte, ließen sich 75 Prozent der Schwingungen beseitigen,

LINKS: Die Passform und Verarbeitung des Milwaukee-Eight waren erstklassig. Aus 102 mm Bohrung und 114,3 mm Hub entstanden 1.868 cm³ Hubraum (114 Kubikzoll).

RECHTS: Die FLHTK Electra-Glide Ultra war 2017 das Top-Touring-Modell aus dem Harley-Davidson-Programm. Das Fahrwerk war mit einer 49-mm-Gabel und einstellbaren Federbeinen (ohne Luftunterstützung) verbessert worden. In den Beinschilden war die Wasserkühlung des »Twin-Cooled«-System versteckt.

RECHTS: Die FLTRXS Road Glide Special bot 2017 alle in diesem Modelljahr erhältlichen Modifikationen. Der Milwaukee-Eight 107 verfügte über ölgekühlte »Präzisionszylinderköpfe«. Die rahmenfeste »Shark Nose«-Verkleidung war mit LED-Doppelscheinwerfer und dreifachem »Splitstream Vent«-Belüftungssystem ausgerüstet. Für die »Bagger«-Erscheinung musste die Möblierung allerdings etwas spartanischer ausfallen.

das letzte Viertel blieb konstruktionsbedingt erhalten. Das Ausgleichsgewicht konnte konstruktiv an den Motor-Hubraum und die Anforderungen angepasst werden.

Das Primärtrieb-Gehäuse war samt Deckel und Inhalt ebenfalls neu. Die Lichtmaschine lieferte im Standgas 50 Prozent mehr Strom, obwohl die Drehzahl von 1.000 auf 850/min abgesenkt worden war. Vor allem für die Touring- und Bagger-Modelle war dies hinsichtlich der umfangreichen elektrischen und elektronischen Ausrüstung nicht unwichtig. Die Kupplung lief weiter im Ölbad, wurde jetzt aber von drei Spiralfedern statt einer Tellerfeder zusammengedrückt; aktiviert wurde sie jetzt von einem Hydrauliksystem statt von einem Seilzug. Das Gehäuse und der Primärdeckel wurden verschlankt, um mehr Platz für den linken Fuß zu bieten. Der Deckel erhielt nun einen »Massen-Dämpfer«, der seine Resonanzgeräusche absorbierte.

Rechts am Motor war der Luftfilterdeckel umgestaltet worden, um mehr Luft durchzulassen und dieser einen geringeren Widerstand entgegenzusetzen. Auch die Motorentlüftung wurde geändert, damit weniger Öldämpfe in den Einlassbereich gelangten. Da die Entlüftung teilweise zum Getriebe geleitet wurde, hatte die Verbindung zwischen dem Motor und dem Getriebegehäuse eine in Silikon eingebettete Metalldichtung, mit der die Kanäle getrennt wurden.

All diese großen und kleinen Änderungen führten zu deutlich weniger Motorgeräuschen, weniger Hitze, weniger Vibrationen, mehr Komfort und mehr Kraft. Zudem bestand das Potenzial für noch mehr Leistung. Zunächst waren die 2017er Bagger und Trikes die einzigen Modelle mit den neuen Motoren, aber Harley-Davidson hatte längst Veränderung im großen Stil angekündigt. Man hatte einen vergrößerten und stärkeren Motor und war auf alle Probleme eingegangen, die von den Kunden festgestellt wurden. Wer könnte bei Verbesserungen wie diesen noch widersprechen?

2018 – Softail

Wer sich nicht für Tourer und Bagger interessierte und daher nicht viel von Harleys Modellentwicklungen mitbekommen hatte, wurde spätestens 2018 überrascht – wenn nicht gar schockiert. Die seit 34 Jahren existierende Softail wurde komplett verändert, bekam also nicht wie vor 18 Jahren nur eine neue Antriebseinheit, sondern wurde vollständig überarbeitet. Und es geschah noch etwas: Die Dyna war weg!

LINKS: 2018 wurde die Road Glide Special auch komplett in Schwarz angeboten. Die »Talon«-Gussräder in 19 und 18 Zoll (zuvor 19/16) waren genauso neu wie die verlängerten Koffer, die für eine längere und schlankere Erscheinung sorgten.

RECHTS: Das Cockpit der FLTRXS war komplett ausgestattet.

LINKS: Die FLHXS Street Glide Special mit lenkerfester Bat-Wing-Verkleidung kam 2018 heraus.

RECHTS: Tri Glides werden immer beliebter. 2019 erhielt die FLHTCUTG Tri Glide Ultra den größeren 114-ci-Motor. Tri Glides sind mit allem (und noch etwas mehr) ausgestattet, was Harley-Davidsons Touring-Bikes vorweisen – plus mehr Stauraum. Kein Vergleich zu den alten Servi-Cars mit Flathead-Motor!

MILWAUKEE-EIGHT-MOTOREN

HUBRAUM	107 CI (1.745 CM³)	114 CI (1.868 CM³)
BOHRUNG X HUB	3.937 x 4.375	4.016 x 4.5
VERDICHTUNGSVERHÄLTNIS	10.0:1	10.5:1
MAX. DREHMOMENT	149 Nm bei 3.000/min	161 Nm bei 3.000/min
VENTIL-DURCHMESSER	Einl.: 39,8 mm Ausl.: 29,97 mm	Einl.: 39,8 mm Ausl.: 29,97 mm
DROSSELKLAPPEN-DURCHM.	55mm (ESPFI)	55mm (ESPFI)

Dies war wahrscheinlich die größte Veränderung in der Geschichte von Harley-Davidson: ein vollständiger und radikaler Übergang in einer der größten Modellfamilien und die Elimination einer anderen Baureihe. Vielleicht klingt »Elimination« etwas hart. Harley hatte eher beide Baureihen zur neuen Softail zusammengefasst. Natürlich wurde als Antriebsquelle der Milwaukee-Eight ausgewählt. Dieses Aggregat war für Puristen eine große Herausforderung – genauso wie die neue Softail. Alle diese Änderungen summierten sich zum Modelljahr 2018 (ab Herbst 2017) zu acht neuen Softail-Modellen sowie einem Nachzügler im Frühjahr 2018, der Sport Glide.

Bei diesen Diskussionen geht es nicht um einzelne Softail-Modelle. Wie bei vielen Motorrädern beginnt das ganze Konzept mit einem Rahmen, genauer gesagt mit einem Fahrwerk. Bisherige Softails imitierten den alten Starrrahmen, sie waren ästhetisch ansprechend, im Handling allerdings stark eingeschränkt. Wer jemals eine ältere Softail (bis Baujahr 2017) gefahren hat, kennt das Durchschlagen der Hinterradfederung und das rasche Aufsetzen des Hecks in Kurven. Der Rahmen selbst war sehr schwer und die Federung zwar funktionsfähig, aber nicht gerade komfortabel. Viele Fahrer wechselten die Federbeine, um die Maschine für eine bessere Optik tieferzulegen. Dies sorgte nicht unbedingt für ein gutes Handling, sah aber verdammt gut aus. So ließen sich die Maschinen leicht individualisieren – immerhin waren es Custom-Cruiser!

LINKS: Der Kofferraum der Tri Glide nimmt zusammen mit dem Topcase eine ganze Menge Gepäck auf. Die Tri Glide Ultra verfügte auch über einstellbare Federelemente.

RECHTS: Nachdem der Schock darüber überwunden wurde, dass die neue Low Rider keine Dyna mehr, sondern Teil der Softail-Familie geworden war, durfte bei einer Probefahrt festgestellt werden, dass sie sich wie eine Low Rider fuhr. Dank des Milwaukee-Eight war sie auch leistungsmäßig auf dem neuesten Stand.

LINKS: Trotz der scheinbar fehlenden Federbeine ist es Harley-Davidson gelungen, den von vielen geliebten Low-Rider-Look zu erhalten. Dass die eng beieinander angeordneten Gabel-Standrohre von 39 auf 49 mm angewachsen waren, wird kaum jemanden gestört haben. Neunspeichen-Räder, eine Tankkonsole mit zwei Instrumenten und ein Buckhorn-Lenker vervollständigten die Optik.

RECHTS: Die Street Bob und andere FX-Modelle ab 2018 trugen einen einzelnen auf Druck belasteten Stoßdämpfer versteckt unter dem Sitz. Die Starrrahmen-Optik wurde so kaum beeinträchtigt.

Heutige Fahrer wollen alles haben: das Aussehen eines Custom-Cruisers und eine gute Straßenlage, bei der man keine Kurven fürchten muss. Warum auch nicht? Sie geben eine Menge Geld für ein neues Motorrad aus und verlangen, dass sich diese Investition auch lohnt. Harley-Davidson hat dies verstanden – und geliefert. Die Softail von 2018 war ein völlig neues Motorrad. Besitzer einer älteren Softail brauchten eine Weile, um sich darauf einzulassen. Wer sich aber die Zeit nahm, dieses technische Meisterwerk genauer zu betrachten, konnte dem neuen Konzept nur noch zustimmen und die Konstruktion bewundern.

Die größte Änderung war die Abkehr von den zwei unter dem Getriebe liegenden »Zug-Dämpfern«. Stattdessen wurde ein Mono-Stoßdämpfer direkt unter dem Sitz montiert, gegen den sich die als Dreieckverbund aufgebaute Schwinge abstützte (HRD-Vincent hatte dieses später als Cantilever bekannte Prinzip bereits 1931 eingesetzt, allerdings mit zwei Stoßdämpfern). Diese Umgestaltung bot mehr Bodenfreiheit und erhielt zugleich einen Teil der Starrrahmen-Optik. Ältere Softails boten zumindest auf dem Papier mehr Bodenfreiheit, setzten jedoch bereits bei geringer Schräglage mit der hinteren Ecke des Rahmens auf. Obwohl die Konstruktion eng an den Starrrahmen angelegt war, begrenzte das Ergebnis die Funktion des Rahmens. Manchmal kann man nicht alles haben. Beim neuen Fahrgestell wurden die zu den Rahmen-Oberrohren fluchtenden Linien der oberen Schwingenrohre beibehalten, die Unterseite aber komplett verändert, um mehr Schräglage zu ermöglichen. Der Stoßdämpfer war in der Vorspannung einstellbar und bot eine bessere Dämpfung als die alten Zug-Dämpfer. Bei manchen Modellen gab es zudem mehr Federweg.

Vom Heck zur Front: Hier gab es zwei Ausführungen: einmal eine Upside-down-Gabel mit 43 mm Innenrohr-Durchmesser, die an der Fat Bob und der Sport Glide Verwendung fand. Die anderen Softail-Modelle wurden mit der konventionell aufgebauten Gabel mit 49 mm Standrohr-Durchmesser und »Dual-Bending Valve«-Dämpfung ausgerüstet, wie sie 2014 bei der CVO Ultra Limited eingeführt wurde und seit 2017 bei allen Touring-Modellen Standard war. Die Gabeln waren generell nicht einstellbar. Sämtliche Federelemente stammten vom japanischen Hersteller Showa.

Die Street Bob war 2018 der Einstieg in die Big-Bike-Klasse von Harley-Davidson. Der kleine Tank mit 13,25 Litern Fassungsvermögen sah gut aus, und auch der »Mini-Apehanger«-Lenker passte zum Konzept. Der Tachometer versteckte sich als Digitalanzeige in der Lenkerklemmung.

Die Fat Bob erlebte mit dem Wechsel zur neuen Softail-Plattform wahrscheinlich die größte Veränderung. Während die ältere Version sofort als Harley-Davidson erkennbar war, wirkte das Modell von 2018 fast futuristisch und deutlich aggressiver.

Der Rahmen war komplett neu konzipiert. Er war dank 22 Prozent weniger Schweißstellen und nur noch halb so vielen Komponenten deutlich einfacher herzustellen. Zudem wog er 5,9 kg (mit schmaler Schwinge) bis 8,2 kg (mit breiter Schwinge) weniger als das alte Softail-Chassis. Dennoch war der Rahmen 65 Prozent steifer als der alte, die Stabilität des gesamten Fahrwerks hatte um ein Drittel zugenommen. Bereits der Softail-Rahmen für den TC-88B-Motor war deutlich steifer als das Evolution-Fahrgestell. Letztendlich gelang es der Motor Company, einen Rahmen zu entwickeln, der mit erheblich weniger Material eine bessere Performance bot – Konstruktion und Technik vom Feinsten! Um alle Softail-Modelle zu bedienen, mussten verschiedene Rahmen mit Lenkkopfwinkeln von 28°, 30° und 34° gebaut werden, hinzu kamen die Aufnahmen für die bereits erwähnten schmalen und breiten Schwingen.

Der starr verschraubte M-8-Motor trug zur strukturellen Steifigkeit des Rahmens bei. Die aus dem Motor und dem Getriebe bestehende Antriebseinheit war etwas nach vorn geneigt, damit der Primärdeckel hinten mehr Schräglagenfreiheit erhielt. Der traditionelle Hufeisen-Öltank der älteren Softail war Geschichte, da das Motoröl wie bereits bei anderen Modellen unterhalb des Getriebes untergebracht war (und dadurch das Aufheizen der inneren Oberschenkel verringert wurde). Mit dem implantierten Milwaukee-Eight war die Leistungsfähigkeit der Softail erheblich angewachsen. Aus den Twin-Cam-Zeiten übernommen wurden die doppelten Ausgleichswellen zum wirkungsvollen Eliminieren von Vibrationen; diese wurden jetzt nicht mehr per Kette, sondern über Zahnräder von der Kurbelwelle angetrieben.

LINKS: Die Softail Slim von 2018 sah ihrer Twin-Cam-Vorgängerin erheblich ähnlicher. Ihr Handling und die Leistung hatten vom neuen Fahrgestell und Antriebsstrang deutlich profitiert. Harley-Davidson hatte es geschafft, die Old-School-Optik mit modernem Flair zu schmücken.

RECHTS: Die moderne Auslegung der klassischen Instrumenten-Tankkonsole.

LINKS: Die FLFBS Fat Boy von 2018 war ein weiteres Modell, das sich seit seiner Premiere im Jahr 1990 beträchtlich gewandelt hat. Zwar gab es weiterhin die solide wirkenden Scheibenräder, doch waren dies jetzt extrabreite 18-Zöller im Lakester-Stil, auf die vorn ein 160er- und hinten ein 240er-Reifen aufgezogen wurde.

RECHTS: Auch die Fat Boy trug vorn die 49-mm-Gabel mit »Dual-Bending Valve«-Dämpfung. Die Lampenverkleidung war eine moderne Interpretation der klassischen »Nacelle«.

Weil auch die Softail-Motoren über die ölgekühlten »Präzisionszylinderköpfe« verfügten, musste zwischen den vorderen Rahmenunterzügen ein Ölkühler installiert werden. Die Harley-Designabteilung benötigte viel Zeit, bevor sie diese Notwendigkeit akzeptierte. Und manchmal kommt man auf großartige Lösungen, auch wenn man eine Idee nicht mag. Der Softail-Ölkühler sah anders als die bekannten viereckigen Nachrüst-Ölkühler so aus, als würde er einfach dazugehören. Insgesamt konnten auf diese Weise 4,7 Liter Motoröl wohltemperiert untergebracht werden.

Die gesamte Konstruktion der Softail ergab einfach Sinn. Das Chassis war sauber, funktional und effektiv. Die neue Softail bot ein enormes Individualisierungspotenzial. Das Fundament war hervorragend! Alle anderen Komponenten – Tank, Schutzbleche, Räder, Gabel – waren nur eine Frage des Stylings (wenn auch durchgehend ansprechend gestaltet) und konnten leicht ausgetauscht werden. Die Austauschbarkeit der Teile für diese Motorräder war wirklich erstaunlich. Die Motor Company hat tatsächlich ein universelles Fahrgestell geschaffen, das in eine Vielzahl von Stilrichtungen verwandelt werden konnte. Die Besitzer dieser Maschinen hatten es leicht, sie zu personalisieren. Doch auch wer sein Motorrad im Originalzustand mochte, konnte mehr als zufrieden sein.

Die FXBR Breakout gehörte 2018 zu den acht komplett neuen Softail-Modellen. Mit ihren Gasser-Rädern samt breiten Reifen, den vorverlegten Fußrasten und dem Drag-Bar-Lenker sah sie wie eine »Street Machine« aus und eignete sich perfekt zum Cruisen.

OBEN: Die FLHC Heritage Classic war auch ohne ihren Namen ein echter Klassiker. Dieses Modell von 2019 war komplett neu gestaltet, bewahrte sich aber dennoch seinen Retrolook.

Andere Modifikationen für Softail-Modelle des Jahrgangs 2018 betrafen eine USB-Steckdose am Lenkkopf, »Daymaker«-LED-Scheinwerfer, ein schlüsselloses Zündschloss samt Security-System (Wegfahrsperre und Alarmanlage) und neue Instrumente. Auch wurden die Softails im Schnitt 16 kg leichter – weniger Gewicht gleich mehr Leistung und besseres Handling!

LINKS: Eine FLHC Heritage Softail trägt normalerweise reichlich Chrom, doch 2019 war vieles geschwärzt, was dem Motorrad ein durchaus altmodisches Aussehen verlieh. Den Vortrieb besorgte der 114-ci-Milwaukee-Eight.

OBEN: Für die Beleuchtung waren bei der Heritage ausschließlich Licht emittierende Dioden (LEDs) zuständig.

Standardmäßig erschienen alle 2018er-Softails mit dem M-8-Triebwerk mit 107 ci (1.745 cm³). Die Modelle

Heritage Classic, Breakout, Fat Boy und Fat Bob waren auch mit dem 114-ci-Motor (1.868 cm³) erhältlich. ABS war bei allen für die EU bestimmten, aber in den USA nur bei den 114er-Modellen serienmäßig, für die anderen war es optional. Die Tabelle auf der folgenden Seite vergleicht die 2018er-Softail Heritage Classic mit der 30 Jahre zuvor erschienen Ausführung gleichen Namens. Für andere Softail-Modelle treffen ähnliche Informationen zu.

2019 – FXDR 114

Die neue Softail-Modellreihe ab 2018 war sowohl für Harley-Davidson als auch seine treuen Fahrer eine große Veränderung. Mit ihren radikalen Fahrwerksmodifikationen und dem M-8-Motor erlaubte die neue Plattform zahlreiche Änderungen, ohne dazu große Eingriffe vornehmen zu müssen. Die FXDT von 2019 war der Beweis für die Flexibilität des neuen Fahrgestells (Abb. auf Seite 268).

Beim Betrachten der FXDR denken viele zuerst an die ausgelaufene Dyna Glide mit ihrer konventionellen Hinterradfederung und dem elastisch aufgehängten Antriebsstrang.

OBEN: Die FLXB Sport Glide war eine Art »Cabrio-Cruiser«, weil sowohl die Windschutzscheibe als auch die Koffer leicht demontierbar waren. Sie stammte von Sport-Tourern wie der FXRT aus den 1980er-Jahren ab. Dieses Modell von 2019 basiert auf der neuen Softail-Plattform und wurde vom Milwaukee-Eight 107 angetrieben.

SOFTAIL DES MODELLJAHRS 2018

FLHC Heritage Classic 107 und 114
FLDE Deluxe (107)
FLSL Softail Slim (107)
FXLR Low Rider (107)
FXBB Street Bob (107)
FXBR Breakout 107 und 114
FLFB Fat Boy 107 und 114
FXFB Fat Bob 107 und 114
FLXB Sport Glide (107)

SOFTAIL HERITAGE CLASSIC-MODELLE VON 2018 VS. 1988

MODELLJAHR	2018	1988
MOTOR	M-8 107 ci (1.745 cm³)	Evo 80 ci (1.339 cm³)
BOHRUNG X HUB	100 x 111,1 mm	88,8 x 108 mm
GEMISCHAUFB.	Einspritzung (55 mm)	CV-Vergaser (38 mm)
VERDICHTUNGSV.	10,0:1	8,5:1
MAX. DREHMOMENT	149 Nm bei 3.000/min	114 Nm bei 3.600/min
GETRIEBE	sechs Gänge	fünf Gänge
STANDROHR-DURCHM.	49mm	41mm
LÄNGE	2.416 mm	2.383 mm
RADSTAND	1.631 mm	1.588 mm
SITZHÖHE	69 cm	69 cm
KRAFTSTOFFTANK	19 Liter	16 Liter
ÖLTANK	4,73 Liter	2,84 Liter
BODENFREIHEIT	119 mm	135 mm
GEWICHT	314 kg	298 kg

Das Motorrad war das Ergebnis einer Umgestaltung und Zusammenführung der Softail- und Dyna-Modelle. Ja, an diese Maschine musste man sich erst gewöhnen. Die FX-Modelle von 2018 waren eher konventionell, sorgten also nicht für einen »Was zum Teufel ist das denn?«-Aufschrei. Doch nachdem die neue Reihe eingeführt war, ließ Harley seiner Kreativität in Form der FXDR freien Lauf. Diese Maschine wurde trotz konservativer Farboptionen geschaffen, um Aufmerksamkeit zu erregen. Die Farbgebung war eigentlich eine gute Sache, weil ihre aggressive Gestaltung für sich selbst sprach. Manchmal sind knallig-bunte Farben bei einem radikalen Motorrad wie diesem etwas zu viel des Guten.

Die FXDR (mehr als die Buchstabenkombination gab es nicht!) war ein »Power-Cruiser« – ein Motorrad, das die ein Jahr zuvor endgültig aus dem Programm genommene V-Rod ersetzen konnte. Wofür stand FXDR also? Früher gehörten Modelle mit einem D zur Dyna-Baureihe, doch weil es diese nicht mehr gab, stand DR jetzt für »Drag Race«. Harley nannte das neue Modell eine »Kreuzung aus einem Dragster und einem Kampfjet« – eine treffende Beschreibung.

An diesem Motorrad gab es so viele einzigartige Bauteile, dass es schwerfällt, sich auf einzelne zu konzentrieren – was bedeutet, dass die Maschine gut konstruiert war. Die FXDR war keine Ansammlung wahllos zusammengewürfelter Komponenten. Beginnen wir die Betrachtung von innen.

Die Kraft hinter diesem vom Dragstrip inspirierten Motorrad war der 114-ci-Milwaukee-Eight. In der FXDR leistete er ca. 90 SAE-PS (Harley macht nur sehr selten Leistungsangaben) und produziert ein maximales Drehmoment von gewaltigen 161 Nm bei 3.500/min. Die Ansaug- und Auspuffkomponenten waren so gestaltet, dass sie zur Dragster-Optik passten. Das nach vorn gerichtete offene Luftfilterelement war von den Screamin' Eagle/Vance & Hines Dragbikes abgeleitet, während der Zwei-in-Eins-Auspuff so geformt war, dass rechts maximale Schräglagenfreiheit sichergestellt war. Alle Harleys müssen im Serienzustand strenge Geräuschvorschriften erfüllen, doch für Besitzer, die maximale Leistung aus diesem Motor herausholen wollten, gab es im Screamin'-Eagle-Katalog ein vielfältiges Angebot. Ausgestattet mit einem Kit der Ausbaustufe 4 konnte die FXDR auf 125 PS gesteigert werden, ohne dass die Werksgarantie beeinträchtigt wurde. Das bewährte Cruise-Drive-Sechsganggetriebe übertrug das Drehmoment problemlos aufs Hinterrad.

Der potente Antriebsstrang saß im ein Jahr zuvor vorgestellten Softail-Fahrwerk, das allerdings etwas modifiziert worden war. So bestand die Schwinge aus Aluminium, was immerhin 4,6 kg Ersparnis gegenüber der Stahlschwinge brachte. Der Sitz und das Heck wurden von einem Hilfsrahmen aus Aluminium und Verbundwerkstoff getragen, was weitere 3,2 kg einsparte. Auch die Räder waren auf geringes Gewicht ausgelegt, das Vollscheiben-Hinterrad trug einen Reifen der Größe 240/40-18. Das unter dem Fahrersitz liegende Mono-Federbein war über einen rechts über dem Getriebe sitzenden Einsteller in der Vorspannung verstellbar.

Die mit kräftigen 43-mm-Innenrohren versehene Upside-down-Gabel verfügte über eine dreifach verstellbare Federvorspannung und Dämpferpatronen. Das Fahrwerk erlaubte für Harley-Verhältnisse beachtliche Schräglagen von fast 33° (die durch den breiten Hinterreifen allerdings auch leicht erreicht wurden). Gebremst wurde vorn mit zwei schwimmend gelagerten 300-mm-Scheiben und Vierkolben-Festsättel, hinten umgriff ein Zweikolben-Schwimmsattel eine 292-mm-Bremsscheibe. ABS war auch in den USA serienmäßig.

Eine weitere Milwaukee-Premiere waren an der Gabel verklemmte Alu-Lenkstummel. Eine über dem »Daymaker«-LED-Scheinwerfer sitzende kleine Verkleidung schützte vor allem das aus einem LED-Display bestehende Cockpit. Auch die Blinker und das Rücklicht wurden durch LEDs illuminiert.

Den gestreckten 16,6-Liter-Tank gab es exklusiv auf der FXDR. Ein an die Kühlerverkleidung der V-Rod erinnernder Bugspoiler nahm den Ölkühler auf. Das kurze Heck im Dragster-Stil bot ein kleines Staufach, darüber konnte ein Minimal-Soziussitz montiert werden, die erforderlichen Fußrasten waren ebenfalls nachrüstbar.

VOYAGES
HAVAS VOYAGES
Empruntis
SO'HILL
HARLEY-DAVIDSON

Mit der FXDR war klar, dass Harley-Davidson mit der aktuellen Softail-Plattform neue Wege beschreiten wollte. Ein Motorrad wie dieses war für die Motor Company zumindest im Big-Bike-Bereich ein revolutionärer und nicht einfacher Ansatz. Man könnte einwenden, dass die V-Rod eine Art Vorläufer der FXDR war, doch diese Baureihe war eine Klasse für sich und nicht Teil der Harley-Tradition. Die V-Rod war ein respektabler Verkaufserfolg, konnte sich aber nie wirklich durchsetzen. Die FXDR war ein mutiger Schritt nach vorn. Sie unterschied sich von dem, was treue Harley-Fahrer gewohnt waren, und sie bot einen neuen Blickwinkel.

Leider sah die Kundschaft das anders und die FXDR blieb nur zwei Jahre im Programm. Auch weil die neue Geschäftsstrategie von Harley-Davidson eine Reduzierung der Modellpalette um 30 Prozent vorsah, wurde die FXDR in den Katalog des Jahres 2021 nicht mehr aufgenommen.

TECHNISCHE DATEN: FXDR (2019)

MOTOR: VIERVENTIL-OHV-V2-MOTOR, 45° ZYLINDERWINKEL (»MILWAUKEE-EIGHT 114«)

HUBRAUM: 114 ci (1.868 cm³)

BOHRUNG X HUB: 4,016 x 4,5" (102 x 114,3 mm)

VERDICHTUNGSVERHÄLTNIS: 10,5:1

MAX. DREHMOMENT: 169 Nm bei 3.500/min

GEMISCHAUFBEREITUNG: sequenzielle Saugrohr-Einspritzung, 55 mm Durchmesser

GETRIEBE: 6 Gänge (»Cruise Drive«)

KUPPLUNG: Mehrscheiben-Ölbadkupplung mit Slipper- und Servo-Funktion

ENDANTRIEB: Zahnriemen

RÄDER: vorn 3 x 19", hinten 8 x 18"

REIFEN: vorn 120/90-19, hinten 240/40-18

GABEL: Upside-down, 43 mm Innenrohr-Durchmesser

BREMSEN: vorn schwimmend gelagerte Scheibenbremse (300 mm), Vierkolben-Festsättel, hinten 292-mm-Scheibe mit Zweikolben-Schwimmsattel

RADSTAND: 1.735 mm

SITZHÖHE: 72 cm

KRAFTSTOFFTANK: 16,6 Liter

ÖLTANK: 4,7 Liter

GEWICHT: 289 kg

PREIS: 21.349 US-$ (21.995 EUR)

CVO 117 – 2018

In guter alter Harley-Davidson-Tradition hatte man bei der Entwicklung des Milwaukee-Eight-Triebwerks auch über die Ausbaustufe 114 ci hinaus Türen für weitere Vergrößerungen offen gelassen. So konnten die Zylinder um 1,5 mm aufgebohrt und der Motor auf fast zwei Liter Hubraum (exakt 1.923 cm³)

GEGENÜBER: Die FXDR von 2019 war für die Styling-Abteilung von Harley-Davidson ein deutlicher Aufbruch. Das gewaltige 114-ci-Triebwerk in einer völlig neuen Umgebung zu sehen, forderte Traditionalisten einiges ab. Am Ende reichte es nicht für die große Karriere.

HARLEY-DAVIDSON

gebracht werden. Einzelhubräume von knapp einem Liter sind selbst im Automobilbau absolut unüblich.

Ab 2018 waren die glücklichen Empfänger des neuen Big-Blocks die CVO-Modelle FLHXSE Street Glide, FLTRXSE Road Glide und FLHTKSE Limited. Modelle der »Custom Vehicle Operations« waren – vereinfacht ausgedrückt – individualisierte Motorräder ab Werk. Die Maschinen waren bereits mit allen Optionen ausgestattet, die einem Standardmodell hinzugefügt werden konnten – und einigem mehr. Generell erschienen die Motorräder in limitierter Auflage mit entsprechenden Preisen. Die Zubehörliste von CVO-Modellen war immer beeindruckend. Zuerst sei das »Reflex Defensive Rider

GEGENÜBER: Die CVO Road Glide von 2019 war mit fast zwei Litern Hubraum und vergleichsweise großen Rädern (vorn 21, hinten 18") ein wirklich großes Motorrad. Sie war in drei Farbschemen erhältlich.

OBEN: Das Soundsystem der CVO Road Glide war mit je zwei Lautsprechern in der Verkleidung und in den Koffern ausgerüstet. Dieses Modell ist in der Farbkombination »Black Earth« und »Vivid Black« lackiert und mit orangefarbenen Akzenten versehen.

UNTEN: Das Heck war absolut »clean«, wie es früher nur Customzier hinbekommen hätten. Neben der vorwiegend schwarz lackierten Version gab es die Maschine auch in Grau/Rot und Anthrazit/Silber.

RECHTS: Der Milwaukee-Eight 117 ist bisher der größte Harley-Davidson-Motor. Mit 170 Nm Drehmoment bei 3.500 /min beschleunigt er auch das schwerste Motorrad auf beeindruckende Weise.

GEGENÜBER: Die CVO FLHXSE Street Glide des Modelljahrs 2019 in der Farbgebung Grau/Silber.

System« (RDRS) genannt, das die Traktion beim Beschleunigen und Bremsen überwacht. Neben einem Tempomaten waren eine Reifendrucküberwachung und eine Fahrzeug-Halte-Kontrolle (VHC) an Bord, die beim Anhalten automatisch beide Bremsen betätigt und beim Gasgeben wieder löst. Dies kann bei einem Motorrad, das mit Beifahrer und Gepäck locker über 600 kg Gesamtgewicht auf die Waage bringt, durchaus praktisch sein!

Langstrecken ließen sich mit dem »Premium Boom! Audio«-System und der Infotainment-Ausrüstung auflockern, während der adaptive »Daymaker«-Scheinwerfer versprach, die Nacht zum Tag zu machen. Die CVO-Formel ließ wirklich kaum Wünsche offen.

Abgesehen vom beeindruckenden Serienzubehör gab es natürlich noch den großen Motor. Obwohl nur um 55 cm³ größer als der 114er, bot er deutliche Verbesserungen. Während der 114er gegenüber der 107-ci-Version 2 mm mehr Bohrung und 3,2 mm mehr Hub aufweist, wurden für 117 ci die Zylinder um weitere 1,5 mm aufgebohrt. Ähnlich wie bei den früheren Twin-Cams wurde der Hubraum nur behutsam erweitert. Dank weitsichtiger Ingenieure war der Milwaukee-Eight von vornherein für solche Zuwächse ausgelegt. Während die ersten

117
HARLEY-DAVIDSON

GEGENÜBER: Die CVO FLHXSE Street Glide von 2021 war mit allem ausgerüstet, was Harley-Davidson zu bieten hatte. Von Jahr zu Jahr wurde die Ausstattung erweitert, aber die Motor Company schaffte es immer wieder, sowohl mit neuer Technologie als auch Ästhetik zu beeindrucken.

Serienmaschinen mit 1.923 cm³ Hubraum erhältlich waren, konnte bei Screamin' Eagle ein Big-Bore-Kit für 131 ci (2.147 cm³) gekauft werden, deren Kolben einen Durchmesser von 109,5 mm aufwiesen.

TECHNISCHE DATEN: CVO 117-MOTOR (2018)

ENGINE: MILWAUKEE-EIGHT, 117CI (1923CC)

HUBRAUM: 117 ci (1.923 cm³)

BOHRUNG X HUB: 4,075 x 4,5" (103,5 x 114,3 mm)

VERDICHTUNGSVERHÄLTNIS: 10,2:1

MAX. DREHMOMENT: 170 Nm bei 3.750/min

GEMISCHAUFBEREITUNG: sequenzielle Saugrohr-Einspritzung, 55 mm Durchmesser

GETRIEBE: 6 Gänge (»Cruise Drive«)

KUPPLUNG: Mehrscheiben-Ölbadkupplung mit Slipper- und Servo-Funktion

ZUKÜNFTIGE HUBRÄUME

Wie die jüngere Geschichte von Harley-Davidson beweist, ist der Hubraum-Zuwachs mit der Zubehörindustrie verbunden, in diesem Fall mit den Performance-Teilen aus dem Screamin'-Eagle-Sortiment. Deren Tuning-Kits geben einen Ausblick auf zukünftige Serienmotorkonfigurationen. Dies ist natürlich nicht in Stein gemeißelt, aber es deutet darauf hin, in welche Richtung es bei der Motor Company möglicherweise gehen wird. Die Motorkonfiguration ist das Ergebnis aus Zylinderbohrung und Kurbelwellenhub. Die einfachste Erweiterung geschieht durch Aufbohren der Zylinder. Das Milwaukee-Eight-Aggregat wurde bekanntlich so konstruiert, dass größere Zylinder zunächst einfach aufgesetzt werden können, ohne dafür das Motorgehäuse bearbeiten zu müssen.

Das größte Big-Bore-Kit von Screamin' Eagle bietet 131 ci (2.147 cm³) Hubraum. Man kann auch einen kompletten 131er-Motor kaufen. Einige dieser Kits erfordern Ergänzungen in Form von Zylinderköpfen mit größeren Ventilen, größere Drosselklappengehäuse, neue Einspritzdüsen, Nockenwellen usw. Hubraum allein ist nicht alles, es gehören weitere Feineinstellungen (»Tuning«) dazu. Die folgende Tabelle zeigt die verschiedenen aktuell erhältlichen M-8-Konfigurationen und mögliche Erweiterungen.

HUBRAUM	BOHRUNG	HUB
Milwaukee-Eight 117ci	4,075" (103,5 mm)	4,5" (114,3 mm)
Screamin' Eagle 119ci	4,155" (105,5 mm)	4,375" (111,1 mm)
Screamin' Eagle 122ci	4,31" (109,5 mm)	4,375" (111,1 mm)
Screamin' Eagle 131ci	4,31" (109,5 mm)	4,5" (114,3 mm)

HARLEY-DAVIDSON
CVO
117

GEGENÜBER: Bereits 2014 kündigte Harley-Davidson ein Elektromotorrad namens LiveWire an. Für ein Unternehmen, das sich seit 1903 mit Benzinmotoren beschäftigt und seit über 100 Jahren Motorräder mit V2-Motoren baut, war es schon sehr mutig, diese Richtung einzuschlagen. Doch bei der Motor Company war man sich bewusst, dass sich der Fahrzeugmarkt weiterentwickeln würde, also nahm man es auf sich, ein E-Motorrad anzubieten, das mit der Expertise des größten Motorradherstellers der USA entwickelt und konstruiert worden war. Ab 2019 ging die LiveWire in Serie. Das Modell von 2021 bot 78 kW (106 PS) Motorleistung und ein maximales Drehmoment von 116 Nm ab 0/min. Damit beschleunigt es in drei Sekunden auf 100 km/h und erreicht eine Höchstgeschwindigkeit von 177 km/h. Mit 249 kg war es für Milwaukee-Verhältnisse zudem sehr leicht.

Epilog

Mit Veränderungen müssen wir leben, ob wir wollen oder nicht. Die Motorradwelt von heute verändert sich schnell. Bevor dieses Buch auf dem Markt ist, wird sich die Modellpalette von Harley-Davidson erneut erheblich verändert haben und sich in den kommenden Jahren weiterentwickeln. Das Elektromotorrad LiveWire kann seit 2019 gekauft werden. Die erst 2014 eingeführten Einsteigermodelle Street 500 und 750 wurden wieder aus dem Programm genommen. Die Sportster mit luftgekühltem 45°-Motor ist seit Ende 2021 Geschichte. Die seit 2021 erhältliche Reise-Enduro Pan America 1250 mit ihrem völlig neuen wassergekühlten und kurzhubigen »Revolution Max«-DOHC-Motor mit 60° Zylinderwinkel tritt in einem für Harley völlig neuen Motorradmarkt an. Mit diesem Motor (von 152 auf 122 PS gedrosselt) wurde Ende 2021 auch die neue Sportster S präsentiert.

Aber waren Veränderungen nicht immer üblich? Mach mit oder stirb? Es ist bei Weitem nicht das erste Mal, dass Harley-Davidson Herausforderungen und Veränderungen durchmachen musste. Der Erste Weltkrieg, die Weltwirtschaftskrise, der Zweite Weltkrieg, die AMF-Jahre, selbst die Umstellung auf den Evo- und dann Twin-Cam-Motor – jede Zeit war eine Ära des Wandels. Wie unterschieden sie sich von der Gegenwart? Der Wandel ist mit unserem Lebensstil verbunden, unseren Gewohnheiten, unserem Umfeld usw. Es ist kein Geheimnis, dass diese Faktoren die Veränderungen vorantreiben, aber das Ergebnis bedeutet nicht unbedingt, die Vergangenheit zu vergessen.

Die einzigartige Beziehung der Motor Company zu ihrem Erbe ist nicht einfach. Harley-Davidson mag etwas archaisch erscheinen, aber das macht die Firma so liebenswert. Und in Milwaukee weiß man das. Deshalb lassen sie den M-8 immer noch etwas vibrieren und bauen keine komplett mit Wasser gekühlten Big Twins. Und natürlich achten sie darauf, nicht das von der Kundschaft geliebte Aussehen zu verändern. Die V-Rod war ein großartiges Motorrad, aber nie ein Verkaufsschlager. Warum? Weil ihr Styling nicht dem entsprach, was die Leute von einer Harley erwarteten oder gewohnt waren. Die Street 750 und 500 erlitten dasselbe Schicksal. Selbst die FXR-Baureihe aus den 80er-Jahren wurde gemieden, weil sie anders war. Menschen bleiben im Trott stecken. Wir gewöhnen uns an Dinge und widersetzen uns Veränderungen, weil wir mit dem Vertrauten zufrieden sind. Doch wer sich nicht weiterentwickelt, riskiert zurückzubleiben.

Ich kann nur vermuten, wie beschäftigt die Design- und Entwicklungsabteilungen sein müssen, um alle – Kunden, Vorschriften, Aktionäre – zufriedenzustellen. Wo liegt die Zukunft von Harley-Davidson? Zum Abschluss des Buches geht es um zwei Motorräder, die ich faszinierend und repräsentativ für das finde, was Harley-Davidson in diesen Zeiten des Wandels an beiden Enden des Spektrums bieten muss.

harley-davidson
MICHELIN
brembo

Zuerst die LiveWire. Elektro-Power ist heute eine große Sache (auch wenn Elektrofahrzeuge noch einen geringen Anteil am gesamten Fahrzeugmarkt haben), und die meisten Hersteller haben Entwicklungen zu diesem Thema in der Schublade. Es überrascht etwas, dass ausgerechnet Harley-Davidson als erster traditioneller Motorradhersteller ein Elektromotorrad auf den Markt gebracht hat – eine bemerkenswerte Leistung! Obwohl die LiveWire – wie viele Elektrofahrzeuge – noch sehr teuer ist, glaube ich an eine Zukunft für Elektromotorräder. Und die Maschine sieht großartig aus. Sie sieht nicht wie ein Sportbike, ein Raumschiff oder ein klassischer Cruiser mit einem angeschraubten Elektromotor aus. Sie hat einen einzigartigen Look und reserviert sich schon heute einen wichtigen Platz in vielen Motorradmuseen. Dennoch wird sie es trotz ihres guten Aussehens, einer großartigen Leistung und Handlichkeit sowie guten Kritiken in der Fachpresse nicht leicht haben – auch weil ihr Hersteller vor allem für seine Nostalgie-Maschinen bekannt ist. Seit Ende 2021 trägt der »Tank« der LiveWire nicht mehr das Harley-Davidson-Logo , sondern die Maschine wird als Eigenmarke vertrieben.

Am anderen Ende des Spektrums steht für mich die zum Modelljahr 2022 vorgestellte FLH Electra-Glide Revival, die perfekt in die Nostalgie-Schublade passt. Was für eine wunderschöne Maschine! Ich denke, die Motor Company hat mit ihr einen Volltreffer gelandet. Ihre Reminiszenz an die 60er-Jahre vereint das Beste, was Harley-Davidson heute zu bieten hat. Dieses Motorrad ist das erste in einer Serie namens »Icon Collection« und basiert auf der Electra-Glide von 1969 – natürlich mit moderner Ausstattung. Modelle dieser Ikonen-Sammlung sollen auf lediglich 1.500 Exemplare limitiert werden. Natürlich treibt nicht mehr ein 74-ci-Shovelhead samt Vierganggetriebe, sondern ein 114-ci-Milwaukee-Eight-Motor mit einem Cruise-Drive-Sechsganggetriebe die Maschine an. Brad Richards, Harley-Davidsons Vizepräsident der Styling- und Design-Abteilung erklärt: »Wir leben in einer sehr dynamischen Zeit, jeder von uns erfährt einen ständigen Wandel. Die Electra-Glide Revival ist eine Oase in diesem turbulenten Alltag, eine Möglichkeit, sich wieder mit der fundamentalen Harley-Davidson-DNA zu verbinden, die das große amerikanische Touring-Modell geschaffen hat.« Ich kann es kaum erwarten, welches Motorrad als Nächstes in die Ikonen-Sammlung aufgenommen wird.

Sobald wir mehr über ein Thema lernen (und das gilt für alle Bereiche), verstehen wir es besser und würdigen es. Motorradfahrer haben zwar hinsichtlich der Motorräder und ihres Aussehens nicht immer den gleichen Geschmack, bewundern aber nahezu alle diese amerikanische Erfolgsgeschichte. Die einzigartige Reise von Harley-Davidson begann mit vier jungen Freunden, die einen Traum verwirklichten. Ob sie sich jemals vorstellen konnten, dass ihr Traum 120 Jahre weiterleben sollte, um so viele Leben zu beeinflussen und zu bereichern?

GEGENÜBER: Die Pan America ist hinsichtlich des Stylings und der Funktion eine der größten Abweichungen in der Unternehmensgeschichte seit der AMF-Ära. Eine hochkarätige Adventure-Reiseenduro mit einem völlig neuen wassergekühlten DOHC-Motor mit 60° Zylinderwinkel und 152 PS Leistung. Die Maschine erhielt großartige Kritiken und wird hoffentlich im stark wachsenden Reiseenduro-Markt Fuß fassen können. Im letzten Jahrzehnt hat die Motor Company einige hochmoderne Konstruktionen und Innovationen hervorgebracht. Hoffentlich wird sich diese hervorragende Arbeit auszahlen.

Danksagung

Zunächst einmal hätte ich dieses Projekt niemals ohne den Rückhalt durch Darwin Holmstrom begonnen. Als er mich bat, dieses Buch zu schreiben, fragte ich: »Warum ich?« Ich hatte das Gefühl, dass es viele Leute geben würde, die sich besser mit dem Thema auskennen – ich hätte gleich ein ganzes Dutzend vorschlagen können. Doch Darwin überzeugte mich, dass es nicht darum ging, alles zu wissen. Es ging darum, ein Buch zu schreiben und die ganze Maschinerie zum Laufen zu bringen. Danke an Darwin für diesen erstaunlichen Lernprozess!

Ein besonderer Dank geht auch an Bianka. Ich habe unzählige Stunden mit der Arbeit verbracht, viele Familienausflüge verpasst und auch an zahllosen Wochenenden an diesem Buch geschrieben. Und du warst immer da und hast dich um das Leben um mich herum gekümmert. Je t'aime!

Dank an meine Familie, vor allem meine Mutter, die mich ständig ermutigte und unterstützte. Dank auch an meinen Vater, der mir gezeigt hat, wie man hart und beständig arbeitet. Nicht zu vergessen meine Brüder Dom und Francois sowie meine Schwester Cathy: Danke, dass ihr einfach da seid. Ich liebe euch alle.

Besonderer Dank gilt auch Zack Miller für die Beantwortung meiner zahllosen Fragen und das Zeigen des richtigen Wegs, wenn ich mich mal wieder verirrt hatte. Danke an Dain Gingerelli, der meine Bilder bearbeitete und mich gut aussehen ließ. Auch Doug Mitchel, David Blattel, Mecum Auctions und erneut Dain möchte ich für die Bereitstellung schöner Fotos danken. Dank an Jessi Schatz, die all dies gemanagt hat, und an Laura Drew, die ihrem Titel als Creative Director alle Ehre gemacht hat.

Bildnachweis

A = alle, U = unten, L = links, R = rechts, O = oben

ALAMY STOCK PHOTOS: 108U, 614 Collection; 49, Albatross; 56R, Alpha Stock; 26O, 64, Bob Masters; 12, 37OR, Chronicle; 239U, Danish Siddiqui; 125U, Everett Collection; 268, ifeelstock; 8–9, 89R, Interfoto; 44U, Lordprice Collection; 227, 228, 229, MotoBuck; 237, Photostall; 253L, Radu Bercan; 56L, Tim Gainey; 45OR, WS Collection

CREATIVE COMMONS: 223, Bengt Nyman CC BY 2.0; 272, 273, Lubbad85 cc BY-SA4.0

DAIN GINGERELLI: 7, 145A, 148, 154, 159A, 224, 232, 233L, 234A, 235A, 239O, 240A, 242, 243, 246–247, 244, 245, 248–249, 251A, 252R, 256R, 257L, 257R, 258L, 258R, 259, 262A, 264, 265A, 270, 271

DAVID BLATTEL: 157, 161, 162, 190–191, 266, 275, 277

DOUG MITCHEL: 13, 14, 16, 17L, 18, 19R, 21R, 22A, 23A, 24UR, 25T, 27, 28–29, 30R, 31, 37U, 38A, 39, 41A, 42A, 43A, 44O, 45OL, 45U, 46A, 47A, 48OL, 57, 58U, 59, 60U, 61L, 65A, 67A, 68U, 69O, 69A, 70A, 71A, 72A, 73, 74A, 75, 76UR, 78A, 80A, 81A, 82A, 83R, 86–87, 89L, 90A, 91A, 92L, 93A, 94, 95, 96A, 97O, 99, 100–101, 102, 103, 104, 106, 107U, 109, 110, 111A, 112A, 114A, 115L, 116–117, 118R, 119, 120R, 121L, 123O, 125OL, 128R, 129, 130, 131A, 132L, 135A, 136, 137, 140, 141, 146, 153, 164–165, 166R, 167O, 168, 169, 170, 173, 174, 176, 181A, 182, 183, 186–187, 188, 193, 194, 197, 198, 200, 201, 202, 203, 205A, 206, 207, 208, 209A, 210A, 211, 213, 214, 215, 216–217, 219, 221, 222, 225, 226A, 250A, 253R, 255A, 256L, 261A, 263

GETTY IMAGES: 6, 98, Archive Photos; 278, Anadolu Agency; 5, 19L, 79, 85, Bettman; 236 Clive Gee/PA Images; 88R, Corbis Historical; 177, Denver Post; 10, Heritage Images; 254 Hindustan Times; 11, 88L, Hulton Archive; 63, Minnesota Historical Society; 178, Mirrorpix; 24OR, 30L, 61R, 138, RacingOne; 238, Raymond Boyd; 233R, 252L, 260, Scott Olson; 115R, Silver Screen Collection; 241, South China Morning Post; 123UL, 124, The Enthusiast Network; 25U, Transcendental Graphics; 167UR, ullstein bild DTL.; 54–55, Underwood Archive; 113, United Archives; 50, Wisconsin Historical Society

MECUM AUCTIONS: 15A, 20, 21L, 32, 33, 34, 36A, 40, 42OL, 48OR, 51, 52, 76O, 76UL, 120L, 121R, 122A, 123UR, 125OR, 126A, 127OL, 127A, 132R, 150, 151, 152

SHUTTERSTOCK: 179, Clive Limpkin/ANL

Register

A

A-Modelle, 60–62
AA-Modell, 60
Ace, 48
Aermacchi, 123
American Machine and Foundry (AMF), 132, 134, 184, 187–188, 202
American Motor Company, 10
American Motorcycle Association (AMA), 56, 61, 85, 134
Andres, Brad, 84–85
Arrow, 10

B

B-Modelle, 56, 60–62
BA-Modell, 60
Barter, Joseph F., 57
Barth Manufacturing Company, 10
Bat-Wing-Verkleidung, 243
Battle of the Twins (BOT), 138,139
Beals, Vaughn L., Jr., 188
Bendix-Vergaser, 126
Bernard, Harvey, 30
Big Twin Evo, 140–141
Bienenkorb-Rücklicht, 76/77
Blockhead, 143
BMW, 80, 138,
  R 71, 80
»Boat-Tail«-Heckverkleidung, 125–126, 169
»Boat-Tail«-Rücklicht, 91
Boom! Box-Infotainmentsystem, 243, 272
Bosch-Zündung, 23
Bouton, Georges, 12
Branch, Jerry, 136
Branch Flowmetrics, 135
Brelsford, Mark, 135
Bronson, Jim, 124
Buell, Eric, 184
Buell Lightning, 145, 146

C

Chevrolet, 189
Chicago Anti-Cruelty Society, 19
Chicago Automobile Show, 19, 29
Chicago Motorcycle Club, 30
Church, Gene, 138, 139
Cone-Shovel, 168–169
Cruise-Drive-Getriebe, 233
Curtiss, Glenn, 29
Custom Vehicle Operations (CVO) Program, 184, 228
CVO 117, 269–274
CVO Limited, 271
CVO Road Glide, 271
CVO Screamin' Eagle Road King, 227–230
CVO Street Glide, 271–274
CVO Ultra Limited, 240, 252, 258

D

Davidson, Arthur, Sr., 8–9, 10, 12–13
Davidson, Janet, 14
Davidson, Walter, Sr., 8–9, 13, 18,19
Davidson, William A., 9, 13–14
Davidson, Willie G., 130, 135, 150, 169, 170, 172, 176, 188, 204, 217
Davis, Bill, 192–193
Daymaker Adaptiv-Scheinwerfer, 272
Daymaker LED, 267
Daytona Bike Week, 210, 211–212
de Dion, Jules Félix Philippe Albert, 10, 12
De Dion-Bouton Konstruktion, 12, 13, 14
Dell'Orto-Vergaser, 136
Destroyer, 6
Dixie Flyer, 10
Doerner, Lothar, 87
Douglas, 57
Dual-Bending Valve-Gabeln, 262
Dunlop, 160
Dunlop Elite Sport, 145
Duo-Glide, 108–112, 165, 195, 212
Dyna Glide, 147, 207–212, 217, 233, 250

E

E-Modelle, 38
Electra-Glide Revival, 279
Electra-Glide, 112, 114–115, 165, 252

Elektronisch geregelte sequenzielle Saugrohr-Kraftstoffeinspritzung (ESPFI), 151, 230
Erster Weltkrieg, 36, 43
Evinrude, Ole, 14
Evolution 80, 218
Evolution-Motor, 140, 251, 276
Evolution V2 (Evo-)Motor, 140–143, 187–215
Excelsior, 10, 64, 250,
  Super X, 64
Excelsior-Henderson, 48

F

F-Modelle, 38
F-Baureihe, 97–99
Fahrzeug-Identifikationsnummer (FIN), 168–169
Fat Bob, 260, 261
Federation of American Motorcyclist (FAM), 10, 19
F-Head (IOE), 12–13, 29–53, 55–56
Flathead, 52–53, 55–85, 87, 88, 99, 101, 119
Flathead Twins, 62–77
FL Duo-Glide Sport Solo, 112
FLD Dyna Switchback, 244–245
FLFB Electra-Glide, 167
FLFBS Fat Boy, 262
FLH, 165–166, 217, 238
FLH Heritage Edition, 175
FLH-80 Electra-Glide, 175
FLHF, 167
FLHP-80, 175–176
FLHR Road King, 212–215, 248–249
FLHRI, 216–217
FLHRSE 12 SE Road King, 227–230
FLHS Electra-Glide Sport, 212
FLHTCUTG Tri Glide Ultra, 256
FLHTK Electra-Glide Ultra, 253
FLHTKSE CVO Limited 110, 238–246
FLHTKSE CVO Ultra, 238
FLHX Street Glide, 238
FLPF, 168
FLST Heritage Softail, 195–200
FLSTC (Special), 196–197
FLSTC Heritage Softail Classic, 226, 237
FLSTF Fat Boy, 204–206, 225–226
FLSTN Heritage Softail Nostalgia, 187
FLSTN Softail Deluxe, 226, 237
FLST-S (Special), 196
FLSTS Heritage Springer, 226
FLSTSB Cross Bones, 234
FLT, 217, 238
FLT Road Glide, 184
FLT-80 Tour Glide, 177–180, 188
FLTR, 214–215
FLTRI, 214–215
Freilaufregelung (Kupplung), 36, 37
Freilaufkupplung, 34–35
FX-Modelle, 258
FX Super Glide, Night Train, 130, 169–170, 188
FXB-80 Sturgis, 175–177, 184, 188
FXBR Breakout, 263
FXCWC Rocker C, 235
FXDB Dyna Glide Daytona, 207–212
FXDB Dyna Glide Sturgis, 207–212
FXDR 114, 265–269
FXDWG Dyna Wide Glide, 211
FXE, 170
FXLR Low Rider, 257
FXR, 200, 209, 276
FXR Super Glide, 184–185
FXR2, 228
FXR3, 228
FXRP Pursuit Glide CHP, 202
FXRP Pursuit Glide Police, 202
FXRP-SP, 202
FXRS, 184
FXRS-SP, 200–204
FXRT Sport Glide, 200, 202, 266
FXS Low Rider, 171–175, 188
FXSB Softail Breakout, 243
FXST Softail, 191–195
FXST Softail Standard, 226, 227
FXSTB Night Train, 226
FXSTD Softail Deuce, 220, 222, 223, 226
FXSTS Softail Springer, 193
FXSTS Springer Softail, 226
FXWG-80 Wide Glide, 180–183, 184, 188, 192

G

Griffon, 29

H

Harley, William S., 8–9, 10, 12–13, 14, 17, 29, 34, 57, 87
Haubert, Jim, 130
Haverford, 10
Held, Anna, 10
Henderson, 250
Hercules, 29
Heritage Softail, 224, 264–265
Hydra-Glide, 75, 104–108, 110, 195, 197

I

Icon Collection, 279
Indian, 10, 29, 48, 56, 57, 64, 87, 90, 249, 250
  Scout, 56, 58
  Scout 101, 56, 64
IOE (Einlass über Auslass), 12–13, 14
Ironhead-Motor, 143
Isam, Lonnie, Jr., 15

J

J-Modelle, 38, 51
J-Baureihe, 51
JD-Modelle, 52
JD-Rennmaschine, 44
JDH 2-Cam, 47–48, 51–52
JDS-Baureihe, 44
Jones, Kim, 178–179

K

K&N Luftfilter, 136
Kayaba, 129
Keihin-Vergaser, 143
Kettenantrieb, 25
Knucklehead, 71, 73, 75–76, 77, 87–99, 101, 249
Krüger, Emil, 13
Kuehn, Alfred, 87

L

Lend-Lease-Programm, 77
Liberator, 77–80
Light Motors Ltd., 57
Linkert-Vergaser, 95
LiveWire, 4, 276, 279
Low Rider FXR-Reihe, 209
Lucifer's Hammer, 138, 139

M

Mahle, 189
Melk, Henry, 13
Metz, Charles, 10
Metz, Skip, 237–238
Michaud, Pierre, 9
Milwaukee-Eight, 248–274, 276, 279
M.M., 10
Model 1, 16
Model 2, 17
Model 3, 18
Model-4 Einzylinder, 18–19
Model-5 Baureihe, 20, 21
Model 5 35, 22, 24–26
Model-5 D, 28–29, 30–31
Model-6 Baureihe, 21–22
Model-7 Baureihe, 22
Model-7 D, 32–33
Model-9 A, 25
Model 9-E, 35
Model 10-C, 25
Model 10-F, 36
Model 11-E, 38
Model 11-F, 38
Model 11-J, 40
Model-11-J-Zweizylinder, 40–41
Model 11-JS, 40
Model 16-J, 40
Model 16-JS, 40
Model 17-J, 43
Model 19-F, 43
Model 19-J, 43
Model 23 FD, 44
Model 25 JDCB, 47
Model 29-B, 61
Model 29-JD, 52
Model C, 26, 62, 63

Model CAC, 62
Model D, 62, 64
D Solo, 64
DL Sport Solo, 64
DLD Special Sport, 64
DS, 64
Model E, 88–95, 103–104, 106
Model E Knucklehead, 77
Model E Solo, 94–95
Model EL, 86–87, 90, 92, 93–94
Model EL Special Sport Solo, 94
Model EL Sport Solo, 96
Model ES, 94
Model ES Sidecar-Twin, 94
Model F, 103–105
Model F Solo, 97
Model F/J, 62
Model F/J Big Twin, 62
Model FL, 96–99
Model FL Special Sport Solo, 97, 103, 106
Model FLB Electra-Glide, 114–115
Model FLF, 106
Model FLF Duo-Glide Sport Solo, 112
Model FLFB Electra-Glide, 114–115
Model FLH Duo-Glide Super Sport, 112, 115
Model FLH Super Sport Solo, 108, 110
Model FLHB Electra-Glide, 114–115
Model FLHF Duo-Glide Super Sport, 112
Model FLHFB Electra-Glide, 114–115
Model FS Sidecar Twin, 97
Model J, 44, 46–47, 250
Model JD, 44, 46–47, 66
Model JDH, 47–48, 51–52
Model JDX, 47
Model JDXL, 47
Model K, 82–85, 117, 119, 141
Model KH Sport, 83–84, 119
Model KHK Super Sport, 83–84, 119
Model KR, 84–85
Model R, 66
Model RL, 66
Model RLD, 66
Model RLDR, 66
Model RLDR Competition Special, 66
Model W, 56
Model W Sport, 57–59
Model WF, 57
Model WF Sport, 58
Model WJ Sport, 58
Model X-8, 35
Model X-8-A, 35
Model X-8-D, 35
Model X-8-E, 33–35
Model XA (Experimental Army), 80–81
Model XS, 80–81
Modero, Bob, 130
Morris, Elliot, 131
Morris-Räder, 172
Moto Guzzi, 138
Motorcycle Cannonball Run, 15

N

National, 10
National Dealers Convention, 88
Netz, Lou, 192, 204
1904-Modell, 15
Nissin, 157
Nova, 202

O

O'Brien, Dick, 135, 139
OHV-Motoren, 55, 60–61, 87–91
Olympia Motor Show, 44
Orient-Aster, 10
Ottomotor, 12
Ottoway, Bill, 249

P

Pan America, 276
Panhead, 100–115
Pan-Shovel, 165–168
Parks, Michael, 124
Peanut-Tank, 153–155
Peashooter, 61, 64
Perreaux, Louis-Guillaume, 9
Peerless, 10
Persons-Sitz, 18
Peterson, Donny, 220
Petrali, Joe, 61, 88, 92, 93

Pipes O'Pan-Schalldämpfer, 51, 52
Porsche, 202
Power Pac, 165–166
Präzisions-Ölkühlung, 156
Premium Boom! Audiosystem, 272
Project Rushmore, 238–241

R

Reflex Defensive Rider System (RDRS), 272
Reflex Linked Brakes, 241
Remy-Generator, 40
Revolution Max-Motor, 276
Ricardo, Harry, 61
Richards, Brad, 279
Road Glide, 252
Road Glide Special, 254, 255
Road Glide Ultra, 252
Road Worx, 192
Roosevelt, Franklin D., 77
Roper, 9
Royal Enfield, 10

S

S 125, 153
Sager-Cushion-Federgabel, 18
Schanz, John, 224
Schebler-Vergaser, 17, 23
Schmig, Jim, 192
Screamin' Eagle, 228, 267, 274
Screamin' Eagle Road Glide, 228
Seitenwagen, 26, 40, 44, 47, 94
Seriennummer 1, 13
Servi-Car, 74–75
Shovelhead, 140, 164–185
Showa, 156, 157, 261, 267
Silent Gray Fellow, 17, 43
Softail, 250
Softail-Plattform, 256–265
Softail Slim, 261
Splitstream, 243
Sport Glide, 257, 266
Sportster, 116–163, 276
Springer, 103–104, 193, 234
Step-Starter, 36
Street 500, 6, 276
Street 750, 6, 276
Street Bob, 258, 259
Street Glide, 252
Street Glide Special, 256
Sturgis Motorcycle Rally, 207
Sub-Shock-Rahmen, 192
Super Bowl 23 Softail, 197
Super Glide, 150, 233
Syvertson, Hank, 88

T

Tillotson-Vergaser, 125, 191
TNT-Motoren, 70
Tombstone-Rücklicht, 99
Tour Pak, 243
Trépardoux, Charles, 12
Tri Glide, 252, 256
Tri Glide Ultra, 252, 256, 257
Triumph, 10
Troxler, Paul, 219–220
Twin Cam 88, 89, 216–247, 276
Twin Cam 88B Softail, 220–226
Twin Cam 96, 230–238
Twin Cam Softail, 261
Twin-Cooled-System, 240, 249, 252–253
Two-Cam-System (2-Cam), 47–48, 51–52

U

U-Baureihe, 73–74
U Solo, 73
UH, 73
UH Solo, 73
UHS Sidecar Twin, 73
UL Special Sport Solo, 73
ULH, 75–76
ULH Special Sport Solo, 73
Ultra Classic Electra-Glide, 215
Ultra Limited, 252
US Sidecar Twin, 73

V

V-Baureihe, 66–70
V Solo, 68
Vance & Hines, 267
Vandenhoeven, Ben, 222
VC Commercial, 68
VD Solo, 68
VDDS Sidecar, 70
VDS Sidecar, 68
Vehicle-Hold Control (VHC), 272
VFDS Sidecar, 68, 70
VHS Sidecar Twin, 68
Victory-Nockenwelle, 108
VL, 68–69
VL Sport Solo, 68
VLD Special Sport Solo, 68, 70–72
VLDD Sport Solo, 70
VLH Sport Solo, 70
V-Rod, 6, 267, 269, 276
VS Sidecar, 68
V2-Motor, 29–30

W

W-Baureihe, 77
W Solo, 77
Wagner, 10
Wagner, Clara, 10
Wagner, George, 10
Warner, Stewart, 92
Webb, Guy, 63
Weltwirtschaftskrise, 55, 64
Wide Glide, 155
WL, 77–78
WL Sport Solo, 77
WLA (Liberator), 77–80, 99, 101
WLC, 77, 99
WLD Special Sport Solo, 77
WLDR Competition Special, 77
WR, 77
WS Sidecar Twin, 77

X

XL, 116–121, 128, 132, 147–149
XL 883C Custom, 149
XL 883R, 146
XL 1000, 126
XL 1200 Roadster, 161
XL 1200C Custom, 149
XL 1200N Sportster Nightster, 149–152
XL 1200R, 148
XL 1200R Sportster Roadster, 149
XL 1200V 72 Sportster, 158–161
XL 1200X Sportster Forty-Eight, 153–155
XL 1200S Sportster Sport, 145–147
XLC, 120–121
XLCH, 120–126
XLCH 1000, 126–128
XLCR, 129–132, 158, 188
XLH, 120–126, 130
XLH 883, 140–143, 144, 149
XLH 883 Deluxe, 142, 144
XLH 1100, 140–143
XLH 1100 Liberty Edition, 142
XLH 1200, 143–144
XLX, 136
XLX-61, 133–134, 139, 142
XR 1200X, 155–158
XR-750, 134–135, 136, 139
XR-1000, 134–139

Z

Zweiter Weltkrieg, 77–80, 99

Die englische Originalausgabe mit dem Titel »The Harley-Davidson Source Book«
erschien 2021 bei Quarto Publishing.

Bibliografische Information der Deutschen Nationalbibliothek
Die Deutsche Nationalbibliothek verzeichnet diese Publikation in
der Deutschen Nationalbibliografie; detaillierte bibliografische
Daten sind im Internet über http://dnb.dnb.de abrufbar.

1. Auflage
ISBN 978-3-667-12512-5
Die Rechte für die deutsche Ausgabe liegen beim Verlag Delius Klasing & Co. KG, Bielefeld.

Aus dem Englischen von Udo Stünkel
Lektorat: Hanno Vienken
Umschlag und Layout: Beth Middleworth
Satz: Jörg Weusthoff, Weusthoff & Reiche Design, Hamburg
Printed in China 2022

Delius Klasing Verlag, Siekerwall 21, D - 33602 Bielefeld
Tel.: 0521/559-0, Fax: 0521/559-115
E-Mail: info@delius-klasing.de
www.delius-klasing.de